利用通道抠选毛发
详见第7章

应用图层混合模式
详见第3章

利用快速蒙版抠选图像
详见第6章

使用选择工具抠图
详见第2章

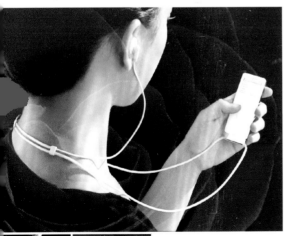

通道高级应用
详见第7章

笛韵—矢量蒙版和填充
层、调整层综合应用
详见第6章

详见第 6 章

使用图层蒙版抠选图像

详见第 4 章

色彩调整命令的综合应用

详见第 6 章

使用图层蒙版对接图像

详见第 5 章习题部分

书法装饰

详见第 5 章

使用液化滤镜（上图为素材图像，下图为液化变形后的图像）

 利用通道抠选白云
详见第7章

调整层的使用
详见第6章

使用阈值命令制作插画效果
详见第4章

图案的定义与填充—制作一寸照片
详见第2章

剪贴蒙版的使用
详见第6章

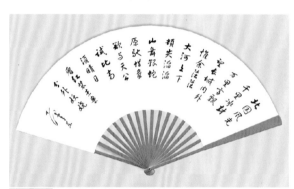

路径的使用—制作折扇
详见第8章

色彩调整—反相
详见第4章

 图案叠加样式的使用
详见第3章

详见第7章 利用通道抠选婚纱

图层的组成 详见第3章

修图工具的综合应用（上图为原图，下图为修复后的图像） 详见第2章

制作圆形画面效果 详见第2章

制作老照片效果 详见第8章

高等学校计算机科学与技术教材

Photoshop 平面设计
（CC 版）

李建芳 杨 云 高 爽 编著

清 华 大 学 出 版 社
北 京 交 通 大 学 出 版 社
·北京·

内容简介

Adobe 公司的 Photoshop CC 是一款功能强大的图形图像处理软件，是当今最流行、最优秀的平面设计软件之一。本书共 9 章，按照循序渐进的方式，由浅入深地介绍了 Photoshop CC 的基本操作，基本工具、图层、颜色处理、滤镜、蒙版、通道、路径、动作与动画的基本操作及实际应用。

本书的最大特点就是把枯燥难懂的软件技术融入到精彩有趣的实例制作中，可操作性较强，又有适当的理论指导。本书所有素材、实例答案及 PPT 课件，都包含在配套的电子资源中。

本书主要面向全国各高等院校相关专业的学生，也可作为电脑美术设计领域的培训教材及广大平面设计人员的参考书籍。

图书在版编目(CIP)数据

Photoshop 平面设计：CC 版/李建芳编著 . —北京：北京交通大学出版社：清华大学出版社，2018.3

高等学校计算机科学与技术教材

ISBN 978-7-5121-3441-6

Ⅰ. ①P…　Ⅱ. ①李…　Ⅲ. ①平面设计-图象处理软件-高等学校-教材　Ⅳ. ①TP391. 413

中国版本图书馆 CIP 数据核字(2017)第 288555 号

Photoshop 平面设计（CC 版）
Photoshop PINGMIAN SHEJI（CC BAN）

责任编辑：谭文芳

出版发行：清 华 大 学 出 版 社　　邮编：100084　　电话：010-62776969　　http://www.tup.com.cn
　　　　　北京交通大学出版社　　邮编：100044　　电话：010-51686414　　http://www.bjtup.com.cn
印　刷　者：北京时代华都印刷有限公司
经　　　销：全国新华书店
开　　　本：185 mm×260 mm　　印张：21.25　　字数：539 千字　　彩插：2
版　　　次：2018 年 3 月第 1 版　　2018 年 3 月第 1 次印刷
书　　　号：ISBN 978-7-5121-3441-6/TP·854
印　　　数：1～3 000 册　　定价：39.00 元

本书如有质量问题，请向北京交通大学出版社质监组反映。对您的意见和批评，我们表示欢迎和感谢。

投诉电话：010-51686043，51686008；传真：010-62225406；E-mail：press@ bjtu.edu.cn。

前　　言

Photoshop CC 是美国 Adobe 公司出品的一款功能强大的图形图像处理软件，是当今最流行、最优秀的平面设计软件之一；广泛应用于平面广告设计、数码相片处理、Web 图形制作和影像后期处理等领域。"凡自然不能使之完美者，艺术使之完美"，相信朋友们在使用这款软件进行艺术创作的过程中，会深深体会到这一点。

本书共 9 章，按照循序渐进的方式，由浅入深地介绍了 Photoshop CC 常用的工具和命令的基本使用方法、实际应用和操作技巧。具体内容如下。

第 1 章　初识 Photoshop。介绍了有关平面设计和图形图像处理的一些基本概念、学习 Photoshop 的重要性、Photoshop CC 的基本操作等内容。

第 2 章　基本工具。讲述了 Photoshop CC 工具箱中基本工具的使用方法和实际应用。

第 3 章　图层。讲述了图层概念，图层基本操作、图层混合模式及图层样式的使用方法和实际应用。

第 4 章　颜色处理。讲述了与 Photoshop 密切相关的色彩的一些基本知识，颜色模式的基本概念，颜色模式的转换、颜色调整的基本方法和实际应用。

第 5 章　滤镜。讲述了滤镜的实质、使用技巧，常用滤镜的使用方法和实际应用。

第 6 章　蒙版。讲述了蒙版的基本概念，各类蒙版的使用方法和实际应用，与蒙版相关的几种图层的基本操作方法和实际应用。

第 7 章　通道。讲述了通道的基本概念、通道的基本操作和实际应用。

第 8 章　路径。讲述了路径的基本概念，路径的创建与编辑方法和实际应用。

第 9 章　动作和动画。讲述了动作和动画的基本概念，动作的录制、基本编辑和实际应用，逐帧动画与补间动画的制作。

习题答案。提供了前面各章概念题和模拟卷概念题的答案（配套光盘中提供了模拟卷操作题的答案）。

本书内容比较全面，实践性、实用性和趣味性较强。既能反映软件的使用技术，又兼顾艺术性和理论深度。它汇集了作者多年来在 Photoshop 图像处理及相关领域的教学中所积累的丰富成果，其最大特点就是把枯燥难懂的软件应用技术融入到精彩有趣的实例制作中；主要通过实际动手操作，使读者迅速掌握 Photoshop CC 的常用功能。本书的电子资源提供了书中有关操作的所有素材、实例答案及 PPT 课件，保证了操作的可行性。电子资源的链接地址是：https://pan. baidu. com/s/1jKciJ0U，提取密码是：e26k。俗话说，"兴趣是最好的老师"，希望它能够成为朋友们学习和掌握 Photoshop 的好朋友和得力助手。

　　在本书的选材和编写上，作者倾注了大量的心血；同时，书中有些地方也借鉴了前辈和同仁们的一些好的创意，在此一并表示衷心的感谢！

　　本书主要面向全国各高等院校相关专业的学生，也可作为电脑美术设计领域的培训教材及广大平面设计人员的参考书籍。由于作者水平所限，书中错误和不当之处在所难免，恳请读者批评指正。作者的电子邮件地址是：jianli@ cc. ecnu. edu. cn，欢迎联系 。

　　下面是本书电子资源链接地址的二维码及作者邮箱的二维码。

作　者

2018 年 1 月

目　　录

第 1 章　初识 Photoshop

1.1　Photoshop 与平面设计

平面设计即平面视觉传达设计,是现代社会信息传递的有效方式。平面设计通过构图、版式和色彩,并遵循主从、对比、节奏、韵律、均衡、统一等美学规律,将某种思想观念在二维平面上表现出来,更好地传达给受众。

创意是平面设计作品的关键因素。所谓创意是指具有创造力的"点子",或者说非凡的构思和想法。好的平面设计作品不仅要有明确的主题,还要有独特的创意。这样才能从众多的同类作品中脱颖而出。如图 1-1 所示为一些平面设计的优秀作品。

(a)　　　　　　　　　　　　　　(b)

(c)　　　　　　　　　　　　　　(d)

图 1-1　平面设计优秀作品展示

另外,无论创意多么高明和与众不同,最终都要通过一定的工具把它表现出来。如今,平面设计艺术已经发展成为传统美术与电脑等高科技相结合的产物。众多的电脑辅助设计软件为平面设计提供了更多创意表现的手段,并使得整个创作过程更加方便而高效。Photoshop 就是电脑辅助设计软件中的佼佼者之一,这也正是平面设计爱好者一定要学好

Photoshop 的重要原因。

　　Photoshop 是美国 Adobe 公司推出的一款专业的图形图像处理软件，广泛应用于影像后期处理、平面设计、数字相片修饰、Web 图形制作、多媒体产品设计制作等领域，它是同类软件中当之无愧的图像处理大师。

1.2　图像处理基本概念

　　正如前面所述，Photoshop 是进行平面设计与创作的首选工具之一。为了更好地学习和掌握 Photoshop，需要了解一些图像处理的相关基本概念。

1.2.1　位图与矢量图

　　数字图像分为两种类型：位图与矢量图。在实际应用中，二者为互补关系，各有优势。在很多情况下，只有相互配合，取长补短，才能达到最佳表现效果。

1. 位图

　　位图也叫点阵图、光栅图或栅格图，由一系列像素点阵列组成。像素是构成位图图像的基本单位，每个像素都被分配一个特定的位置和颜色值。位图图像中所包含的像素越多，其分辨率越高，画面内容表现得越细腻；但文件所占用的存储量也就越大。位图缩放时将造成画面的模糊与变形（如图 1-2 所示）。

原图　　　　　　　　　　　　　　　　放大后的局部

图 1-2　位图

　　数码相机、数码摄像机、扫描仪等设备和一些图形图像处理软件（如 Photoshop、Corel PHOTO-PAINT、Windows 的绘图程序等）都可用来创建位图。

2. 矢量图

　　矢量图就是利用矢量描述的图。图中各元素（这些元素称为对象）的形状、大小都是借助数学公式表示的，同时调用调色板表现色彩。矢量图形与分辨率无关，缩放多少倍都不会影响画质（如图 1-3 所示）。

　　能够创建矢量图的常用软件有 CorelDRAW、Illustrator、Flash、AutoCAD、3DS MAX、MAYA 等。

原图　　　　　　　　　　　　　放大后的局部

图 1-3　矢量图

一般情况下，矢量图所占用的存储空间较小，而位图则较大。位图图像擅长表现细腻柔和、过渡自然的色彩（渐变、阴影等），内容更趋真实，如风景照、人物照等。矢量图形则更适合绘制平滑、流畅的线条，可以无限放大而不变形，常用于图形设计、标志设计、图案设计、字体设计、服装设计等。

1.2.2　分辨率

根据不同的设备和用途，分辨率的概念有所不同。

1. 图像分辨率

图像分辨率指图像每单位长度上的像素点数。单位通常采用像素每英寸（ppi）或像素每厘米等。图像分辨率的高低反映的是图像中存储信息的多少，分辨率越高，图像质量越好。

2. 显示器分辨率

显示器分辨率指显示器每单位长度上能够显示的像素点数，通常以点每英寸（dpi）为单位。显示器的分辨率取决于显示器的大小及其显示区域的像素设置，通常为 96 dpi 或 72 dpi。

理解了显示器分辨率和图像分辨率的概念，就可以解释图像在显示屏上的显示尺寸为什么常常不等于其打印尺寸的原因。图像在屏幕上显示时，图像中的像素将转化为显示器像素。此时，如果图像分辨率高于显示器分辨率，图像的屏幕显示尺寸则将大于其打印尺寸。

另外，若两幅图像的分辨率不同，将其中一幅图像的图层复制到另一图像时，该图层图像的显示大小也会发生相应的变化。

3. 打印分辨率

打印分辨率指打印机每单位长度上能够产生的墨点数，通常以 dpi 为单位。一般激光打印机的分辨率为 600~1200 dpi；多数喷墨打印机的分辨率为300~720 dpi。

4. 扫描分辨率

扫描仪在扫描图像时，将源图像划分为大量的网格，然后在每一网格里取一个样本点，以其颜色值表示该网格内所有点的颜色值。按上述方法在源图像每单位长度上能够取到的样本点数，就称为扫描分辨率，通常以 dpi 为单位。可见，扫描分辨率越高，扫描得到的数字图像的质量越好。扫描仪的分辨率有光学分辨率和输出分辨率两种，购买时主要考虑的是光学分辨率。

5. 位分辨率

位分辨率指计算机采用多少个二进制位表示像素点的颜色值，也称位深。位分辨率越高，能够表示的颜色种类越多，图像色彩越丰富。

对于 RGB 图像来说，24 位（红、绿、蓝三种原色各 8 位，能够表示 2^{24} 种颜色）以上称为真彩色，自然界里肉眼能够分辨出的各种色光的颜色都可以表示出来。

1.2.3　Photoshop 常用的图像文件格式

一般来说，不同的图像压缩编码方式决定数字图像的不同文件格式。了解不同的图像文件格式，对于选择有效的方式保存图像，提高图像质量，具有重要意义。

1. PSD 格式

这是 Photoshop 的基本文件格式，能够存储图层、通道、蒙版、路径和颜色模式等各种图像信息，是一种非压缩的原始文件格式。PSD 文件容量较大，可以保留几乎所有的原始信息，对于尚未编辑完成的图像，最好选用 PSD 格式进行保存。

2. JPEG（JPG）格式

这是目前广泛使用的位图图像格式之一，属有损压缩，压缩率较高，文件容量小，但图像质量较高。该格式支持 24 位真彩色，适合保存色彩丰富、内容细腻的图像，如人物照、风景照等。JPEG（JPG）是目前网上主流图像格式之一。

3. GIF 格式

这是无损压缩格式，分静态和动态两种，是当前广泛使用的位图图像格式之一，最多支持 8 位即 256 种彩色，适合保存色彩和线条比较简单的图像，如卡通画、漫画等（该类图像保存成 GIF 格式将使数据量得到有效压缩，且图像质量无明显损失）。GIF 图像支持透明色，支持颜色交错技术，是目前网上主流图像格式之一。

4. PNG 格式

PNG 是可移植网络图形图像（portable network graphic）的英文缩写，是专门针对网络使用而开发的一种无损压缩格式。PNG 格式也支持透明色，但与 GIF 格式不同的是，PNG格式支持矢量元素，支持的颜色多达 48 位，支持消除锯齿边缘的功能，因此可以在不失真的情况下压缩保存图形图像；PNG 格式还支持 1~16 位的图像 Alpha 通道。PNG 格式的发展前景非常广阔，被认为是未来 Web 图形图像的主流格式。

5. TIFF 格式

TIFF 格式应用非常广泛，主要用于在应用程序之间和不同计算机平台之间交换文件。几乎所有的绘图软件、图像编辑软件和页面排版软件都支持 TIFF 格式；几乎所有的桌面扫描仪都能产生 TIFF 格式的图像。TIFF 格式支持 RGB、CMYK、Lab、索引和灰度、位图等多种颜色模式。

6. PDF 格式

PDF 是可移植文档格式（portable document format）的英文缩写。PDF 格式适用于各种计算机平台；是可以被 Photoshop 等多种应用程序所支持的通用文件格式。PDF 文件可以存储多页信息，其中可包含文字、页面布局、位图、矢量图、文件查找和导航功能（比如超链接）。PDF 格式是 Adobe Illustrator 和 Adobe Acrobat 软件的基本文件格式。

Photoshop 中其他比较常见的图形图像文件格式还有 BMP、TGA、PCX、EPS 等。

1.3　熟悉 Photoshop CC 的窗口界面

想学会使用某个软件，首先从熟悉它的外观界面开始。与早期版本比较，Photoshop CC 使用起来更加快速高效。其默认窗口布局显示的是 Photoshop 的基本功能，如图 1-4 所示。

图 1-4　Photoshop CC 界面组成

通过【窗口】|【工作区】中的相应命令，可以设置不同的窗口布局，以适合不同用户的操作习惯。

1. 选项栏

又称工具选项栏，用于设置当前工具的基本参数，其显示内容随所选工具的不同而变化。

2. 工具箱

工具箱汇集了 Photoshop CC 的 20 多组基本工具及选色按钮、编辑模式按钮。通过单击工具箱顶部的▶▶或◀◀按钮可以使工具箱在单列布局与双列布局之间转换。

将光标移到工具或按钮上停顿片刻，可弹出提示信息。右下角有三角标志的为工具组，在工具组上右击或按下左键停顿片刻，可展开工具组，以选择组中其他工具。

3. 面板

面板是 Photoshop 的又一重要组成部分，其中汇集了 Photoshop 的众多核心功能。各面板允许随意组合，形成多个面板组。通过【窗口】菜单可以控制各浮动面板的显示与隐藏。

4. 图像窗口

在默认窗口布局下，图像窗口仅显示当前正在操作的图像。右击图像周围的空白区域（默认为灰色），利用弹出的快捷菜单可以改变空白区域的颜色。

在打开多个图像文件的情况下，通过单击图像窗口顶部的文件标签，可在不同图像之间切换。通过选择【窗口】|【排列】菜单下的命令可以设置不同的图像排列方式。

1.4　Photoshop 基本操作

1.4.1　浏览图像

浏览图像是 Photoshop 最基本的操作，包括缩放图像、查看图像的隐藏区域、设置图像的屏幕显示模式等，牵涉的工具有缩放工具、抓手工具、【导航器】面板和屏幕显示模式按钮等。

1. 缩放工具

用于改变图像的显示比例。在编辑和修改图像前，使用缩放工具将图像局部放大到适当比例，往往可以使操作变得既方便又准确。

在工具箱上选择缩放工具，其选项栏参数如下。

- 按钮：默认选项。选中该项，在图像窗口中每单击一次，图像以一定比例放大。
- 按钮：选中该项，在图像窗口中每单击一次，图像以一定比例缩小。
- 【调整窗口大小以满屏显示】：勾选该项，当缩放图像时，图像窗口将适合图像的显示大小而改变。
- 【缩放所有窗口】：当打开多个图像时，可通过缩放其中一个图像使其他图像一起缩放。
- 【细微缩放】：勾选该复选框，可通过在图像窗口中向左拖移光标缩小图像，向右拖移光标放大图像。
- 【100%】：使图像以实际像素大小（100%的比例）显示。
- 【适合屏幕】：使图像以最大比例显示全部内容。
- 【填充屏幕】：使图像充满整个 Photoshop 工作区。此时，图像部分内容往往被隐藏。

另外，缩放工具还具有框选放大的功能，操作方法如下。

（1）选择缩放工具，在选项栏上选择 按钮，不勾选【细微缩放】复选框。

（2）在图像上拖移光标，框选要放大的图像局部。松开鼠标按键后，该部分图像即可放大到整个图像窗口显示。

提示： 选择 按钮时，按住 Alt 键不放，可切换到 按钮；选择 按钮时，按住 Alt 键不放，可切换到 按钮。

2. 抓手工具

当图像窗口出现滚动条时，用抓手工具拖移图像，可查看图像被隐藏的区域。

在工具箱上选择抓手工具，其选项栏参数如下。

【滚动所有窗口】：当打开的图像中有多个图像存在滚动条时，勾选该项，可通过平移其中一个图像使其他存在滚动条的图像一起平移。

其余参数与缩放工具相同。

重要提示：

（1）在工具箱上双击"缩放工具" 🔍，图像以"100%"实际像素方式显示。双击"抓手工具" ✋，图像以"适合屏幕"方式显示。

（2）在使用其他工具时，按住空格键不放，可切换到抓手工具；松开空格键，重新切换回原来工具。

3.【导航器】面板

选择菜单命令【窗口】|【导航器】，显示【导航器】面板，如图 1-5 所示。

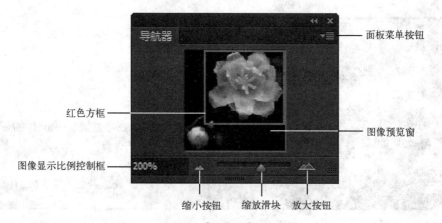

图 1-5　【导航器】面板

各部分作用如下。

↪ 图像预览窗与红色方框：图像预览区显示完整的图像预览图；红色方框内标出当前图像窗口中显示的内容。当图像窗口出现滚动条时，在图像预览区拖移红色方框，可以查看图像的任何区域。

↪ 放大按钮：单击该按钮可以使图像的显示比例放大一级。

↪ 缩小按钮：单击该按钮可以使图像的显示比例缩小一级。

↪ 缩放滑块：向左拖移滑块，图像缩小；向右拖移滑块，图像放大。

↪ 图像显示比例控制框：用于精确改变图像的显示比例。

4. 屏幕显示模式

屏幕显示模式用于改变图像的屏幕显示方式，它有标准屏幕模式、带有菜单栏的全屏模式和全屏模式三种。默认显示模式为标准屏幕模式。

在工具箱底部单击屏幕显示模式按钮 ⬚，弹出下拉菜单，从中选择不同的显示模式选项，图像的不同显示方式如图 1-6、图 1-7 和图 1-8 所示。在选择"全屏模式"选项时，若弹出如图 1-9 所示的【信息】提示框，单击【全屏】按钮即可。

在全屏模式下，按 Esc 键，可返回标准屏幕模式。在不同屏幕显示模式下，按 Tab 键可隐藏或显示部分界面元素。

图 1-6　标准屏幕模式　　　　　　　　　图 1-7　带有菜单栏的全屏模式

图 1-8　全屏模式　　　　　　　　　图 1-9　全屏模式信息提示框

1.4.2　新建图像

选择菜单命令【文件】|【新建】或按 Ctrl+N 键，弹出【新建】对话框，如图 1-10
所示。

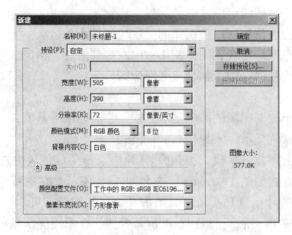

图 1-10　【新建】对话框

↳【名称】：输入新建图像的文件名。

↳【预设】：选择是采用自定义方式还是固定文件格式设置新建图像的宽度和高度。

提示：【预设】下拉列表的底部列出的是 Photoshop 窗口中当前打开的图像的文件名。选择某个文件名，所建立的新文件的宽度与高度将与该文件一致。

↳【宽度】与【高度】：设置新建图像的宽度与高度值。

重要提示：设置图像的宽度和高度时，一定要注意单位的选择。最好先选单位，再输入数值，这样就不会出现诸如 1000 厘米之类的尺寸（处理这么大的图像会使计算机的反应速度变得很慢）。

↳【分辨率】：设置新建图像的图像分辨率。

↳【颜色模式】：选择新建图像的颜色模式（关于颜色模式，可参阅第 4 章）。

提示：如果所创建的图像用于网页显示，一般应选择 RGB 颜色模式，分辨率选用 72 像素/英寸或 96 像素/英寸。若用于实际印刷，颜色模式应采用 CMYK，分辨率则应视情况而定。书籍封面、招贴画要使用 300 像素/英寸左右的分辨率，而更高质量的纸张印刷可采用 350 像素/英寸以上的分辨率。

↳【背景内容】：选择新建图像的背景色。有白色、背景色和透明三种选择。默认设置下，Photoshop 采用灰白相间的方格图案表示透明色。背景色指工具箱上"设置背景色"按钮所表示的颜色。

单击"高级"左侧的圆形按钮，展开对话框的高级选项设置区域。

↳【颜色配置文件】：选择新建图像的色彩配置方式。

↳【像素长宽比】：选择新建图像预览时像素的长宽比例。

提示：像素（picture element，简称 pixel）是组成位图图像的最小单位。像素具有位置和位深（颜色深度）两个基本属性。除了一些特殊标准之外，像素都是正方形的。由于图像由方形像素组成，所以图像必须是方形的。

设置好上述参数，单击【确定】，新文件创建完成。

1.4.3　保存图像

图像编辑完成后，可使用菜单命令【文件】|【存储为】进行保存。在【存储为】对话框中，需要设置文件的存储位置、文件名、保存类型等参数。若保存类型选择 PSD 格式，单击【保存】按钮即可；若选择 JPEG 格式，单击【保存】按钮后会弹出如图 1-11 所示的【JPEG 选项】对话框。

1)【图像选项】

为了确定不同用途的图像的存储质量，可从【品质】下拉列表中选择优化选项（低、中、高、最优）；或左右拖动【品质】滑块；或在【品质】文本框中输入数值（1~4 为低，5~7 为中，8~9 为高，10~12 为最优）。品质越高，文件占用的存储量越多。

提示：一般来说，若图像用于印刷，应设置尽量高的品质。若图像用在网上，则设置中等左右的品质即可；基本原则是在满足 Web 图像质量要求的前提下，

图 1-11　【JPEG 选项】对话框

尽量降低文件的存储大小，以加快图像的下载速度。另外，制作 Web 图像时，最好选用菜单命令【文件】|【存储为 Web 所用格式】存储图像。

2）【格式选项】

↺【基线（"标准"）】：使用大多数 Web 浏览器都识别的格式。

↺【基线已优化】：获得优化的颜色和稍小的文件存储空间。

↺【连续】：在图像下载过程中显示一系列越来越详细的扫描效果（可以指定扫描次数）。

并不是所有 Web 浏览器都支持"基线已优化"和"连续"的 JPEG 图像。

单击【确定】按钮，将 JPEG 格式的图像保存在指定位置。

1.4.4　选取颜色

Photoshop 的选色工具包括工具箱底部的选色按钮（如图 1-12 所示）、【颜色】面板和【色板】面板。下面重点讲解 Photoshop 选色按钮的使用。

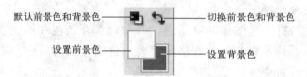

图 1-12　Photoshop 选色按钮

↺"设置前景色"按钮：用于设置前景色的颜色。

↺"设置背景色"按钮：用于设置背景色的颜色。

↺"默认前景色和背景色"按钮：将前景色和背景色设置为系统默认的黑色与白色。

↺"切换前景色和背景色"按钮：使前景色与背景色对换，快捷键为 X。

使用拾色器设置前景色或背景色的一般方法如下。

（1）单击"设置前景色"或"设置背景色"按钮，打开【拾色器】对话框，如图 1-13 所示。

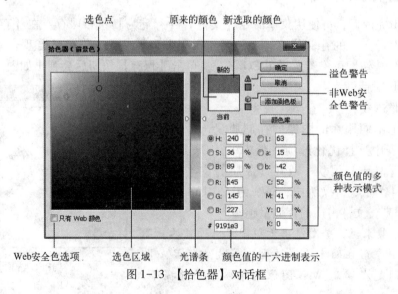

图 1-13　【拾色器】对话框

（2）在光谱条上单击，或上下拖移白色三角滑块，选择某种色相。

（3）在选色区域某位置单击（进一步确定颜色的亮度和饱和度），确定要选取的颜色。

（4）单击【确定】按钮，颜色选择完毕。"设置前景色"或"设置背景色"按钮上指示出上述选取的颜色。

每种颜色都有一定的颜色值。借助拾色器，可使用以下方法之一，精确选取某种颜色。

① 在拾色器右下角，RGB、CMYK、HSB 与 Lab 表示不同的颜色模式（可参阅第 4 章）。直接将指定的一组数值输入到上述某一种颜色模式框中，单击【确定】按钮。

② 在"颜色值的十六进制表示"框中，输入颜色的十六进制数值（注意，此时不要选择【只有 Web 颜色】复选框；否则，可能取不到所要的颜色），单击【确定】按钮。

当拾色器中出现"溢色警告"图标时，表示当前选取的颜色无法正确打印。单击该图标，Photoshop 用一种相近的、能够正常打印的颜色取代当前选色。

在拾色器中，若勾选【只有 Web 颜色】复选框，如图 1-14 所示，选色区域被分割成很多区块，每个区块中任一点的颜色都是相同的。这时通过拾色器仅能选取 216 种不同的颜色，都能在浏览器上正常显示。这些颜色称为网络安全色。

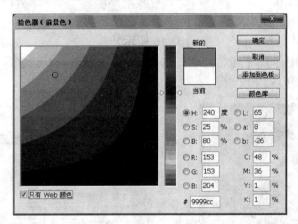

图 1-14　选择 Web 安全色

1.4.5　调整图像大小

在图像处理中，改变素材图像本身的大小是常有的事。

打开素材图像。选择菜单命令【图像】|【图像大小】，弹出【图像大小】对话框，其中显示了当前图像的原有大小及分辨率等信息，如图 1-15 所示。

要改变图像大小，需设置以下主要参数。

↘【宽度】与【高度】：重新设置图像的宽度和高度。可选择百分比和不同的长度单位。

↘【分辨率】：重新设置图像的分辨率，主要与印刷有关。

在选中【宽度】与【高度】参数左侧的"约束长宽比"按钮 的情况下，图像的宽度与高度是相关的，只要改变其中一方，另一方会自动成比例变化。因此，如果希望单独改变宽度与高度的数值，彼此互不影响，就不要选择该按钮。

通常情况下，使用【图像大小】命令缩小图像，图像的画质不会影响太大；但过分增加位图图像的大小对图像画质的影响会非常明显。

图 1-15 【图像大小】对话框

1.4.6　调整画布大小

"画布大小"命令用于改变图像画布的大小。增大画布时，只是在原图像周围增加一些空白区域，原图像本身并不会增大；减小画布时，原图像也会受影响而被裁掉一部分内容。因此，"画布大小"与"图像大小"不是一回事。

打开图像"实例 01\舞 .jpg"，如图 1-16 所示。

选择菜单命令【图像】|【画布大小】，弹出【画布大小】对话框，其中显示了当前图像的原有画布大小，如图 1-17 所示。

图 1-16　素材图像

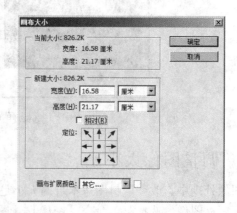

图 1-17　【画布大小】对话框

要改变画布大小，需设置以下主要参数。

✑【宽度】与【高度】：设置新画布的宽度和高度。可以选择百分比和不同的尺寸单位。

✑【定位】：选择原图像在新画布上的位置。每个小方块按钮都可选中，表示一种定位，共 9 种。方块上的箭头表示画布大小的改变方向。例如，默认选择的是中央按钮，表示在水平和垂直方向对称扩展或裁切画布。

✑【画布扩展颜色】：对于存在背景层的图像，当增大画布时，选择画布扩展部分的颜色。

在本例中，采用默认定位方法，将画布宽度增加 1 厘米，高度增加 2 厘米，画布扩展颜色选择白色。画布大小改变后的图像如图 1-18 所示。

在【画布大小】对话框中，若勾选【相对】复选框，则只要在【宽度】和【高度】文本框中输入相对增加或减少的数值即可（画布增加时输入正值，画布减小时输入负值）。仍以"实例 01\舞 . jpg"为例，要获得同样的画布扩充效果，只要将参数设置为如图 1-19 所示即可。

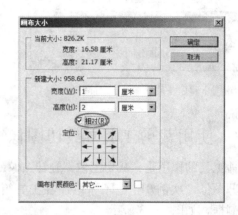

图 1-18　画布扩展后的图像　　　　图 1-19　设置画布大小的相对改变值

关闭素材图像"实例 01\舞 . jpg"，不保存修改。

1.4.7　旋转画布

打开图像"实例 01\硬笔书法 . jpg"（如图 1-20 所示）。选择菜单命令【图像】|【图像旋转】|【任意角度】，弹出【旋转画布】对话框，如图 1-21 所示。

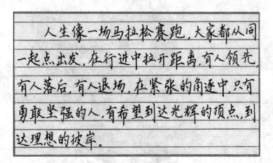

图 1-20　素材图像

选择【度（逆时针）】单选项，设置【角度】值为 15，单击【确定】按钮，画布旋转后的图像如图 1-22 所示。

菜单【图像】|【图像旋转】下还有其他旋转命令。应注意"90 度旋转"与"垂直翻转"的区别，以及"180 度旋转"与"水平翻转"的区别。

提示：在图像存在背景层的情况下，画布旋转后图像中出现的空白区域的颜色，即工具箱上"设置背景色"按钮所表示的颜色；否则为透明色。关于"背景层"的概念，请参考

第 3 章相关内容。

图 1-21 【旋转画布】对话框   图 1-22   画布旋转后的图像

1.4.8 　使用裁剪工具 ⌗ 裁切图像

裁剪工具的作用是：裁切图像，旋转图像，重新设置裁切后图像的分辨率。

打开图像"实例 01\关爱 . jpg"。在工具箱上选择裁剪工具。在图像中拖移光标，创建裁切控制框，如图 1-23 所示。

拖移裁切控制框四个角或各边中点处的控制手柄，改变裁切控制框的大小；在控制框的外部（要稍微离开一点距离）拖移光标（此时光标显示为弯曲的双向箭头，如图 1-24 所示），改变图像的角度。

按 Enter 键，或单击选项栏上的提交按钮 ✔，得到裁切结果，如图 1-25 所示。

图 1-23   创建裁切控制框   图 1-24   旋转裁切控制框   图 1-25   裁切后的图像

在裁切过程中，若想撤销操作，可按 Esc 键，或单击选项栏上的取消按钮 ⊘。

若想精确设置裁切图像的大小和分辨率，可在选择裁剪工具后，首先在选项栏上预先设置相应的参数（如图 1-26 所示），然后通过方向键调整裁切控制框在图像中的位置，最后确认裁切控制框。

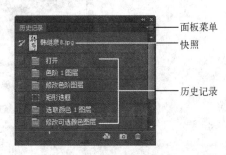

图 1-26　设置裁剪工具的选项栏参数

1.4.9　操作的撤销与恢复

撤销与恢复操作的方法有以下两种：

① 调用【编辑】菜单中的"前进一步"（或按 Shift+Ctrl+Z 键）和"后退一步"（或按 Ctrl+Alt+Z 键）。

② 使用【历史记录】面板。

下面重点介绍【历史记录】面板的基本使用方法。选择菜单命令【窗口】|【历史记录】，显示【历史记录】面板，如图 1-27 所示。

1. 撤销与恢复操作

在"历史记录"区，向前单击某一条操作记录，可撤销该项记录后面的所有操作；向后单击某一条操作记录，可恢复该项记录及其前面的所有操作。

图 1-27　【历史记录】面板

选择某一条操作记录，单击"删除当前状态"按钮🗑，在弹出的警告框中单击【是】按钮，默认设置下将撤销并删除该项记录及其后面的所有操作记录。

重要提示：单击【历史记录】面板右上角的"面板菜单"按钮，在弹出的【面板】菜单中选择【历史记录选项】命令，打开【历史记录选项】对话框，勾选【允许非线性历史记录】，单击【确定】按钮。进行上述设置后，可单独删除【历史记录】面板中选中的当前历史记录，而不影响后面的记录。

2. 设置历史记录步数

选择菜单【编辑】|【首选项】|【性能】，打开【首选项】对话框，通过其中的"历史记录状态"选项，可以修改历史记录的撤销与恢复步数。在 Photoshop CC 中，【历史记录】面板最多可记录 1000 步操作。

3. 创建快照

"快照"可将某个特定历史记录状态下的图像效果暂时存放于内存中。即使相关操作因被撤销或删除已经不存在了，"快照"依旧存在。因此，使用"快照"能够有效地恢复图像。

单击【历史记录】面板右下角的"创建新快照"按钮📷，可为当前历史记录状态下的图像效果创建快照。"删除当前状态"按钮🗑可用于删除快照。

提示：单击【历史记录】面板右下角的"从当前状态创建新文档"按钮🔖，可从当前历史记录状态或快照创建新图像。

1.5　本章案例——设计制作一张漂亮的卡片

主要技术看点：旋转画布、裁切图像、修改图像大小、修改画布大小、在不同图像间复制图层、变换图层、移动图层、选色、输入文字、保存图像等。卡片效果如图 1-28 所示。

图 1-28　卡片效果

步骤 1　使用 Photoshop CC 打开图像"实例 01 \ 荷花素材 . JPG"。这是一幅上下颠倒且倾斜的图像，如图 1-29 所示。

步骤 2　选择菜单命令【图像】|【图像旋转】|【垂直翻转画布】，将图像上下颠倒过来，如图 1-30 所示。

图 1-29　原始图像   图 1-30　翻转后的图像

步骤 3　在工具箱上选择标尺工具▱（位于吸管工具✐组），沿荷花黑色背景的边缘（或与边缘平行的方向）拖移光标，创建一条度量线，如图 1-31 所示。

步骤 4　在工具箱上将背景色设置为白色（与卡片画面周围的颜色一致）。选择菜单命令【图像】|【图像旋转】|【任意角度】，打开【旋转画布】对话框，如图 1-32 所示。在对话框中，系统已按测量线自动设置好旋转角度及旋转方向。

图 1-31　绘制测量线　　　　　　　　　　图 1-32　【旋转画布】对话框

步骤 5　单击【确定】按钮。旋转后的图像如图 1-33 所示。

步骤 6　使用裁剪工具，裁掉图像四周的多余白边，如图 1-34 所示。

图 1-33　旋转后的图像　　　　　　　　　　图 1-34　裁切后的图像

　　步骤 7　使用菜单命令【图像】|【图像大小】，将图像的宽度缩小至 500 像素，高度成比例缩小，分辨率保持不变。

　　步骤 8　选择菜单命令【图像】|【画布大小】，打开【画布大小】对话框，参数设置如图 1-35 所示，单击【确定】按钮。这样可以将图像的底部裁掉一部分，使顶部的空间相对大一些，如图 1-36 所示。

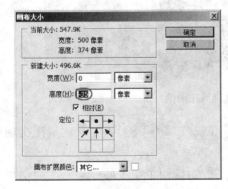

图 1-35　设置【画布大小】参数　　　　　　图 1-36　修改画布大小后的图像

步骤 9   打开素材图像"实例 01\蜻蜓 . PSD"。显示【图层】面板。

步骤 10   选择菜单命令【窗口】|【排列】|【使所有内容在窗口中浮动】，将所有图像窗口转换为浮动模式。

步骤 11   拖移"蜻蜓 . PSD"的标题栏，使之与"荷花素材 jpg"的窗口错开位置（此时"蜻蜓 . PSD"为当前图像）。

步骤 12   在【图层】面板上，将"蜻蜓"图层拖移到荷花图像的窗口中，如图 1-37所示。

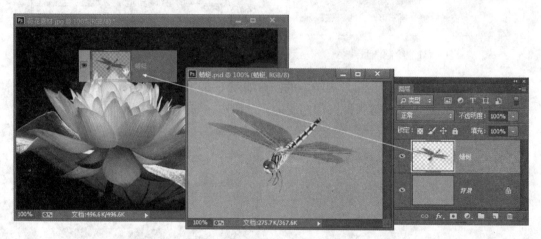

图 1-37 图层复制操作示意图

步骤 13   结果，"蜻蜓"图层被复制到荷花图像中，且荷花图像被激活成为当前图像，如图 1-38 所示。

图 1-38 将蜻蜓复制到荷花图像

步骤 14   选择菜单命令【编辑】|【自由变换】（或按 Ctrl+T 键），蜻蜓的周围出现自由变换控制框。

步骤 15   按住 Shift 键不放，使用光标向内拖移控制框四个角上的任意一个控制块，适当成比例缩小蜻蜓，如图 1-39 所示。按 Enter 键确认变换。

步骤 16   选择移动工具 ，将"蜻蜓"移动到合适的位置，如图 1-40 所示。

图 1-39　缩小"蜻蜓"　　　　　　　　图 1-40　移动"蜻蜓"

步骤 17　关闭"蜻蜓 . PSD"的图像窗口。选择菜单命令【窗口】|【排列】|【将所有内容合并到选项卡中】，返回默认的文档排列模式。

步骤 18　使用菜单命令【图像】|【画布大小】，打开【画布大小】对话框，将图像四周对称扩充出白色区域（参数设置如图 1-41 所示，其中画布扩展颜色为白色），作为卡片的边框。扩充后的图像如图 1-42 所示。

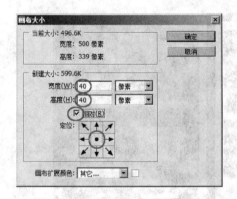

图 1-41　设置【画布大小】参数　　　　　图 1-42　对称扩充出白色边框

步骤 19　使用【画布大小】命令将图像底部进一步扩充，参数设置如图 1-43 所示（其中画布扩展颜色为白色）。扩充后的图像如图 1-44 所示。

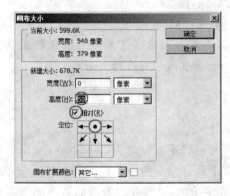

图 1-43　设置【画布大小】参数　　　　　图 1-44　进一步扩充底部

步骤 20　再次使用【画布大小】命令将图像四周对称扩充出黑色区域（参数设置如

图 1-45 所示，其中画布扩展颜色为黑色），作为卡片的背景。扩充后的图像如图 1-46 所示。

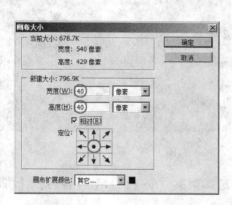

图 1-45　设置【画布大小】参数　　　　　图 1-46　对称扩充出黑色背景

步骤 21　使用横排文字工具，在图像中如图 1-47 所示的位置创建文本"凌波仙子静中芳，也带酣红学醉妆"。此时，观察【图层】面板，文本图层已自动生成。

图 1-47　创建文本

步骤 22　将操作结果以"凌波仙子 . JPG"为名保存起来。

步骤 23　关闭"荷花素材 jpg"的图像窗口，不保存修改。

重要提示：读者可提前预习第 3 章中图层的基本概念和图层基础操作（选择图层、复制图层、文本层等）。这对实例中操作的理解及 Photoshop 入门会有很大帮助。

1.6　小结

本章主要讲述了有关平面设计和图形图像处理的一些基本概念，Photoshop CC 窗口组成和基本操作。通过综合案例，一方面使得本章的理论部分学有所用，让读者初步适应 Photoshop CC 的图像处理环境；另一方面激发读者对该软件的学习兴趣，为后面各章的学习做些准备。对于没有 Photoshop 操作基础的学习者来说，综合案例应在教师的适当指导下完成。

综合案例中提前用到的知识点有：

① 图层概念与基础操作（参照第 3 章开始，希望尽快熟悉这部分内容）；

② 图层的复制、移动与缩放（非常重要的操作，重点掌握，后面还要多次用到）；

③ 文字工具的使用（参照第 2 章相关部分，先掌握文字工具的简单使用方法）。

1.7　习题

一、选择题

1. Photoshop 是由美国的_____公司出品的一款功能强大的图像处理软件。

　　A. Corel　　　　　B. Macromedia　　　　C. Microsoft　　　　D. Adobe

2. Photoshop 的功能非常强大，使用它处理的图主要是_____。

　　A. 位图　　　　　B. 剪贴画　　　　　　C. 矢量图　　　　　D. 卡通画

3. 下列描述不属于位图特点的是_____。

　　A. 由数学公式来描述图中各元素的形状和大小

　　B. 适合表现含有大量细节的画面，比如风景照、人物照等

　　C. 图像内容会因为放大而出现马赛克现象

　　D. 与分辨率有关

4. 位图与矢量图比较，其优越之处在于_____。

　　A. 对图像放大或缩小，图像内容不会出现模糊现象

　　B. 容易对画面上的对象进行移动、缩放、旋转和扭曲等变换

　　C. 适合表现含有大量细节的画面

　　D. 一般来说，位图文件比矢量图文件要小

5. "目前广泛使用的位图图像格式之一；属有损压缩，压缩率较高，文件容量小，但图像质量较高；支持真彩色，适合保存色彩丰富、内容细腻的图像；是目前网上主流图像格式之一。"是下属_____格式图像文件的特点。

　　A. JPEG（JPG）B. GIF　　　　　　　C. BMP　　　　　　D. PSD

6. 位图也叫点阵图、光栅图或栅格图，由一系列像素点阵列组成。以下除了_____软件外都是主要用于位图编辑的。

　　A. Photoshop　　　B. Corel PHOTO-PAINT　　C. Illustrator　　D. Windows 绘图程序

7. 矢量图就是利用矢量描述的图。矢量图形与分辨率无关，缩放多少倍都不会影响画质。以下除了_____软件外都是主要用于创建和编辑矢量图的。

　　A. Photoshop　　　B. CorelDRAW　　　　C. AutoCAD　　　　D. MAYA

8. 对于【图像】|【图像大小】命令的用途，以下描述不正确的是_____。

　　A. 可以用来改变图像的尺寸

　　B. 可以将图像尺寸增大，而图像的清晰度不受任何影响

　　C. 可以改变图像的分辨率

　　D. 不可用于裁切画布

9. 以下可用于撤销图像操作记录的是_____。

　　A. 橡皮擦工具　　　　　　　　　　　B. Shift+Ctrl+Z

　　C. 【历史记录】面板　　　　　　　　D. 历史记录画笔工具

10. 对于【图像】|【画布大小】命令的用途，以下描述正确的是_____。

    A. 可用于裁切画布

    B. 可用于旋转画布

    C. 可以改变图像的分辨率

    D. 可用于扩充画布，但导致图像的清晰度降低

二、填空题

1. 图像每单位长度上的像素点数称为_____。单位通常采用"像素/英寸"。

2. _____指计算机采用多少个二进制位表示像素点的颜色值，也称位深。

3. _____格式是 Photoshop 的基本文件格式，能够存储图层、通道、蒙版、路径和颜色模式等各种图像属性，是一种非压缩的原始文件格式。

4. 在 Photoshop 拾色器中，若勾选【只有 Web 颜色】选项，则仅能选取 216 种颜色，这些颜色都能够在浏览器上正常显示，称为_____。

5. 在使用缩放工具时，按住_____键不放，可使工具的作用恰好相反。

6. 图像的颜色模式有 RGB、CMYK、Lab、灰度等多种，若用于实际印刷，颜色模式应采用_____颜色模式，分辨率则应视情况而定。

三、简答题

1. 简述平面设计的概念及学习 Photoshop 的重要性。

2. 什么是位图？什么是矢量图？二者的关系如何？各有什么优点与缺点？

3. 简述图像分辨率的定义。比较书中提到的几种分辨率的区别与联系。

4. 比较下列几组菜单命令和基本工具的区别与联系："图像大小"与缩放工具，"画布大小"与裁剪工具，"图像大小"与"画布大小"。

四、操作题

1. 使用 Photoshop 按以下要求设计并保存图像。

（1）新建图像。新建一幅 400 像素×300 像素、72 像素/英寸、RGB 颜色模式、透明背景的图像。熟悉 Photoshop 中透明色的表示方法。

（2）编辑图像。将前景色设置为黄色（颜色值# FFFF33），背景色设置为黑色；使用云彩滤镜在图像上创建黄色烟雾效果。

（3）保存图像。将编辑后的图像以"硝烟.JPG"为文件名保存在 C 盘根目录下，保存质量为"最佳"。

提示：滤镜是 Photoshop 的特效工具。云彩滤镜位于【滤镜】|【渲染】菜单下，其效果是由前景色和背景色随机生成的，所以每一次的操作结果会有所不同。

2. 使用图片素材"练习\第 1 章\人物.jpg"设计如图 1-48 所示的效果。操作提示如下：

（1）通过菜单命令【滤镜】|【滤镜库】为素材图像添加"纹理"滤镜组中的"纹理化"滤镜（参数默认）；

（2）利用直排文字工具创建文字"记忆"（华文中宋，72 点，黑色）；

（3）为文字图层添加"投影"图层样式（角度 50，距离 12，大小 6，杂色 34，其他参数默认）；

（4）分别以"记忆.psd"与"记忆.jpg"为文件名对操作结果源文件（不要合并图

层）及效果文件进行存储。

图 1-48　操作题 2 样张

第 2 章 基 本 工 具

2.1　选择工具的使用

在 Photoshop 中，选择工具的作用是创建选区，选择要编辑的图像范围，并保护选区外的图像免遭破坏。数字图像的处理很多时候是局部的处理，首先需要在局部创建选区；选区创建得准确与否，直接关系到图像处理的质量。因此，选择工具在 Photoshop 中有着特别重要的地位。Photoshop 最基本的选择工具包括选框工具组、套索工具组和魔棒工具组。另外，通过蒙版、路径、通道等高级技术能够创建更准确、更复杂的选区，这些技术将在后面各章陆续讲解。

2.1.1　选框工具组

选框工具组包括矩形选框工具、椭圆选框工具、单行选框工具和单列选框工具，用于创建方形、圆形等形状规则的几何选区。

1. 矩形选框工具

在工具箱上选择"矩形选框工具"，按下左键在图像窗口拖移光标，通过确定对角线的长度和方向创建矩形选区。矩形选框工具的选项栏参数如图 2-1 所示。

图 2-1　矩形选框工具的选项栏参数

1）选区运算按钮

（1）"新选区"■：默认选项，作用是创建新的选区。若图像中已经存在选区，新创建的选区将取代原有选区。

（2）"添加到选区"■：将新创建的选区与原有选区进行并集运算。结果是在原有选区的基础上加上了新创建的选区。

（3）"从选区减去"■：将新创建的选区与原有选区进行差集运算。结果是从原有选区中减去与新选区重叠的区域。

（4）"与选区交叉"■：将新创建的选区与原有选区进行交集运算。结果保留新选区与原有选区重叠区域的选区。

2）【羽化】文本框

羽化的实质是以创建时的选区边界为中心，以所设置的羽化值为半径，在选区边界内外形成一个强度渐变的选择区域（试一试，对羽化的选区进行填色）。但该参数必须在选区创建之前设置才有效。

　　注意： 当羽化值较大而创建的选区较小时，由于选框无法显示（选区还是存在的），将弹出如图 2-2 所示的警告框。除非特殊需要，一般应取消选区，并设置合适的羽化值，重新创建选区。

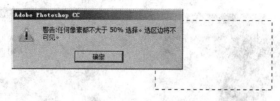

图 2-2　选区异常警告框

　　3）【消除锯齿】复选框

　　作用是平滑选区的边缘。在选择工具中，该选项仅对椭圆选框工具、套索工具组和魔棒工具有效。

　　4）【样式】下拉列表

　　（1）【正常】：默认选项。通过拖移光标随意指定选区的大小。

　　（2）【固定比例】：通过拖移光标，按指定的长宽比创建选区。

　　（3）【固定大小】：按指定的长度和宽度的实际数值（默认单位是像素），通过单击鼠标创建选区。若想改变单位，可通过右击【长度】或【宽度】数值框，从快捷菜单中选择。

　　5）【调整边缘】按钮

　　单击该按钮或选择【选择】|【调整边缘】命令，可打开【调整边缘】对话框，对现有选区的边缘进行更加细微的调整，如边缘的范围、对比度、平滑度和羽化度等。另外，利用对话框中的调整半径工具　和抹除调整工具　，还可以将毛发类细微图像从背景中抠选出来。

　　2. 椭圆选框工具

　　按下鼠标左键，在图像中拖移光标创建椭圆形选区。其选项栏参数与矩形选框工具类似。

　　值得一提的是，利用矩形选框工具或椭圆选框工具创建选区时，若同时按住 Shift 键，可创建正方形或圆形选区；若按住 Alt 键，则以首次单击点为中心创建选区；若同时按住 Shift 键与 Alt 键，则以首次单击点为中心创建正方形或圆形选区。特别要注意的是，在实际操作中，应先按下鼠标左键，再按键盘功能键（Shift、Alt 或 Shift+Alt）；然后拖移光标创建选区；最后先松开鼠标左键，再松开键盘功能键，完成选区的创建。

　　3. 单行选框工具　与单列选框工具

　　单行选框工具用来创建高度为一个像素，宽度与当前图像窗口宽度一致的选区。

　　单列选框工具用来创建宽度为一个像素，高度与当前图像窗口高度一致的选区。

　　由于选区的大小已确定，使用单行选框工具或单列选框工具创建选区时，只需在图像中单击即可。

　　关于【调整边缘】参数的用法举例如下。

　　步骤 1　打开素材图像"实例 02\人物素材 04.JPG"。选择魔棒工具（在选项栏上选择"添加到选区"　按钮，勾选【连续】复选框，其他参数默认），选择人物周围的背景区域，如图 2-3 所示。

　　步骤 2　选择菜单命令【选择】|【反向】，以便使选区方向反转。

　　步骤 3　在选项栏上单击【调整边缘】按钮，打开【调整边缘】对话框，参数设置如图 2-4 所示。此时图像窗口如图 2-5 所示。

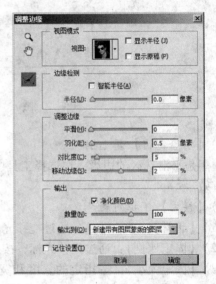

　　　　图 2-3　创建选区　　　　　　　　　　图 2-4　设置对话框参数

【调整边缘】对话框中各项参数的作用如下。

- ↻ 缩放工具 🔍 与抓手工具 ✋：用于放大和拖移图像。双击缩放工具或抓手工具可使图像以 100%的比例显示。
- ↻ 调整半径工具 ✏：以涂抹的方式扩展选区边缘的检测范围。
- ↻ 抹除调整工具 ✏（隐藏在"调整半径工具"组中）：以涂抹的方式去除对选区边缘所做的调整，恢复选的原始边界。
- ↻【视图】：选择预览选区边缘调整结果的不同显示模式。
- ↻【显示半径】：选择该项，可查看边缘检测半径的范围。
- ↻【显示原稿】：选择该项，可查看原始选区。
- ↻【半径】：控制选区边缘调整范围的大小。
- ↻【智能半径】：使半径智能地适合所选图像的边缘。
- ↻【平滑】：控制选区边缘的平滑程度。
- ↻【羽化】：控制选区边缘的羽化程度。
- ↻【对比度】：控制选区边缘的对比度。
- ↻【移动边缘】：调整选区的大小。负值收缩选区，正值扩展选区。
- ↻【净化颜色】：选择该项，通过拖移【数量】滑块去除选区边缘的背景色。
- ↻【输出到】：选择选区内图像的输出方式。

　　步骤 4　在对话框中选择调整半径工具 ✏，在选项栏左侧设置工具的笔触大小为 50 左右。在图像窗口中涂抹头发的边缘，将边缘的头发及头发间隙的背景色全部涂抹到（如图 2-6 所示），结果如图 2-7 所示。如果调整了不应该调整的选区，比如涂抹到了头发上的亮光区域，结果使这些区域变透明；可改用抹除调整工具  涂抹这些区域，撤销调整。

图 2-5 黑底视图模式　　　　　图 2-6 调整头发边缘的选区

步骤 5　单击【确定】按钮，关闭【调整边缘】对话框。结果如图 2-8 所示。
这样就将人物从图像中扣取出来，可以任意更换背景了。

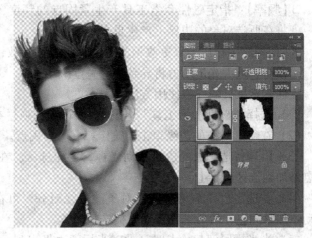

图 2-7 头发边缘的调整结果　　　　图 2-8 确认【调整边缘】对话框后的图像

2.1.2　套索工具组

套索工具组包括套索、多边形套索和磁性套索 3 个工具，用于创建形状不规则的选区。

1. 套索工具

用于创建手绘的选区，其使用方法如铅笔工具一样随意。操作方法如下。

（1）选择"套索工具"，设置选项栏参数。

（2）在图像窗口中，沿待选对象的边缘按键拖移光标以圈选对象。当光标回到起始点时松开左键闭合选区；若光标未回到起始点便松开左键，起点与终点将以直线段相连，形成闭合选区。

套索工具多用来选择与背景颜色对比不强烈且边缘复杂的对象。

2. 多边形套索工具

用于创建多边形选区，用法如下。

（1）选择"多边形套索工具"，设置选项栏参数。

（2）在待选对象的边缘某拐点上单击，确定选区的第一个紧固点；将光标移动到相临拐点上再次单击，确定选区的第二个紧固点；依次操作下去。当光标回到起始点时（此时光标旁边会出现一个小圆圈）单击可闭合选区；当光标未回到起始点时，双击可闭合选区。

多边形套索工具适合选择边界由直线段围成的对象。

在使用多边形套索工具创建选区时，按住 Shift 键，可以确定水平、竖直或方向为 45°角的倍数的直线段选区边界。

3. 磁性套索工具

磁性套索工具特别适用于快速选择与背景颜色对比强烈且边缘复杂的对象。其特有的选项栏参数如下。

- 【宽度】：指定检测宽度，单位为像素。磁性套索工具只检测从指针开始指定距离内的边缘。
- 【对比度】：指定磁性套索工具跟踪对象边缘的灵敏度，取值范围 1%～100%。较高的数值只检测指定距离内对比强烈的边缘；较低的数值可检测到低对比度的边缘。
- 【频率】：指定磁性套索工具产生紧固点的频度，取值范围 0～100。较高的"频率"将在所选对象的边界上产生更多的紧固点。
- "使用绘图板压力以更改钢笔宽度"：该参数针对使用光笔绘图板的用户。选择该按钮，增大光笔压力将导致边缘宽度减小。

磁性套索工具的一般使用方法如下。

（1）选择"磁性套索工具"，根据需要设置选项栏参数。

（2）在待选对象的边缘单击，确定第一个紧固点。

（3）沿着待选对象的边缘移动光标，创建选区。在此过程中，磁性套索工具定期将紧固点添加到选区边界上。

（4）若选区边界不易与待选对象的边缘对齐，可在待选对象的边缘的适当位置单击，手动添加紧固点；然后继续移动光标选择对象。

（5）当光标回到起始点时（此时光标旁边将出现一个小圆圈）单击可闭合选区。当光标未回到起始点时，双击可闭合选区；但起点与终点将以直线段连接。

使用磁性套索工具选择对象时，若待选对象的边缘比较清晰，可设置较大的【宽度】值和更高的【对比度】值，然后大致地跟踪待选对象的边缘即可快速准确地创建选区。若待选对象的边缘比较模糊，则最好使用较小的【宽度】值和较低的【对比度】值，并更严格地跟踪待选对象的边缘以创建选区。

2.1.3　魔棒工具

魔棒工具适用于快速选择颜色相近的区域。其一般用法如下。

（1）选择"魔棒工具"，根据需要设置选项栏参数。

（2）在待选的图像区域内单击。

魔棒工具的选项栏上除了"选区运算"按钮、【消除锯齿】复选框外，还有以下参数。

◇【容差】：用于设置颜色值的差别程度，取值范围0~255，系统默认值32。使用魔棒工具选择图像时，其他像素点与单击点的颜色值进行比较，只有差别在"容差"范围内的像素才被选中。一般来说，容差越大，所选中的像素越多。容差为255时，将选中整个图像。

◇【连续】：勾选该项，只有容差范围内的所有相邻像素被选中。否则，将选中容差范围内的所有像素。

打开素材图像"实例02\树枝.jpg"，使用魔棒工具在图像右上角的空白区域单击，若事先勾选了【连续】选项，则创建如图2-9所示的选区（没有选中被黑色枝条隔离的左边的树枝间隙）；否则，将创建如图2-10所示的选区（此时反转选区，即可选中图中所有树枝）。

图2-9 选择"连续"的操作结果　　图2-10 不选"连续"的操作结果

◇【对所有图层取样】：勾选该项，魔棒工具将从所有可见图层中创建选区；否则，仅基于当前图层中的像素创建选区。

2.1.4 快速选择工具

快速选择工具 以涂抹的方式"画"出不规则的选区，能够快速选择多个颜色相近的区域；该工具比魔棒工具的功能更强大，使用也更方便快捷。其选项栏如图2-11所示。

图2-11 快速选择工具的选项栏参数

◇【画笔大小】：用于设置快速选择工具的笔触大小、硬度和间距等属性。

◇【自动增强】：勾选该项，可自动加强选区的边缘。

其余选项与其他选择工具对应的选项作用相同。

当待选区域和其他区域分界处的颜色差别较大时，使用快速选择工具创建的选区比较准确。另外，当要选择的区域较大时，应设置较大的笔触涂抹；当要选择的区域较小时，应改用小的笔触涂抹。以下举例说明快速选择工具的用法。

步骤 1　打开素材图像"实例 02\荷花 01. JPG"。选择"快速选择工具"，在选项栏上设置画笔大小 15 像素，硬度 100%，其他参数默认。

步骤 2　分别在荷花的花瓣和茎上拖移光标涂抹，得到类似如图 2-12 所示的选区。

步骤 3　将画笔大小设置为 3 像素或更小。选择选项栏上的"从选区减去"按钮 ✐，在多选的狭小区域内拖移光标，将这部分区域从选区减去；选择选项栏上的"添加到选区"按钮 ✐，在漏选的狭小区域拖移光标，将这部分区域增加到选区中去（操作时可适当放大图像）。反复调整后的选区如图 2-13 所示。

图 2-12　创建选区　　　　　　　　　　　　图 2-13　修补后的选区

步骤 4　在选项栏上单击【调整边缘】按钮，打开【调整边缘】对话框（如图 2-14 所示），对选区进行更细致的调整。

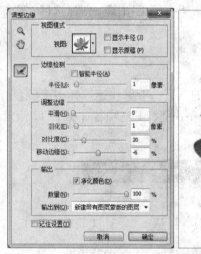 

图 2-14　对选区进行更精确的调整

2.1.5　综合案例

下面通过几个案例，讲解选择工具的综合应用。

案例 2-1 设计制作圆形画面

主要技术看点：圆形与矩形选区的创建，描边，选区的调整（移动、反选、取消等），选色，删除背景层颜色，裁剪画布等。

步骤1 打开素材图像"实例 02 \红楼梦人物 . jpg"。

步骤2 选择椭圆选框工具（选项栏采用默认设置，特别注意羽化值为0），按 Shift 键拖移光标，创建大小如图 2-15 所示的圆形选区。可以使用键盘上的方向键移动选区，以调整其位置（移动选区时千万不要选择移动工具）。

图 2-15 创建圆形选区

注意： 选区的移动一般采用下列两种方法之一。

（1）使用键盘方向键。按一下方向键移动 1 个像素的距离，可用于微调选区。按住 Shift 键按一下方向键移动 10 个像素的距离。

（2）使用鼠标移动选区，方法如下。

① 选择一种选择工具（选框工具、套索工具、魔棒工具、快速选择工具等）。

② 在选项栏上选中"新选区"按钮■。

③ 将光标定位在选区内，按下左键拖移选区。

步骤3 使用菜单命令【编辑】|【描边】对选区进行描边。参数设置如图 2-16 所示，描边效果如图 2-17 所示。

步骤4 再次使用【描边】命令对选区进行 2 个像素的内部黑色描边。

步骤5 选择菜单命令【选择】|【反向】使选区反转，如图 2-18 所示。

步骤6 按 Delete 键，弹出【填充】对话框。利用对话框中【使用】下拉列表中的"颜色"选项，设置填充色为#7a9293。

步骤7 确认【填充】对话框，将颜色填充到背景层的选区内，如图 2-19 所示。

步骤8 选择菜单命令【选择】|【取消选择】（或按 Ctrl+D 键），以取消选区。

图 2-16　设置描边参数

图 2-17　白色描边

图 2-18　反转选区

图 2-19　删除背景层选区像素

步骤 9　使用矩形选框工具（选项栏采用默认设置，特别注意羽化值为 0）创建如图 2-20 所示的选区（大致以圆形画面为中心）。

步骤 10　选择菜单命令【图像】|【裁剪】以裁掉选区外的画布，如图 2-21 所示。

图 2-20　创建矩形选区

图 2-21　裁剪画布

步骤 11　选择菜单命令【选择】|【变换选区】，结果在选区周围出现选区变换框。

步骤 12　按住 Alt 键分别向选区内拖移控制框水平边和竖直边中间的控制块，适当对称缩小选区，并按 Enter 键确认变换，如图 2-22 所示。

步骤 13　使用【描边】命令对选区进行 1 个像素的黑色描边。

步骤 14　按 Ctrl+D 键取消选区。最终效果如图 2-23 所示。

步骤 15　存储文件。

图 2-22　对称收缩选区

图 2-23　最终处理效果

案例 2-2　设计制作地球光圈效果

主要技术看点：标尺与参考线，选区的创建与调整（移动、羽化、扩展、取消等），选色，填充选区，删除普通层颜色等。

步骤 1　打开素材图像"实例 02\地球 . jpg"。按 Ctrl+R 键（或选择菜单命令【视图】|【标尺】）显示标尺。

步骤 2　将光标定位在水平标尺上，按下左键向下拖移出一条水平参考线到地球的中心位置。同样从竖直标尺上向右拖移一条竖直参考线到地球的中心位置。以上述两条参考线的交点作为地球的球心。

步骤 3　若感觉参考线位置不准确，可选择移动工具，将光标定位于水平或竖直参考线上（此时光标形状为 ↔，如图 2-24 所示），左右或上下拖移光标，可调整参考线的位置。

步骤 4　再次按 Ctrl+R 键（或选择菜单命令【视图】|【标尺】）隐藏标尺。

步骤 5　选择"椭圆选框工具"（选项栏采用默认设置，注意羽化值为 0），将光标定位于参考线的交点。按下鼠标左键，同时按住 Shift+Alt 键，拖移光标创建如图 2-25 所示的圆形选区。前面球心的定位肯定有偏差，此时可使选区超出地球的区域（如图中右下角）与地球未被选择的区域（如图中左上角）大致相当。

图 2-24　创建和移动参考线

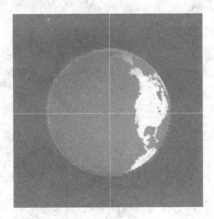

图 2-25　圈选地球

步骤 6　按键盘方向键移动选区（此时不要选择移动工具），使选区刚好与地球边缘吻合。

注意：此处尽量不要使用菜单命令【选择】|【变换选区】放大选区，这样会造成选区的变形。矩形选区放大后也会出现圆角现象（实际上选区边缘的强度有所减弱）。

步骤 7　在【图层】面板上单击"创建新图层"按钮▣，新建图层 1（位于背景层上面）。

步骤 8　将前景色设置为白色。使用油漆桶工具在选区内单击填色，如图 2-26 所示。

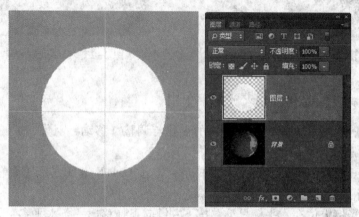

图 2-26　在新建图层的选区内填色

步骤 9　使用菜单命令【选择】|【修改】|【扩展】，将选区扩展 10 个像素左右，如图 2-27 所示。

步骤 10　使用菜单命令【选择】|【修改】|【羽化】，将选区羽化 10 个像素左右。

注意：前面已经说过，选择工具选项栏上的羽化参数必须在选区创建之前设置才有效。对于已经创建好的选区，如需羽化，可使用菜单命令【选择】|【修改】|【羽化】实现。

步骤 11　使用方向键将选区向右向下移动到如图 2-28 所示的位置（操作时千万不要选择移动工具）。

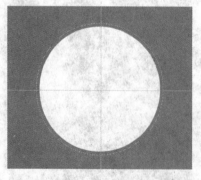

图 2-27　扩展选区

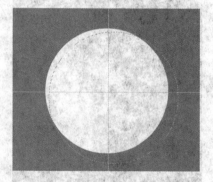

图 2-28　移动选区

步骤 12　按 Delete 键两次，删除图层 1 选区内的像素，如图 2-29 所示。

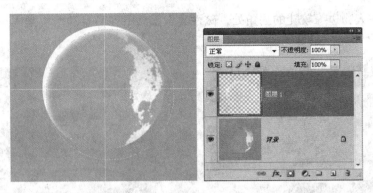

图 2-29 删除当前图层选区内的像素

步骤 13 按 Ctrl+D 键（或选择菜单命令【选择】|【取消选择】）取消选区。

步骤 14 选择菜单命令【视图】|【清除参考线】。地球光圈效果制作完成，如图 2-30 所示。

步骤 15 存储文件。

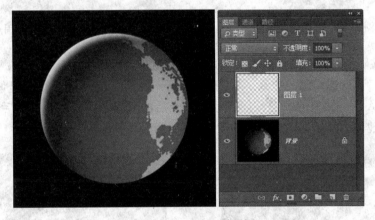

图 2-30 地球光圈效果图

案例 2-3 使用套索工具与魔棒工具抠图

主要技术看点：磁性套索工具，套索工具，魔棒工具，移动工具，自由变换命令，选区内图像的复制与粘贴等。

步骤 1 打开素材图像"实例 02\英姿飒爽.jpg"。使用缩放工具在人物头部单击，将图像放大到 200%。

步骤 2 选择"磁性套索工具"，选项栏设置如图 2-31 所示。

图 2-31 设置磁性套索工具参数

步骤 3 在图中待选人物的边缘某处单击，并沿着边缘移动光标，开始圈选人物，如图 2-32 所示。

步骤4 在人物边缘较陡的拐角处，磁性套索工具不容易自动产生紧固点。此时可单击鼠标手动添加紧固点，如图 2-33 所示。

图 2-32 开始创建选区

图 2-33 手动添加紧固点

步骤5 在陡峭的拐角处或所选图像边缘与周围背景对比度较低的地方，自动生成的选区边界很容易偏离所选对象的边缘（如图 2-34 所示，从 A 点开始出现明显偏离）。此时可移动光标返回 A 点，按 Delete 键，直到撤销 A 点后的所有紧固点为止。然后采用单击加点的方法重新创建偏离处的选区边界，如图 2-35 所示。

图 2-34 选区偏离对象边缘

图 2-35 撤销并重建局部选区

步骤6 由于图像放大而隐藏了部分图像，当光标移动到图像窗口的左下角不能继续创建选区时，按住空格键不放，可切换到抓手工具，拖移出图像的隐藏区域。松开空格键，返回磁性套索工具，继续创建选区。

步骤 7 当选区创建到图像下边界的 B 点时（如图 2-36 所示），按住 Alt 键不放，按下左键拖移光标，磁性套索工具转换成套索工具。拖移光标从图像下边界的外部绕到右边 C 点；此时松开 Alt 键，松开鼠标左键，套索工具转换回磁性套索工具，再沿图像边缘向上移动光标，继续创建选区，如图 2-37 所示（人物右侧手臂与图像右边界交界处的图像可用类似方法选择）。

图 2-36　选择窗口边界处的图像

图 2-37　利用工具的转换选择边界处图像

步骤 8 依照上述方法选择下去，最后移动光标回到初始紧固点，此时光标变成形状（如图 2-38 所示）。单击鼠标即可封闭人物外围选区。

步骤 9 修改磁性套索工具的选项栏参数，选择"从选区减去"按钮，其他参数保持不变。利用与前面类似的方法，沿右侧手臂内侧的空白区域的边缘创建封闭选区，将这部分区域从原选区中减去，如图 2-39 所示。

图 2-38　封闭外围选区

图 2-39　减去原选区中的空白区域

步骤 10 人物初步选定后，使用缩放工具进一步放大图像；通过抓手工具拖移，检查所选图像的边界，如图 2-40 所示。使用套索工具将多选的部分从选区减掉，将漏选的部分添加到选区。修补后的选区如图 2-41 所示。

图 2-40　检查选区　　　　　　　　图 2-41　修补后的选区

步骤 11　选择菜单命令【编辑】|【拷贝】（或按 Ctrl+C 键）。打开素材图像"实例 02\长城 . jpg"。选择菜单命令【编辑】|【粘贴】（或按 Ctrl+V 键）。这样可以将"人物"复制到长城图像中。

步骤 12　使用【移动工具】将"人物"移动到合适的位置，如图 2-42 所示。

图 2-42　将人物复制到"长城"图像中

步骤 13　打开素材图像"实例 02\艺术签名 . jpg"。选择"魔棒工具"（选项栏上不选【连续】），单击"艺术签名 . jpg"的白色背景；选择菜单命令【选择】|【反向】，这样可以将"文字"选中。

步骤 14　按步骤 11 的方法，将"签名文字"复制到长城图像中。使用菜单命令【编辑】|【自由变换】适当放大"签名文字"，并移动到适当位置，如图 2-43 所示。

步骤 15　将合成后的图像存储起来。

图 2-43　图像最终合成效果

2.2　绘画与填充工具的使用

绘画与填充工具包括笔类工具组、橡皮擦工具组、填充工具组、形状工具组、文字工具组和吸管工具组等。使用这些工具能够最直接、最方便地修改或绘制图像。

2.2.1　笔类工具组

包括画笔工具、铅笔工具、历史记录画笔工具、历史记录艺术画笔工具和颜色替换工具等。用于模仿现实生活中笔类工具的使用方法和技巧，绘制各种笔画效果。

1. 画笔工具 ✎

1）设置画笔参数

选择"画笔工具"，其选项栏参数如图 2-44 所示。

图 2-44　画笔工具的选项栏

↬ 🖌·按钮：单击此按钮可打开"画笔预设选取器"（如图 2-45 所示），从中选择预设画笔的笔尖形状，并可更改预设画笔笔尖的大小和硬度。

↬【模式】：设置画笔模式，使当前画笔颜色以指定的颜色混合模式应用到图像上。默认选项为"正常"。

↬【不透明度】：设置画笔的不透明度，取值范围 0%~100%。

↬【流量】：设置画笔的下水速度，取值范围 0%~100%。

↬"喷枪"按钮 ✎：选择该按钮，可将画笔转换为喷枪，通过缓慢地拖移光标或按下左键不放以积聚、扩散喷洒颜色。

↬"切换画笔调板"按钮 📋：单击该按钮打开【画笔】面板（如图 2-46 所示），从中选择预设画笔或创建自定义画笔。【画笔】面板的参数设置如下。

　✓【画笔预设】按钮：用于打开【画笔预设】面板。从中可选择预设画笔的笔尖形状，更改画笔笔尖的大小。【画笔】面板底部为预览区，显示选择的预设画笔或自定义画笔的应用效果。

✓ 【画笔笔尖形状】：用于设置画笔笔尖形状的详细参数，包括形状、大小、翻转、角度、圆度、硬度和间距等（如图 2-46 所示）。

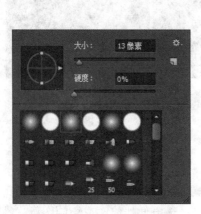

图 2-45　画笔预设选取器

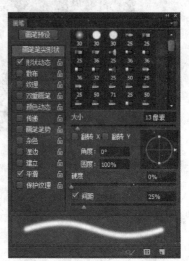

图 2-46　【画笔】面板

✓ 【形状动态】：通过画笔笔尖的大小抖动、角度抖动、圆度抖动和翻转等参数，指定画笔绘画效果的动态变化。

✓ 【散布】：用于设置绘制的笔画中笔迹的数目和范围等参数。

✓ 【纹理】：使用某种图案作为笔尖形状，绘制纹理效果的笔画。

✓ 【双重画笔】：使用两个笔尖创建画笔笔迹。首先在【画笔】面板的"画笔笔尖形状"部分设置主画笔；然后在【画笔】面板的"双重画笔"部分设置辅助画笔。

✓ 【颜色动态】：用于设置画笔颜色的动态变化。

【画笔】面板除了上述常用参数外，还有【传递】【杂色】【湿边】【平滑】【保护纹理】等参数。

2）自定义画笔

"自定义画笔"功能可以将指定图像定义为画笔，操作方法如下。

步骤 1　选择要定义为画笔的图像，如图 2-47 所示（可根据需要创建任意形状的选区或羽化的选区。如果不创建选区，就是将整个图像定义为画笔）。

步骤 2　选择菜单命令【编辑】|【定义画笔预设】，弹出【画笔名称】对话框。在对话框中输入画笔的名称，单击【确定】按钮。

步骤 3　在"画笔预设选取器"中选择自定义的画笔，如图 2-48 所示（在所有画笔的最后）。

步骤 4　设置前景色，在新建图像（或已经打开的图像）中单击或拖移光标绘画。

步骤 5　通过改变前景色，可绘制出各种色调的图像。

注意： 自定义画笔的作用强度仅与所选图像的明度有关系。举一个简单例子，如果将黑色区域定义为画笔，就可以将前景色全部涂抹出来；如果将白色区域定义为画笔，则前景色一点也涂抹不出来；如果将灰色区域定义为画笔，则可将前景色部分涂抹出来（类似于降低画笔的不透明度）。这种自定义的画笔用于橡皮擦等工具上，情况类似。

图 2-47 创建图像选区

图 2-48 选择自定义的画笔

3）载入特殊形状的画笔

使用"画笔预设选取器"不仅可以选择标准的圆形画笔（有软笔和硬笔之分），还可以选择多种特殊形状的画笔。

在默认设置下，"画笔预设选取器"中并未显示出 Photoshop 自带的所有特殊形状的画笔。载入其他特殊形状画笔的方法如下。

步骤 1 单击"画笔预设选取器"右上角的 ✿ᵥ按钮，展开选取器菜单。

步骤 2 从菜单中选择特殊形状画笔组的名称（从"混合画笔"往后全是），弹出类似图 2-49 所示的对话框。

图 2-49 载入特殊形状的画笔

步骤 3 单击【确定】按钮，新画笔将取代"画笔预设选取器"中的原有画笔；单击【追加】按钮，新画笔将追加在原有画笔的后面。

在"画笔预设选取器"面板菜单中，使用【复位画笔】命令，可将其中的画笔恢复为默认设置。

2. 铅笔工具

主要作用是使用前景色绘制随意的硬边界线条。其参数设置及用法与画笔工具类似。

注意： 在铅笔工具的选项栏上勾选【自动抹掉】复选框，使用铅笔工具绘画时，若起始点像素的颜色与前景色相同，则使用背景色绘画。否则，仍使用前景色绘画。

3. 历史记录画笔工具

可将选定的历史记录状态或某一快照状态绘制到当前图层。其选项栏参数设置与画笔工具相同。以下举例说明历史记录画笔工具的基本用法。

步骤 1 打开"实例 02\上色 .psd"，在【图层】面板上选择背景层（如图 2-50 所示）。

图 2-50　选择素材图像的背景层

步骤 2　选择菜单命令【图像】|【调整】|【去色】（此时背景层图像的彩色被去除）。
步骤 3　选择【历史记录画笔工具】，选择 19 像素大小的硬边界画笔（其他选项默认）。
步骤 4　在【历史记录】面板上单击"打开"记录左侧的按钮▇，按钮上显示✒图标。
步骤 5　使用历史记录画笔工具在心形线条上拖移涂抹，恢复彩色，如图 2-51 所示。

图 2-51　恢复背景层上的色彩

　　笔类工具组还包括颜色替换工具🖌、历史记录艺术画笔工具✒和混合器画笔工具🖌。其中，颜色替换工具可使用前景色快速替换图像中的特定颜色；历史记录艺术画笔工具可以使用指定的历史记录状态或快照状态，利用色彩上不断变化的笔画簇，以风格化描边的方式进行绘画，同时颜色迅速向四周沉积扩散，达到印象派绘画的效果；而混合器画笔工具是 Photoshop CC 的新增工具，使用它可以将前景色与鼠标拖移处的图像颜色进行混合，产生传统画笔绘画时不同颜料之间相互混合的效果。

2.2.2　橡皮擦工具组

　　橡皮擦工具组包括橡皮擦工具、背景橡皮擦工具和魔术橡皮擦工具，主要用于擦除图像的颜色。这里重点介绍常用的橡皮擦工具🖌。

　　橡皮擦工具在不同类型的图层上擦除图像时，结果是不同的。

　　（1）在背景图层上擦除时，被擦除区域的颜色以当前背景色取代。

　　（2）在普通图层上可将图像擦除为透明色（而文字层、形状层等含有矢量元素的图层是禁止擦除的）。

　　选择"橡皮擦工具"，其选项栏如图 2-52 所示。其中多数选项的设置与画笔工具相同。

　　↳【模式】：设置擦除模式，有【画笔】、【铅笔】和【块】3 种。

　　↳【抹到历史记录】：将图像擦除到指定的历史记录状态或某个快照状态。

图 2-52 橡皮擦工具的选项栏

2.2.3 填充工具组

填充工具组包括油漆桶工具和渐变工具，用于填充单色、图案或渐变色。

1. 油漆桶工具🖐️

油漆桶工具用于填充单色（当前前景色）或图案。其选项栏如图 2-53 所示。

图 2-53 油漆桶工具的选项栏

↪"前景"下拉列表：用于设置填充内容的类型，包括前景和图案两种。选择【前景】
（默认选项），使用当前前景色填充图像。选择【图案】，可从右侧的"图案选取器"
（如图 2-54 所示）中选择某种预设图案或自定义图案进行填充。

图 2-54 图案选取器

↪【模式】：指定填充内容以何种颜色混合模式应用到要填充的图像上。

↪【不透明度】：设置填充颜色或图案的不透明度。

↪【容差】：控制填充范围。容差越大，填充范围越广。取值范围为 0～255，系统默认
值为 32。容差用于设置待填充像素的颜色与单击点颜色的相似程度。

↪【消除锯齿】：勾选该项，可使填充区域的边缘更平滑。

↪【连续的】：默认选项，作用是将填充区域限定在与单击点颜色匹配的相邻区域内。

↪【所有图层】：勾选该项，将基于所有可见图层的合并图像填充当前图层。

2. 渐变工具▨

渐变工具用于填充各种过渡色。其选项栏如图 2-55 所示。

图 2-55 渐变工具的选项栏

↪▨▨▨▨▨：单击图标右侧的三角按钮▾，可打开预设渐变色面板（如图 2-56 所示），
从中选择所需渐变色（光标指向某一渐变色，停顿片刻，系统将提示该渐变色的名
称）。单击图标左侧的按钮▨▨▨▨，则打开【渐变编辑器】窗口（如图 2-57（a）

所示），可对当前选择的渐变色进行编辑修改或定义新的渐变色。其中各选项作用如下。

✓【预设】：提供 Photoshop 预设的渐变填色类型（同"预设渐变色面板"）。

✓【名称】：显示所选渐变色的名称，或命名新创建的渐变。

✓【渐变类型】：包含实底（默认选项）和杂色两种。若选择【杂色】（如图 2-57（b）所示），可根据指定的颜色，生成随机分布的杂色渐变。本书重点讲解实底渐变的编辑与应用。

图 2-56　预设渐变色面板

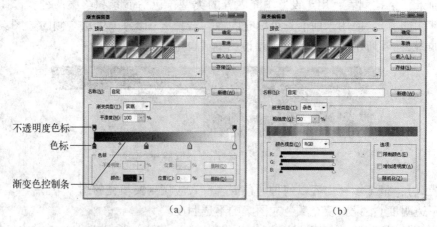

不透明度色标

色标

渐变色控制条

（a）　　　　　　　　　　　　　　　（b）

图 2-57　【渐变编辑器】窗口

✓【平滑度】：控制渐变的平滑程度。数值越高，渐变效果越平滑。

✓【渐变色控制条】：用于控制渐变填充中不同位置的颜色和不透明度。单击选择控制条上的不透明度色标（此时图标下方的三角形变深灰），从【色标】栏可修改该点的不透明度和位置（也可水平拖移不透明度色标改变其位置）。单击选择控制条下的色标（此时图标上方的三角形变成深灰色），从【色标】栏可修改该点的颜色和位置（也可水平拖移色标改变其位置）。在渐变色控制条的上方或下方单击，可添加不透明度色标或色标。选择不透明度色标或色标后，单击【删除】按钮可将其删除（控制条上仅有两个不透明度色标或色标时，是无法删除的）。

↳渐变类型按钮：用于设置渐变的类型。从左向右依次是线性渐变、径向渐变、角度渐变、对称渐变和菱形渐变。各按钮上的图案反映了该类渐变效果的基本特征。

↳【模式】：指定当前渐变色以何种颜色混合模式应用到图像上。

↘【不透明度】：用于设置渐变填充的不透明度。

↘【反向】：勾选该项，可将渐变填充中的颜色顺序前后反转。

↘【仿色】：勾选该项，可用递色法增加中间色调，形成更加平缓的过渡效果。

↘【透明区域】：勾选该项，可使渐变中的不透明度设置生效。

以下举例说明渐变工具的基本用法。

步骤 1 打开"实例 02 \ 郁金香 . jpg"。将前景色设置为白色。

步骤 2 在工具箱上选择"渐变工具" ▇。在选项栏上选择"径向渐变"按钮▇，勾选【反向】与【透明区域】（其他参数保持默认）。

步骤 3 打开"预设渐变色面板"，选择"前景色到透明渐变"按钮▢。

步骤 4 在图像上从 A 点向 B 点拖移光标（如图 2-58 所示），得到如图 2-59 所示的图像消隐效果。

图 2-58 素材图像　　　　　　图 2-59 径向渐变效果

步骤 5 新建一个 400 像素×300 像素、分辨率 72 像素/英寸、RGB 颜色模式的图像。

步骤 6 使用椭圆选框工具创建一个圆形选区。

步骤 7 将前景色和背景色分别设置为白色和黑色。

步骤 8 选择"渐变工具" ▇。在选项栏上选择"径向渐变"按钮▇，从"预设渐变色面板"中选择"前景色到背景色渐变"按钮▇（其他参数保持默认）。

步骤 9 从选区的左上角向右下角方向拖移光标（适当控制拖移距离），创建径向渐变效果，如图 2-60 所示。取消选区。

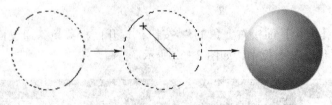

图 2-60 创建径向渐变

2.2.4　形状工具组

形状工具组包括矩形工具、圆角矩形工具、椭圆工具、多边形工具、直线工具和自定形状工具，用于创建形状图层、路径或像素填充图。

本章主要讲解如何使用形状工具创建像素填充图。关于使用形状工具创建形状图层，请参阅第 6 章相关内容。关于使用形状工具创建路径，请参阅第 8 章相关内容。

1. 直线工具／

直线工具使用前景色绘制直线段或带箭头的直线段，其选项栏如图 2-61 所示。

图 2-61　直线工具的选项栏

选择"直线工具"，在选项栏的【工具模式】下拉列表中选择"像素"选项，根据需要在【粗细】框中输入数值。在图像中通过拖移光标绘制直线段。按住 Shift 键，可绘制水平、垂直或方向为 45°角的倍数的直线段。

在选项栏上单击 ✿▪按钮，打开"箭头"面板，通过设置其中的参数，可绘制任意长短和粗细的带箭头的直线段。

2. 规则几何形状工具

规则几何形状工具包括矩形工具■、圆角矩形工具■、椭圆工具●和多边形工具⬡。基本用法如下。

步骤 1　选择规则几何形状工具，在选项栏上选择工具模式。

步骤 2　若绘制圆角矩形，可通过选项栏上的【半径】参数设置圆角程度；若绘制多边形，可在选项栏上设置边数。

步骤 3　若绘制像素图，可通过设置前景色确定图的颜色。若绘制形状图形，可在选项栏上设置的填充色。

步骤 4　在图像中拖移光标绘图。按住 Shift 键拖移光标，可绘制正的规则多边形和圆形。

3. 自定形状工具

Photoshop CC 的自定形状工具为用户提供了丰富多彩的图形资源。其用法如下。

步骤 1　选择"自定形状工具"，在选项栏上选择工具模式。

步骤 2　在选项栏上单击【形状】右侧的三角按钮▪，打开【形状】面板，可选择多种形状。

步骤 3　单击【形状】面板右上角的 ✿▪按钮，打开面板菜单。通过面板菜单可选择更多的形状添加到"形状"面板中，如图 2-62 所示。

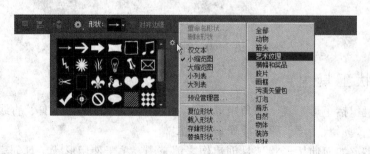

图 2-62　【形状】面板

　　步骤 4　若绘制像素图，可通过设置前景色确定图的颜色。若绘制形状图形，可在选项栏上设置的填充色。

　　步骤 5　在图像中拖移光标绘图。按住 Shift 键拖移光标，可按比例绘制自定形状。

2.2.5　文字工具组

　　图形、文字和色彩是平面设计的三要素。Photoshop CC 的文字工具组包括横排文字工具、直排文字工具、横排文字蒙版工具和直排文字蒙版工具。除了可以控制文字的字体、大小、颜色、行间距、字间距、段落样式等基本属性外，还可以创建变形文字、路径文字等。文字工具的选项栏如图 2-63 所示。

图 2-63　文字工具的选项栏

　　⤵ "字体" "样式" "字号" 下拉列表：用于设置文字的字体、样式和大小。其中样式对中文字体无效。

　　⤵ 【消除锯齿】下拉列表：提供了消除文字边缘锯齿的不同方法。

　　⤵ "对齐" 按钮：设置文字的对齐方式。

　　⤵ "颜色" 按钮：单击该按钮可打开拾色器，选择文字颜色。

　　⤵ "变形文字" 按钮：选择文字层，单击该按钮，可打开【变形文字】对话框，设置文字的变形方式。

　　⤵ "字符/段落面板" 按钮：单击该按钮可显示【字符】、【段落】面板，以便更详细地设置文字或段落的格式。

　　⤵ "取消" 按钮：用于撤销文字的输入或修改操作，并退出文字编辑状态。

　　⤵ "提交" 按钮：用于确认文字的输入或修改操作，并退出文字编辑状态。

1. 横排文字工具T

横排文字工具用于创建水平走向、从上向下分行的文字。

1) 创建横排文字

横排文字的创建方法有两种。

方法一：

　　步骤 1　选择 "横排文字工具"，利用选项栏或【字符】、【段落】面板设置字体、大小、颜色等基本参数。

　　步骤 2　在图像中单击，确定插入点（此时图层面板上生成文字图层）。

　　步骤 3　输入文字内容。按 Enter 键可向下换行。

　　步骤 4　单击 "提交" 按钮✔，文字创建完毕（若单击 "取消" 按钮◯，则撤销文字的输入）。

方法二：

　　步骤 1　选择 "横排文字工具"，在选项栏或【字符】、【段落】面板设置文字基本参数。

　　步骤 2　在图像中拖移光标，确定文字输入框和插入点（此时【图层】面板上生成文字图层）。

　　步骤 3　输入文字内容，文字被限制在框内，到达框的边缘后自动换行（当然也可以按 Enter 键强制换行）。水平拖移输入框竖直边上的控制块，可改变行宽。这样创建的文字为段落文字。

　　步骤 4　单击"提交"按钮 ✓ 确认，或单击"取消"按钮 ◎ 撤销输入。

　　2）修改横排文字

　　在【图层】面板上双击文字图层的缩览图（此时该层的所有文字被选中），利用选项栏、字符面板或段落面板重新设置文字基本参数。最后单击"提交"按钮 ✓ 确认。

　　若要修改文字图层中的部分内容，可在选择文字图层和文字工具后，将指针移到对应字符上，按下左键拖移选择（如图 2-64 所示），然后进行修改并提交。

图 2-64　修改文本对象的部分内容

　　2. 直排文字工具 ⌊T

　　直排文字工具用于创建竖直走向、从右向左分行的文字。用法与横排文字工具类似。

　　3. 横排文字蒙版工具 🆃

　　横排文字蒙版工具用来创建水平方向的文字选区，但不会生成文字图层。其用法如下。

　　步骤 1　选择"横排文字蒙版工具"，利用选项栏或【字符】、【段落】面板设置文字基本参数。

　　步骤 2　在图像中单击（或拖移光标），确定插入点（此时进入文字蒙版状态，图像被 50%不透明度的红色保护起来）。

　　步骤 3　输入文字内容。

　　步骤 4　若要修改文字属性，必须在提交之前进行。可通过在文字上拖移光标，选择要修改的内容，然后重新设置文字参数。也可对全部文字进行变形。

　　步骤 5　单击"提交"按钮 ✓（此时退出文字蒙版状态，形成文字选区）。

　　步骤 6　编辑文字选区（描边、填色、添加滤镜等，但要避开文字层、形状层、调整层和填充层等包含矢量元素的图层）。

　　步骤 7　取消选区。

　　4. 直排文字蒙版工具 ⌊🆃

　　直排文字蒙版工具用于创建竖直走向、从右向左分行的文字选区。用法与横排文字蒙版工具类似。

　　5.【字符】和【段落】面板

　　【字符】和【段落】面板是 Photoshop 设置文字属性的最重要的场所。文字工具选项栏上的几乎所有参数都可以通过【字符】或【段落】面板来设置。

　　Photoshop CC 的【字符】面板如图 2-65 所示。

↺ "字距微调" 选项：用于调整两个字符的间距。方法是将插入点定位在两个字符之间，然后从该表中选择或输入宽度数值。负值表示减小字距，正值表示增大字距。

↺ "基线偏移" 选项：调整文字与基线的距离。正值表示文字升高，负值表示文字降低。

↺ "比例间距调整" 选项：按指定的百分比数值减少字符周围的空间。数值越大，空间越小。

↺ "字距调整" 选项：统一调整所选文字的字符间距。负值表示减小字距，正值表示增大字距。

↺ "字体效果" 选项：创建不同的文字效果。单击不同的按钮，从左往右，依次为加粗、倾斜、全部大写、小型大写、创建上标、创建下标、增加下划线、增加删除线。

↺ "语言" 选项：对所选文字进行有关连字符和拼写规则的语言设置。

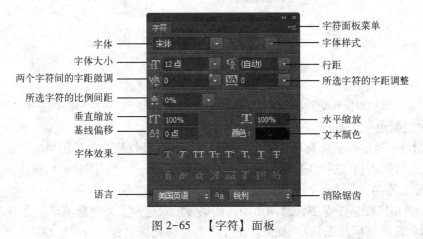

图 2-65 　【字符】面板

PhotoshopCC 的【段落】面板如图 2-66 所示。

↺ "对齐文字" 按钮：设置所选段落的对齐方式。

↺ "段落缩进" 按钮：设置所选段落的缩进方式。

↺ "段前" "段后" 间距：设置所选段落与其前面段落或后面段落之间的距离。

↺【连字】：勾选该项，将在英文段落中自动使用连字功能。当一行的最后一个英文单词由于文字输入框的宽度不够而强行拆开，单词的后一部分换到下一行显示时，在换行的位置自动添加连字符 "-"。

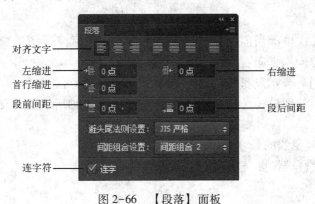

图 2-66 　【段落】面板

2.2.6　吸管工具组

吸管工具组包括吸管工具、标尺工具和颜色取样器工具等。以下重点介绍吸管工具与标尺工具的基本用法。

1. 吸管工具 ✐.

吸管工具用于从当前层图像中吸取颜色。使用该工具在图像上单击，可将单击点或单击区域的颜色吸取为前景色；若按住 Alt 键单击，则将所取颜色设为背景色。吸管工具的选项栏如图 2-67 所示。

图 2-67　吸管工具的选项栏

⦾【取样大小】：用于设置所取颜色是单击点像素的颜色值，还是单击区域内指定数量像素的颜色平均值。

⦾【样本】：确定是从所有可见图层中吸取颜色，还是仅从当前图层中吸取颜色。

⦾【显示取样环】：选择该复选框，可在吸取颜色时使光标周围显示取样环标志。

2. 标尺工具 ▭

标尺工具用来测量图像中任意两点间的距离，以及这两点的坐标值。操作要点如下。

步骤 1　选择"标尺工具"。在图像上单击并拖移光标创建一条度量线段。

步骤 2　在选项栏和信息面板上读取该直线段两个端点间的有关度量信息。

步骤 3　按住 Shift 键可将标尺工具的拖移方向限制在 45°角的倍数方向上。

步骤 4　按住 Alt 键，可从现有度量线的一个端点开始拖移光标，创建第二条度量线，二者形成一个量角器。选项栏和信息面板上将显示这两条直线的夹角。

标尺工具的选项栏如图 2-68 所示。

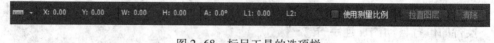

图 2-68　标尺工具的选项栏

⦾【X】和【Y】：显示当前度量线起始点的 X、Y 坐标值（图像窗口左上角为坐标原点，X 轴正方向水平向右，Y 轴正方向竖直向下）。

⦾【W】和【H】：显示度量线两端点间的水平距离和垂直距离。

⦾【A】：显示当前度量线（从起点到终点方向）与 X 轴所成的角度，或两条度量线的夹角。

⦾【L1】：显示度量线的长度。

⦾【L2】：使用量角器时，显示第二条度量线的长度。

2.2.7 综合案例

下面通过几个案例，讲解绘画与填充工具的综合应用。

案例 2-4 一英寸照片的印前处理

主要技术看点：定义图案，填充图案，创建固定长宽比例的选区，裁剪图像，修改画布大小，修改图像大小等。

步骤 1 打开素材图像"实例 02\黑白照片 . jpg"。选择"矩形选框工具"，选项栏设置如图 2-69 所示。

图 2-69 设置矩形选框工具的选项栏参数

步骤 2 在素材图像上创建选区，调整位置如图 2-70 所示。

步骤 3 选择菜单命令【图像】|【裁剪】，将选区外的图像裁掉。

步骤 4 选择菜单命令【选择】|【取消选择】（或按 Ctrl+D 键），将选区取消。

步骤 5 选择菜单命令【图像】|【图像大小】，打开【图像大小】对话框（如图 2-71 所示）。首先将分辨率修改成 300 像素/英寸；再确保选中了"限制长宽比"按钮 8，将【宽度】设置为 2.5 厘米（高度自动调整为 3.5 厘米）；单击【尺寸】右边的三角按钮，从弹出菜单中选择"百分比"选项，此时如果【尺寸】右边指示的宽度和高度值小于或等于 100%，说明照片印刷后的质量是能够保证的（本例为 63.64%）。

图 2-70 按比例创建选区

图 2-71 修改图像大小

步骤 6 单击【确定】按钮，关闭【图像大小】对话框。此时图像缩小为原来的 63.64%。

步骤 7 选择菜单命令【图像】|【画布大小】，打开【画布大小】对话框，参数设置如图 2-72 所示（向上、向左分别扩充 0.25 厘米，颜色为白色）。

步骤 8 单击【确定】按钮，关闭【画布大小】对话框。此时图像如图 2-73 所示。

步骤 9 使用菜单命令【编辑】|【定义图案】将当前图像定义为图案。

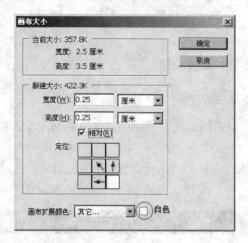

　　图 2-72　修改画布大小　　　　　　　　图 2-73　画布扩充后的图像效果

　　注意：（1）用于定义图案的选区必须为矩形选区，不能羽化，也不能圆角。否则，无法定义图案。

　　（2）在存在矩形选区（羽化值 0）的情况下，"定义图案"命令将依据选区内的图像定义图案；在不存在选区的情况下，"定义图案"命令将依据整个图像定义图案。

　　步骤 10　新建图像，参数设置如图 2-74 所示。

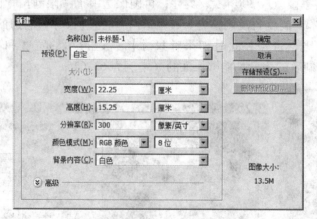

图 2-74　设置【新建】对话框参数

　　步骤 11　选择"油漆桶工具"，参数设置如图 2-75 所示（选择步骤 9 中自定义的一寸照片图案）。

选择自定义图案

图 2-75　设置油漆桶工具参数

　　步骤 12　在新建图像中单击，图案填充效果如图 2-76 所示。
　　步骤 13　保存图像。

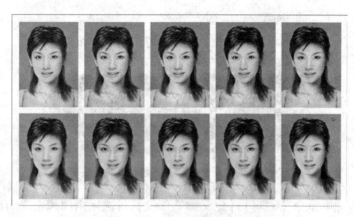

图 2-76 填充图案（局部效果）

案例 2-5 设计制作胶片效果

主要技术看点：橡皮擦工具，定义画笔预设，调整画笔间距，平滑选区，自由变换命令，图像的复制与粘贴，标尺与参考线等。

步骤 1 新建 800 像素×350 像素，72 像素/英寸，RGB 颜色模式（8 位），白色背景的图像。

步骤 2 显示【图层】面板，并单击面板上"创建新图层"按钮，新建图层 1（位于背景层上面）。

步骤 3 将前景色设置为黑色。选择形状工具组中的矩形工具（工具模式设置为"像素"），在图层 1 上创建如图 2-77 所示的黑色矩形。

图 2-77 在新图层上创建黑色矩形

步骤 4 按 Ctrl+R 键（或选择菜单命令【视图】|【标尺】）显示标尺。从水平标尺上向下拖移出两条参考线放在如图 2-78 所示的位置（使用移动工具，将光标定位于参考线上，上下拖移光标，可调整参考线的位置）。

图 2-78 定位参考线

步骤 5　再次按 Ctrl+R 键隐藏标尺。

步骤 6　使用矩形选框工具（羽化值 0）在黑色矩形左上角创建如图 2-79 所示的选区。

图 2-79　创建矩形选区（图像显示的是局部）

步骤 7　使用菜单命令【编辑】|【定义画笔预设】将选区内图像定义为画笔。按 Ctrl+D 键取消选区。

步骤 8　选择"橡皮擦工具"，选择步骤 7 中自定义的画笔。并（在【画笔】面板上）设置画笔间距为 200% 左右。

步骤 9　确保选中图层 1。将光标放置在如图 2-79 所示的矩形选区所在的位置。按下左键，按住 Shift 键，水平向右拖移光标（擦出方形小孔）。同理在黑色矩形的下边界擦出方形小孔，如图 2-80 所示。

图 2-80　制作胶片上的方形小孔

注意：在定义画笔预设时，若选区内的颜色不是黑色，而是比黑色亮的颜色，则橡皮擦工具使用该自定义画笔擦除图像时，不能擦成全透明效果。

步骤 10　打开素材图像"实例 02\画面 01. jpg"。按 Ctrl+A 键全选图像，按 Ctrl+C 键复制选区内图像。

步骤 11　切换到新建图像。按 Ctrl+V 键粘贴图像，得到图层 2。

步骤 12　使用菜单命令【编辑】|【自由变换】（或按 Ctrl+T 键），配合 Shift 键将图层 2 中的图像成比例缩小并调整到如图 2-81 所示的大小和位置。按 Enter 键确认。

图 2-81　在胶片上摆放图像

步骤 13 按住 Ctrl 键不放，同时在【图层】面板上单击图层 2 的缩览图，载入该层不透明像素的选区。

步骤 14 选择菜单命令【选择】|【修改】|【平滑】，打开【平滑选区】对话框。将"取样半径"参数设置为 5 像素，单击【确定】按钮关闭对话框（此时选区的四个角变成圆角）。

步骤 15 选择菜单命令【选择】|【反向】。确保在【图层】面板上选择图层 2，按 Delete 键删除选区内的像素。按 Ctrl+D 键取消选区（此时图像四个角变成圆角），如图 2-82 所示。

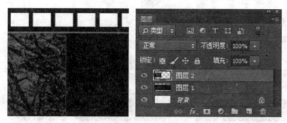

图 2-82 制作圆角图像效果（图像显示的是局部）

步骤 16 使用同样的方法依次将素材文件夹"实例 02"中的"画面 02.jpg"和"画面 03.jpg"复制过来，成比例缩小并放置在如图 2-83 所示的位置，并处理成圆角效果。

图 2-83 在胶片上摆放其他素材图像

步骤 17 选择菜单命令【视图】|【清除参考线】将参考线清除。

步骤 18 在【图层】面板上选择图层 1。选择菜单命令【图层】|【图层样式】|【投影】，打开【图层样式】对话框，设置"不透明度"为 60%，"大小"为 6 像素，其他参数保持默认值。单击【确定】按钮关闭对话框。图像最终效果如图 2-84 所示。

图 2-84 图像最终效果与图层组成

步骤 19 存储图像。

2.3 修图工具的使用

Photoshop CC 的修图工具包括图章工具组、修复画笔工具组、模糊工具组和减淡工具组，功能非常强大，常用于数字相片的修饰，以获得更加完美的效果。

2.3.1 图章工具组

图章工具组包括仿制图章工具和图案图章工具。

1. 仿制图章工具

仿制图章是 Photoshop 的传统修图工具，之前称为"橡皮图章"，自 Photoshop 6.0 之后更名为"仿制图章"，其选项栏参数如图 2-85 所示。

图 2-85 仿制图章工具的选项栏

- 【对齐】：勾选该项，复制图像时无论一次起笔还是多次起笔都是使用同一个取样点和原始样本数据；否则，每次停止并再次开始拖移光标时都是重新从原取样点开始复制，并且使用最新的样本数据。
- 【样本】：确定从哪些可见图层进行取样。包括"当前图层"（默认选项）、"当前和下方图层"和"所有图层"三个选项。
- 按钮：选择该按钮，可忽略调整层对被取样图层的影响。关于调整层，可参阅第 6 章相关内容。

以下举例说明仿制图章工具的基本用法。

步骤 1 打开素材图像"实例 02\人物素材 01. JPG"，如图 2-86 所示。按住 Alt 键，使用"吸管工具" 在人物周围的背景区域单击，将该颜色设置为背景色。

步骤 2 选择菜单命令【图像】|【画布大小】，打开【画布大小】对话框，参数设置如图 2-87 所示。单击【确定】按钮（这样在图像顶部扩充出空白区域，其颜色与原图像背景色相同）。

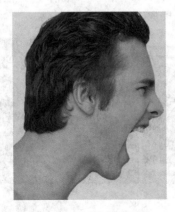

图 2-86 原始素材图像

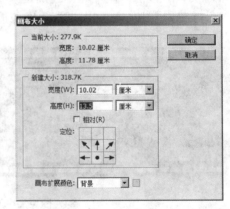

图 2-87 设置画布大小

　　步骤 3　选择"仿制图章工具",在选项栏上设置画笔大小 25 像素左右,硬度 100%。其他参数保持默认值。

　　步骤 4　将光标定位于如图 2-88 所示的位置,按住 Alt 键单击取样。

　　步骤 5　松开 Alt 键,将光标移动到如图 2-89 所示的位置。按下左键沿着箭头所示的方向拖移光标以复制图像(注意源图像数据的十字取样点,适当控制光标拖移的范围),结果如图 2-90 所示。

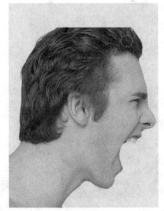
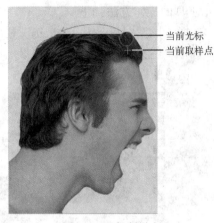

当前光标
当前取样点

　　　　图 2-88　确定取样点　　　　　　　　　　　图 2-89　复制样本

　　步骤 6　通过类似的方法,使用仿制图章工具继续向上修补头发,最终可得到如图 2-91 所示的效果。

　　注意:在使用仿制图章工具修补图像时,为了更好地定位,可选择菜单命令【窗口】|【仿制源】,打开【仿制源】面板(如图 2-92 所示),取消勾选【已剪切】,勾选【显示叠加】,并适当降低【不透明度】的值;然后在图像中移动光标,很容易确定一个开始按键复制的合适位置。仿制源面板与仿制图章工具配合使用,可以定义多个采样点,并提供每个采样点的具体坐标;还可以对采样图像进行缩放、旋转等操作。

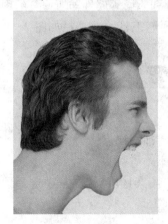
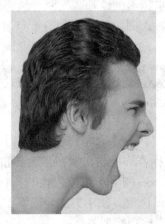

　图 2-90　第一次修补头发　　　图 2-91　继续修补头发　　　图 2-92　仿制源面板

2. 图案图章工具

　　图案图章工具可以使用"图案选取器"中提供的预设图案或自定义图案进行绘画。其选项栏如图 2-93 所示。其中大多选项与仿制图章工具类似。

图 2-93 已展开"图案选取器"的选项栏

↘【印象派效果】：勾选该项，能够产生具有印象派绘画风格的图案效果。
图案图章工具的操作方法如下。

步骤 1　选择"图案图章工具"，从选项栏上选择合适的画笔大小。

步骤 2　打开"图案选取器"，选择预设图案或自定义图案。

步骤 3　在图像中拖移光标，使用选取的图案绘画，如图 2-94 所示。

图 2-94 使用图案图章工具绘画

2.3.2 修复画笔工具组

修复画笔工具组包括污点修复画笔工具、修复画笔工具、修补工具和红眼工具等，功能
十分强大。主要用于图像的修复与修补。

1. 修复画笔工具

修复画笔工具用于修复图像中的瑕疵或复制局部对象。与仿制图章工具和图案图章工具
类似，该工具可根据从图像取样得到的样本或所选图案，以绘画的方式应用于目标图像。不
仅如此，修复画笔工具还能够将样本像素的纹理、光照、透明度和阴影等属性与所修复的图
像进行匹配，使修复后的像素自然融入图像的其余部分。修复画笔工具的选项栏如图 2-95
所示。

图 2-95 修复画笔工具的选项栏

【源】：用于设置样本像素的类型，有【取样】和【图案】两种选择。

✓【取样】：从当前图像取样。操作方式与仿制图章工具相同。

✓【图案】：选择该项后，可单击右侧的三角按钮▪，打开"图案选取器"，从中选择预
　　设图案或自定义图案作为取样像素。使用方法与图案图章工具类似。

其他选项与仿制图章工具的对应选项类似。

以下举例说明修复画笔工具的基本用法。

步骤 1　打开素材图像"实例 02\人物素材 05.JPG"。使用快速选择工具创建如图 2-96 所
示的选区（即选择人物周围的背景区域）。人物腿与脚部位的选区边缘应尽量准确（可配合其
他选择工具修补该处选区）。

图 2-96 创建选区，限制操作范围

步骤 2 打开素材图像"实例 02\人物素材 06. JPG"。选择"修复画笔工具"，在选项栏上设置画笔大小 70 像素左右，硬度 0%。其他参数保持默认值。

步骤 3 将光标定位于人物的头部（如图 2-97 所示）。按住 Alt 键单击取样。

步骤 4 打开【仿制源】面板，选择"水平翻转"按钮，设置"旋转仿制源"角度为 5.0 度，选择"显示叠加"复选框，设置"不透明度"参数值为 50%左右，不选"已剪切"复选框，其他参数保持默认值。如图 2-98 所示。

图 2-97 确定取样点   图 2-98 设置仿制源面板参数

步骤 5 切换到"人物素材 05. JPG"的图像窗口。将光标定位于如图 2-99 所示的位置，按下鼠标左键拖移复制图像，可得到如图 2-100 所示的效果（已取消选区）。

图 2-99 复制图像   图 2-100 图像处理结果

2. 污点修复画笔工具

污点修复画笔工具可以快速修复图像中的污点或条纹痕迹。其使用方式与修复画笔工具类似：使用图像中的样本像素进行绘画，并将样本像素的纹理、光照、不透明度和阴影与所修复的像素相匹配。与修复画笔不同的是，污点修复画笔不需要指定样本点，而是自动从待修补区域附近取样。

污点修复画笔工具的选项栏如图 2-101 所示。

图 2-101　污点修复画笔工具的选项栏

【类型】：确定样本像素的类型，有【近似匹配】、【创建纹理】和【内容识别】三种选择。

   ↳【近似匹配】：使用选区边缘周围的像素修补选定的区域。如果此选项的修复效果不佳，可撤销修复操作后尝试使用【创建纹理】或【内容识别】选项。

   ↳【创建纹理】：使用选区中的所有像素创建一个用于修复该区域的纹理。如果纹理不起作用，可尝试再次拖过该区域。

   ↳【内容识别】：使用选区周围的像素进行修复。

其他选项与修复画笔工具的对应选项类似。污点修复画笔工具的基本用法如下。

步骤 1　打开素材图像"实例 02\人物素材 02. jpg"，如图 2-102 所示。

步骤 2　选择"污点修复画笔工具"，在选项栏上设置画笔大小 15 像素、硬度 0%，选择【近似匹配】，其他选项保持默认。

步骤 3　将光标覆盖在颈部的斑点上（使斑点位于圆圈光标的中心），单击修复。

步骤 4　对皮肤上其他部位的小斑点进行类似的处理，结果如图 2-103 所示。

图 2-102　素材图像（局部）　　　　　　图 2-103　修复后的图像

注意：使用污点修复画笔工具时应注意以下两点。

（1）所选画笔大小应该比要修复的区域稍大一点。这样，只需在要修复的区域上单击一次即可修复整个区域，且修复效果比较好。

（2）如果使用污点修复画笔工具无法修复图像或修复效果不理想，可使用仿制图章工具、修补工具或修复画笔工具进行修复（视情况而定）。

3. 修补工具🔲

修补工具可使用其他区域的像素或图案中的像素修复选中的区域。和修复画笔工具一样，修补工具可将样本像素的纹理、光照和阴影等信息与源像素进行匹配。修补工具的选项栏如图 2-104 所示。

图 2-104　修补工具的选项栏

↳ 选区运算按钮：与选择工具的对应选项用法类似。

↳【修补】：包括【正常】和【内容识别】两种模式。

↳【源】：用目标像素修补选区内像素。先选择需要修复的区域，再将选区拖移到要取样的目标区域上。

↳【目标】：用选区内像素修补目标区域的像素。先选择要取样的区域，再将选区拖移到需要修复的目标区域上。

↳【透明】：将取样区域或选定图案以透明方式应用到要修复的区域上。

↳【使用图案】：单击右侧的三角按钮▪，打开"图案选取器"，从中选择预设图案或自定义图案作为取样像素，修补到当前选区内。

修补工具的基本用法（1）。

步骤 1　打开素材图像"实例 02\荔枝 . jpg"。

步骤 2　选择"修补工具"，在选项栏中选择【源】。在图像上拖移光标以选择想要修复的区域（当然，也可以使用其他工具创建选区），如图 2-105 所示。

步骤 3　如果需要的话，使用"修补工具"及选项栏上的"选区运算按钮"调整选区（当然，也可以使用其他工具——比如套索工具调整选区）。

步骤 4　光标定位于选区内，将选区拖移到要取样的区域，如图 2-106 所示。松开鼠标按键，原选区内像素得到修复，取消选区，如图 2-107 所示。

图 2-105　选择要修复的区域　　　图 2-106　寻找取样区域　　　图 2-107　修复效果

修补工具的基本用法（2）。

步骤 1　打开素材图像"实例 02\荔枝 . jpg"。

步骤 2　选择"修补工具"，在选项栏中选择【目标】。在图像上拖移光标以选择要取样的区域（该区域的颜色、纹理等应满足修复的需要），如图 2-108 所示。

步骤 3　如果需要，使用"修补工具"及选项栏上的"选区运算按钮"调整选区。

步骤 4　光标定位于选区内，拖移选区，覆盖住想要修复的区域（如图 2-109 所示）。松开鼠标按键，完成图像的修补，取消选区，如图 2-110 所示。

图 2-108　选择取样区域　　　图 2-109　拖移到待修复区域　　　图 2-110　修复效果

修补工具的基本用法（3）。

步骤 1　打开素材图像"实例 02\人物素材 08. JPG"。

步骤 2　选择"修补工具"，在图像上拖移光标以选择想要修复的区域，如图 2-111 所示（此处选择的是人物的白色上衣）。

步骤 3　如果需要的话，使用修补工具及选项栏上的"选区运算按钮"调整选区。

步骤 4　在选项栏上勾选【透明】。从"图案选取器"选择一种预设图案或自定义图案。单击【使用图案】按钮，取消选区，结果如图 2-112 所示。

图 2-111　选择要修复的区域　　　　　　图 2-112　修复效果

4. 红眼工具 +⊙

在光线较暗的房间里拍照时，由于闪光灯使用不当等原因，人物相片上容易产生红眼（即闪光灯导致的红色反光）。使用 Photoshop CC 的红眼工具可轻松地消除红眼。另外，红眼工具也可以消除用闪光灯拍摄的动物照片中的白色或绿色反光。红眼工具的选项栏如图 2-113 所示。

图 2-113　红眼工具的选项栏

↪【瞳孔大小】：设置修复后瞳孔（眼睛暗色区域的中心）的大小。

↪【变暗量】：设置修复后瞳孔的暗度。

红眼工具的基本用法如下。

步骤 1　打开素材图像"实例 02\人物素材 07. JPG"。

步骤 2　选择"红眼工具"。选项栏保持默认值。

步骤 3　在人物眼睛的红色区域单击即可消除红眼。若对结果不满意，可撤销操作，尝试使用不同的【瞳孔大小】和【变暗量】参数值。

2.3.3　模糊工具组

模糊工具组包括模糊工具、锐化工具和涂抹工具，主要用于改变图像的对比度和混合相邻区域的颜色，也是图像修饰中不可缺少的一组工具。

1. 模糊工具 ◌.

模糊工具常用于柔化图像中的硬边缘，或减少图像的细节，降低对比度。其选项栏如图 2-114 所示。

图 2-114　模糊工具的选项栏

↪【强度】：设置画笔压力。数值越大，模糊效果越明显。

↪【对所有图层取样】：勾选该项，将基于所有可见图层中的数据对当前层进行模糊处理；否则，仅使用现有图层中的数据。

2. 锐化工具 △.

锐化工具常用于锐化图像中的柔边，或增加图像的细节，以提高清晰度或聚焦程度。其选项栏如图 2-115 所示。

图 2-115　锐化工具的选项栏

↪【强度】：设置画笔压力。数值越大，锐化效果越明显。

↪【对所有图层取样】：勾选该项，将基于所有可见图层中的数据对当前层进行锐化处理；否则，仅使用现有图层中的数据。

↪【保护细节】：勾选该项，在锐化图像的同时，尽量保留图像的细节。

3. 涂抹工具 🖐.

涂抹工具可以模拟在湿颜料中使用手指涂抹绘画的效果。在图像上涂抹时，该工具将拾取涂抹开始位置的颜色，并沿拖移的方向展开这种颜色。常用于混合不同区域的颜色或柔化突兀的图像边缘。其选项栏如图 2-116 所示。

图 2-116　涂抹工具的选项栏

↪【强度】：设置画笔压力。数值越大，涂抹效果越明显。

↪【对所有图层取样】：勾选该项，将基于所有可见图层中的颜色数据进行涂抹；否则，仅使用当前图层中的颜色。

↪【手指绘画】：勾选该项，使用当前前景色进行涂抹；否则，使用拖移时光标起点处
　　图像的颜色进行涂抹。

2.3.4　减淡工具组

减淡工具组包括减淡工具、加深工具和海绵工具，主要作用是改变图像的亮度和饱和
度，常用于数字相片的颜色矫正。

1. 减淡工具🔍与加深工具◎

减淡工具的作用是提高图像的亮度，主要用于改善数字相片中曝光不足的区域。加深工
具的作用则是降低图像的亮度，主要用于降低数字相片中曝光过度的高光区域的亮度。使用
减淡工具和加深工具改善图像的目的，一般是为了增加暗调或高光区域的细节。

减淡工具或加深工具的选项栏如图 2-117 所示。

图 2-117　减淡工具或加深工具的选项栏

↪【范围】：确定调整的色调范围，有【阴影】、【中间调】和【高光】三种选择。
　↪【阴影】：将工具的作用范围定位于图像中较暗的区域，其他区域影响较小。
　✓【中间调】：将工具的作用范围定位在介于暗调与高光之间的中间调区域，其他区
　　域影响较小。
　✓【高光】：将工具的作用范围定位于图像中的高亮区域，其他区域影响较小。
↪【曝光度】：设置工具的强度。取值越大，效果越显著。
↪【保护色调】：勾选该项，可在改变图像亮度的同时，使图像的基本色调保持不变。

2. 海绵工具◎

海绵工具主要用于改变图像的色彩饱和度。对于灰度模式（参考第 4 章）的图像，该
工具的作用是改变图像的对比度。海绵工具的选项栏如图 2-118 所示。

图 2-118　海绵工具的选项栏

↪【模式】：确定更改颜色的方式，有【加色】和【去色】两个选项。
　✓【加色】：增加图像的色彩饱和度。
　✓【去色】：降低图像的色彩饱和度。
↪【自然饱和度】：勾选该项，降低图像饱和度时对饱和度高的部位作用比较明显，对
　　饱和度低的部位影响较小。增加图像饱和度时恰恰相反，对饱和度高的部位影响较
　　小，对饱和度低的部位作用比较明显。

下面通过一个例子说明减淡工具、加深工具与海绵工具的实际应用。

步骤 1　打开素材图像"实例 02\荷花 03.jpg"，如图 2-119 所示。

步骤 2　选择"减淡工具"。设置画笔大小 65 像素（软边界），【范围】为"高光"，【曝光度】为"20%"。

步骤 3　在图像中的花瓣上来回拖移涂抹两遍。结果如图 2-120 所示。

图 2-119　素材图像

图 2-120　提高花瓣亮度

步骤 4　选择"加深工具"，设置画笔大小 200 像素（软边界），【范围】为"中间调"，【强度】为"20%"。

步骤 5　在图片四周的荷叶上来回拖移，降低亮度（越靠近外围的地方，拖移次数越多，使色调变得越暗），如图 2-121 所示。

步骤 6　选择"海绵工具"。设置画笔大小 35 像素（软边界），【模式】为"加色"，【强度】为"20%"。

步骤 7　在图片中的花瓣尖部来回拖移，增加饱和度，如图 2-122 所示。

图 2-121　降低荷叶四周的亮度

图 2-122　增加花瓣尖部彩度

经上述修饰后的荷花花瓣更加光彩夺目，娇艳动人。

2.3.5　综合案例

下面通过几个案例，讲解修图工具的综合应用。

案例 2-6　制作子弹壳效果

主要技术看点：减淡工具，自定义渐变，选区运算，透视变换，缩放变换等。

步骤 1　新建 200 像素×300 像素，72 像素/英寸，RGB 颜色模式（8 位），黑色背景的图像。

步骤 2　单击【图层】面板底部的"创建新图层"按钮，新建图层 1（位于背景层上面）。

步骤 3　使用矩形选框工具（羽化值为 0）创建如图 2-123 所示的选区。

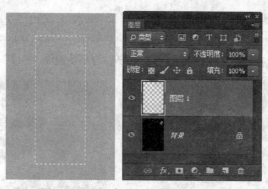

图 2-123　新建图层并建立矩形选区

步骤 4　选择"渐变工具"。打开【渐变编辑器】对话框，在【预设】栏选择"前景到透明"渐变，并以此为模板在"渐变色控制条"上定义如图 2-124 所示的渐变。其中：

　↺ 色标①：颜色值# 815433，位置 0%。
　↺ 色标②：颜色值# 5e3f28，位置 6%。
　↺ 色标③：颜色值# 9b663d，位置 15%。
　↺ 色标④：颜色值# faefe4，位置 44%。
　↺ 色标⑤：颜色值# b68153，位置 71%。
　↺ 色标⑥：颜色值# dcaa7b，位置 86%。
　↺ 色标⑦：颜色值# 3c2510，位置 100%。
　↺ 不透明度色标⑧：不透明度 100%，位置随意。
　↺ 不透明度色标⑨：不透明度 100%，位置随意。

步骤 5　使用上述自定义的渐变，在图层 1 的选区内做线性渐变（按住 Shift 键，从选区左边界水平拖移光标到右边界），如图 2-125 所示。

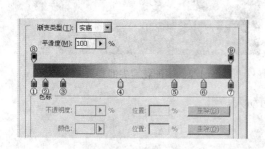

图 2-124　自定义渐变

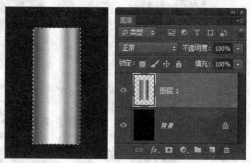

图 2-125　在选区内创建线性渐变

步骤 6　选择"矩形选框工具"，在选项栏上选择"从选区减去"按钮▣，其他参数保持默认值。结果如图 2-126 所示。

步骤 7　光标定位于矩形选区的左下角，按下左键拖移光标到如图 2-126 所示的位置。松开鼠标按键，结果如图 2-127 所示。

步骤 8　选择菜单命令【编辑】|【变换】|【透视】，显示透视变换控制框。光标定位在左上角的控制块上（此时光标形状为▷，内部白色），按下左键水平向右拖移光标，进行透视变换。按 Enter 键确认，如图 2-128 所示。

图 2-126 减去部分选区　　　图 2-127 选区运算结果　　　图 2-128 进行透视变换

步骤 9 按住 Ctrl 键不放，在【图层】面板上单击图层 1 的缩览图，载入不透明像素的选区，如图 2-129 所示。

步骤 10 使用步骤 6~步骤 7 进行类似的操作，从原选区中分别减去上面一部分与下面一部分，结果如图 2-130 所示。

步骤 11 选择菜单命令【编辑】|【变换】|【缩放】，显示缩放变换控制框。光标定位在右边中间的控制块上（此时光标形状为 ↔），按住 Alt 键不放，按下左键水平向左拖移光标，进行缩放变换，如图 2-131 所示。

图 2-129 载入选区　　　图 2-130 进行选区运算　　　图 2-131 进行缩放变换

步骤 12 按 Enter 键确认变换，按 Ctrl+D 键取消选区，如图 2-132 所示。

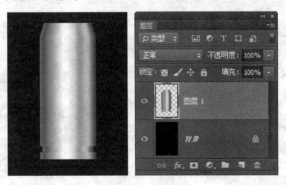

图 2-132 在图层 1 上制作子弹壳造型

步骤 13 选择"减淡工具"，选项栏设置如图 2-133 所示（其中画笔硬度为 0%）。

步骤 14 如图 2-134 所示，光标定位于 A 点，按下左键，同时按住 Shift 键，水平向右拖移光标至 B 点，结果形成金属磨损的效果。

图 2-133　设置减淡工具的选项栏参数

步骤 15　在子弹壳的其他边沿部位进行类似的操作。最终效果如图 2-135 所示。

图 2-134　增亮接口部位

图 2-135　子弹壳最终效果

案例 2-7　人物照片修饰

主要技术看点：仿制图章工具，污点修复画笔工具，修补工具，涂抹工具，锐化工具等。

步骤 1　打开素材图像"实例 02\戴草帽的女士 . jpg"。选择"仿制图章工具"，在选项栏上设置画笔大小为 15 像素，硬度为 0%，其他参数保持默认值。

步骤 2　将光标定位于眉毛上面的黑点右侧（如图 2-136 所示），按住 Alt 键单击取样。

步骤 3　将光标覆盖在黑点上（使黑点位于圆圈光标的中心），连续单击几次去除黑点，如图 2-137 所示。

步骤 4　选择"污点修复画笔工具"，在选项栏上设置【画笔】大小为 14 像素、【硬度】为 0%，选择【近似匹配】，其他选项保持默认。

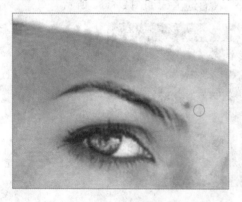
图 2-136　定位取样点

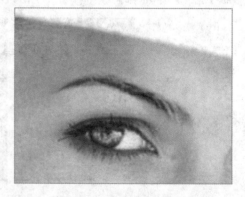
图 2-137　去除眉毛上的黑痣

步骤 5　将光标覆盖在左侧面部的一个小麻点上（使麻点位于圆圈光标的中心），单击修复（若单击一次效果不满意，可继续单击），其他部位的小点也可用类似的方法去除，结果如图 2-138 所示。

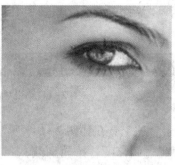

图 2-138　去除左侧面部的小麻点（修复前后比较）

步骤 6　使用修补工具（选项栏参数采用默认设置）选择想要修复的区域，如图 2-139 所示。光标定位于选区内，拖移选区到如图 2-140 所示的位置，松开鼠标按键。按 Ctrl+D 键取消选区。修复效果如图 2-141 所示。

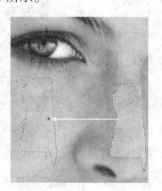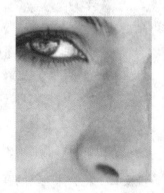

图 2-139　选择要修复的区域　　图 2-140　拖移选区到目标区域　　图 2-141　修复效果

步骤 7　面部其他部位颜色差别较大的区块（如左边眼睛右侧颜色较深的区域、鼻子与嘴之间左侧的深色条纹线等）用类似步骤 6 的方法进行修补。修复后的图像如图 2-142 所示。

步骤 8　使用锐化工具（采用 45 像素大小的软边画笔，正常模式和 15% 左右的强度）在头发（主要是耳朵上面的头发）上反复拖移涂抹，使发丝更清晰。

步骤 9　将锐化工具的画笔大小更改为 21 像素，其他参数保持不变。在睫毛（主要是眼睛下面的睫毛）上反复拖移涂抹，使睫毛更清晰，如图 2-143 所示。

图 2-142　修复面部、颈部颜色差别较大的区域　　　　图 2-143　锐化发丝与睫毛

步骤10　选择"涂抹工具"，其选项栏设置如图 2-144 所示（其中画笔大小为 65 像素，硬度为"0%"）。

图 2-144　设置涂抹工具的参数

步骤11　使用涂抹工具在如图 2-145 所示的两个区域内沿各个方向分别进行反复涂抹（涂抹时切记不要越过画面的各个轮廓线），结果由于颜色的均合使皮肤变得更平滑了，如图 2-146 所示。

图 2-145　涂抹工具的修复区域

图 2-146　区域 1 与区域 2 的涂抹效果

步骤12　将涂抹工具的画笔大小更改为 21 像素，其他参数保持不变。分别在如图 2-147 所示的③、④、⑤、⑥、⑦、⑧等小范围区域内分别进行涂抹，结果如图 2-148 所示。

图 2-147　改用小画笔在其他狭窄区域涂抹

图 2-148　全部区域涂抹后的效果

步骤13　对于涂抹工具修饰后的图像，如果面部和颈部中还有个别区域的颜色与周围邻近区域的颜色有较明显差别，仍然可以使用修补工具进行调整。

步骤 14 至此图像修补工作全部完成，将修补后的图像保存起来。图 2-149 所示是修补前后的效果比较。

图 2-149 图像修补前（左）后（右）比较

2.4 小结

本章以大量篇幅讲述了 Photoshop CC 基本工具的使用。将这些工具大致分为三类：选择工具、绘画与填充工具和修图工具。通过一些例子，让读者了解这些工具的基本用法；书中的一些综合案例，反映了这些工具的实际应用。

需要说明的是：

（1）新建图层、选择图层、复制图层、载入图层选区等图层基础操作超出本章范围，请参阅第 3 章相关内容；

（2）案例 23 只是使用"套索工具与魔棒工具"实现基本抠图的要求。要想使抠出的图与新背景融合得更好，往往还需要快速蒙版或图层蒙版工具的修补（第 6 章将详细讲解并实例演示相关内容）。

2.5 习题

一、选择题

1. Photoshop CC 中，选取颜色复杂、边缘弯曲且不规则的区域（假设该区域周围的颜色也比较复杂）可以使用_____工具。

    A. 矩形选框   B. 套索   C. 多边形套索   D. 魔棒

2. Photoshop CC 中，使用_____工具可以创建文字形状的选区，但不生成文字图层。

    A. 普通文字   B. 蒙版文字   C. 路径文字   D. 变形文字

3. 减淡工具和加深工具通过增加或降低像素的_____修改图像。

    A. 对比度   B. 饱和度   C. 亮度   D. 色相

4. 下列不能撤销操作的是_____。

A. 【历史记录】面板　　　　　　　　　　B. 橡皮擦工具

C. 历史记录画笔工具　　　　　　　　　　D. 【图层】面板

5. Photoshop CC 中，没有"容差"参数的基本工具是_____。

A. 魔棒工具　　　　　　　　　　　　　B. 油漆桶工具

C. 颜色替换工具　　　　　　　　　　　D. 魔术橡皮擦工具

E. 背景橡皮擦工具　　　　　　　　　　F. 历史记录艺术画笔

G. 修复画笔工具

6. Photoshop CC 中，没有"对所有图层取样"或"所有图层"参数的基本工具是_____。

A. 魔棒工具　　　　　　　　　　　　　B. 油漆桶工具

C. 涂抹工具　　　　　　　　　　　　　D. 魔术橡皮擦工具

E. 仿制图章工具　　　　　　　　　　　F. 海绵工具

G. 污点修复画笔工具　　　　　　　　　H. 修复画笔工具

7. 以下操作与背景色肯定无关的是_____。

A. 按 Delete 键删除背景层选区内像素　B. 使用橡皮擦工具擦除背景层像素

C. 变换背景层选区内像素　　　　　　　D. 新建图像

E. 普通层转换为背景层　　　　　　　　F. 背景层转换为普通层

G. 使用"图像旋转"命令旋转图像

8. 使用"定义图案"命令时，符合要求的选区是_____。

A. 任何形状的选区　　　　　　　　　　B. 羽化过的选区

C. 圆角矩形选区　　　　　　　　　　　D. 用矩形选框工具一次性创建的未羽化选区

9. 下列选框工具创建的选区肯定不能定义图案的是_____。

A. 椭圆选框工具　　B. 单行选框工具　　C. 单列选框工具　　D. 矩形选框工具

10. 向当前图层快速填充前景色的快捷键是_____。

A. Ctrl+Backspace　　B. Alt+Backspace　　C. Alt+Enter　　D. Shift+Backspace

11.【消除锯齿】的作用是平滑选区的边缘。以下选择工具的选项栏没有该参数的是_____。

A. 椭圆选框工具　　B. 套索工具组　　C. 魔棒工具　　D. 快速选择工具

12. 在【调整边缘】对话框中，【_____】参数可以调整选区的大小。负值收缩选区，正值扩展选区。

A. 移动边缘　　　　B. 半径　　　　　C. 平滑　　　　　D. 羽化

13. 人物照片修饰时，去除黑痣、雀斑、色块等可以使用多种工具，但以下_____工具不能达到效果。

A. 仿制图章　　　　B. 图案图章　　　C. 污点修复画笔　　D. 修补

14. 使用吸管工具在图像上单击，可将单击点或单击区域的颜色吸取为前景色；若按住_____键单击，则将所取颜色设为背景色。

A. Ctrl　　　　　　B. Alt　　　　　　C. Shift　　　　　D. Enter

二、填空题

1. "取消选择"命令对应的键是_____。

2. "自由变换"命令对应的键是_____。

3. 渐变工具包括线性渐变、_____渐变、角度渐变、_____渐变和菱形渐变五种类型。

4. 默认设置下，Photoshop 用_____图案表示透明色。

5. 在铅笔工具与画笔工具中，_____工具能够绘制边界柔和的线条，而_____工具只能产生硬边界线条。

三、操作题

1. 利用文字工具设计制作如图 2-150 所示的效果。图中印章可从素材图像"练习\印章 . jpg"中复制过来。

操作提示：

（1）图像大小 550 像素×500 像素，RGB 颜色模式，72 像素/英寸，白色背景。

（2）"立志成才"字体为华文行楷，大小 300 点，灰色（#cccccc）。将该文本层的混合模式设置为"溶解"，并适当降低图层的不透明度可得到图中效果。

（3）"天行健"字体为华文中宋，大小 72 点，红色（#ff0000）。

（4）"君子当自强不息"字体为华文中宋，大小 56 点，黑色。

图 2-150　文字设计

2. 利用素材图像"练习\第 2 章\遐思 . jpg"（如图 2-151 所示）设计制作如图 2-152 所示的效果。

图 2-151　素材图像

图 2-152　梦回童年

操作提示：

（1）图像大小 425 像素×307 像素，RGB 颜色模式，72 像素/英寸。

（2）"梦回童年"字体为黑体，大小 30 点。对文字进行变形，填充透明彩虹渐变。

（3）小字部分为方正姚体，14 点，白色。内容可从"练习\童年 . txt"中复制过来。

3. 利用"练习\第 2 章"文件夹下的素材图片"舞者 . jpg"（如图 2-153 所示）和字体文件"大黑连筋体-条幅黑体 . ttf"设计制作如图 2-154 所示的效果。

图 2-153　素材图像　　　　　　　　图 2-154　效果图

操作提示：

（1）安装"条幅黑体"字体（在字体文件上右击，在弹出的快捷菜单中选择"安装"命令）；

（2）将背景层转化为普通层"图层 0"，图层不透明度设置为 63%左右；

（3）新建图层 1，填充黑色，放置在图层 0 的下面；

（4）在图层 0 上面新建图层 3，以图像窗口中央为起始点向四周拖移光标，创建由透明到黑色的径向渐变，将图层 3 的不透明度设置为 80%左右；

（5）创建文本（上面标题：条幅黑体，24 点，红色；中间正文：微软雅黑，9 点，白色；下面标注：华文中宋，8 点，黄色）。

4. 利用椭圆选框工具、线性渐变工具及【变换选区】命令等设计制作如图 2-155 所示的纽扣效果。

操作提示：

（1）新建图像（400 像素×400 像素、72 像素/英寸、RGB 颜色模式、白色背景）。

（2）显示标尺。利用菜单命令【视图】|【新建参考线】创建水平和垂直两条参考线，使其交点在图像窗口中心（参数设置如图 2-156 和图 2-157 所示）。

图 2-155　纽扣效果　　图 2-156　新建水平参考线　　图 2-157　新建竖直参考线

（3）使用椭圆选框工具以参考线交点为中心创建圆形选区（选区大小即纽扣大小）。

（4）设置前景色为深紫色（#660099），背景色为浅紫色（#cc99ff）。

（5）选择渐变工具（前景色到背景色、线性渐变，其他参数保持默认），从选区左上角拖移光标到右下角。

（6）使用菜单命令【选择】|【变换选区】将选区缩小到纽扣内测圆形大小，按回车键确认变换。操作时可按住 Alt+Shift 键，使选区成比例缩小，并保持中心不变。

（7）使用渐变工具（参数设置与前面相同）从缩小后选区的右下角拖移光标到左上角，取消选区。如图 2-158 所示。

（8）参照步骤（2）分别在水平方向 165 像素、235 像素的位置与垂直方向 165 像素、235 像素的位置创建参考线，如图 2-159 所示。

（9）使用画笔工具分别在如图 2-160 所示的位置单击绘制 4 个纽扣孔。

（10）隐藏标尺，清除参考线，存储图像。

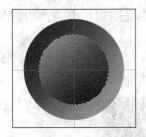 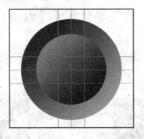 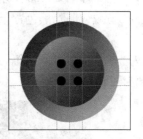

图 2-158　创建反向渐变　　　图 2-159　增加参考线　　　图 2-160　绘制纽扣孔

5. 利用素材图像"练习\第 2 章\戴草帽的女士 .jpg"（如图 2-161 所示）设计制作如图 2-162 所示的网纹效果。

图 2-161　素材图像　　　　　　图 2-162　正六边形网纹效果

操作提示：

（1）新建 200 像素×200 像素，RGB 颜色模式，72 像素/英寸，黑色背景的图像。

（2）新建图层 1。使用形状工具组中的多边形工具（在选项栏选择"像素"工具模式）在新建图层中绘制正六边形，如图 2-163 所示。

（3）载入正六边形的选区。新建图层 2，并在图层 2 中对选区进行 1 个像素的白色内部描边，取消选区，删除图层 1，如图 2-164 所示。

（4）选择当前正六边形的一条水平边（可将图像放大到像素级再精确选择）。

图 2-163　绘制正六边形

图 2-164　内部描边

（5）依次按 Ctrl+C 键与 Ctrl+V 键将选中的边复制到新图层。选择"自由变换"命令，修改选项栏参数，将复制出来的水平边的宽度缩小为原来的 50%（高度不变）。

（6）将缩短后的水平边移动到正六边形的左边（如图 2-165 所示，与六边形的左顶点相连）。通过复制图层在正六边形的右边同样放置一条缩短后的水平边（如图 2-165 所示，与六边形的右顶点相连）。

（7）建立如图 2-166 所示的矩形选区（其中正六边形的顶部水平边被排除在选区外）。

（8）隐藏或删除黑色背景层。使用菜单命令【编辑】|【定义图案】将选区内的像素定义为图案。

（9）打开素材图像"练习\戴草帽的女士 . jpg"，新建图层 1。使用油漆桶工具在图层 1 上填充上述自定义的图案。

图 2-165　完整图案

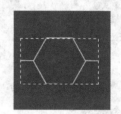
图 2-166　选择图案

6. 利用素材图像"练习\第 2 章\牡丹亭 . psd"设计制作如图 2-167 所示的邮票效果。

操作提示：

（1）打开素材图像，使用【自由变换】命令，配合 Shift+Alt 键将"邮票画面"层成比例缩小到如图 2-168 所示的位置和大小。

（2）创建如图 2-169 所示的矩形选区（选区边界与邮票画面边缘的距离大致相同）。

图 2-167　邮票效果

图 2-168　缩小图层

图 2-169　创建矩形选区

注意: 在变换选区或图像时,按住 Alt 键拖动控制块可保持变换中心不变,从而使变换操作在水平和竖直方向对称进行。在创建矩形或椭圆选区、使用形状工具绘制形状或路径时,Alt 键的作用类似。

(3) 新建图层 1,在【图层】面板上将该层拖移到"邮票画面"层的下面,并在新图层的选区内填充白色。取消选区。

(4) 新建图层 2,填充黑色。选择菜单命令【图层】|【新建】|【图层背景】,将黑色图层转化为背景层,如图 2-170 所示。

(5) 选择橡皮擦工具。通过【画笔】面板选择圆形标准画笔,设置画笔大小 12 像素左右、硬度 100%,间距 132%左右,其他选项如【形状动态】、【散布】等,尽量都取消选择。

(6) 选择图层 1。将光标放置在如图 2-171 所示的位置(圆形橡皮擦光标一半在白色边界内,一半在白色边界外)。按下鼠标左键,按住 Shift 键,竖直向下拖移光标,在邮票左边界上的擦出齿孔来。

(7) 使用类似的方法擦除其他三个边界。

(8) 创建文本"8 分"和"中国人民邮政"(文本层应放置在"邮票画面"层的上面)。

图 2-170　创建背景层

图 2-171　定位擦除的起始点

第3章 图 层

3.1 理解图层的含义

在 Photoshop 中，一幅图像往往由多个图层上下叠盖而成。所谓图层，可以理解为透明的电子画布。通常情况下，如果某一图层上有颜色存在，将遮盖住其下面图层上对应位置的图像。我们在图像窗口中看到的画面，实际上是各层叠加之后的总体效果。

在 Photoshop 中，学习和掌握图层这一基本概念，须注意以下几点。

↻ 默认设置下，Photoshop 用灰白相间的方格图案表示图层透明区域。背景层是一个比较特殊的图层，只要不转化为普通图层，就永远是不透明的；而且始终位于所有图层的底部。

↻ 新建图像文件只有一个图层；JPG 图像打开时也只有一个图层，即背景层。

↻ 在包含多个图层的图像中，要想编辑图像的某一部分内容，首先必须选择该部分内容所在的图层。

↻ 若图像中存在选区，可以认为选区浮动在所有图层之间，而不是专属于某一图层。此时，所能做的就是对当前图层选区内的图像进行编辑。

下面通过一个具体例子来理解图层的含义。

步骤 1 打开素材图像"实例03\图层叠盖.psd"，显示【图层】面板，如图 3-1 所示。该图像由四个图层组成，由下向上依次是"背景"层、"书法"层、"镜框"层和"人物"层。图像的叠加效果图如图 3-2 所示。

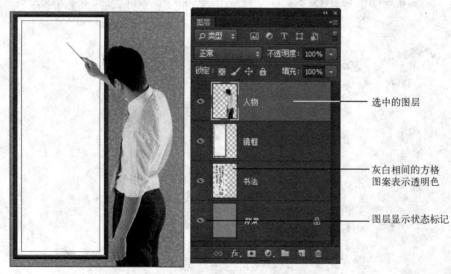

图 3-1　素材图像及其图层组成

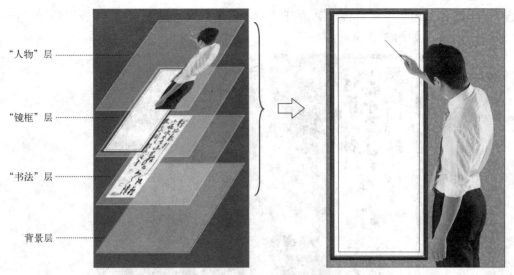

图 3-2　图层叠盖效果的形成

步骤 2　在【图层】面板上单击"人物"图层缩览图左边的显示状态标记，眼睛标记消失，图像窗口中该层的图像（人物）被隐藏。再次单击该层显示状态标记，眼睛标记重新显示，图像窗口中又显示出人物。

步骤 3　在"人物"层，除了人物之外，其余部分都是透明的；因此，透过这部分透明区域，可以看到其下面各图层的图像。

步骤 4　在"镜框"层，镜框内部的白色不透明区域，完全遮盖了其下面图层上对应位置的内容；因此，从图像窗口中看不到"书法"层对应区域的图像。

步骤 5　在【图层】面板上单击选择"镜框"层，如图 3-3 所示。使用魔棒工具（采用默认参数设置）单击选择镜框内的白色区域，如图 3-4 所示。

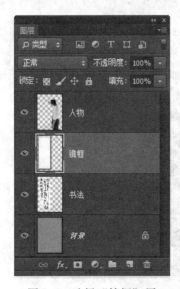

图 3-3　选择"镜框"层

图 3-4　选择镜框内白色区域

步骤 6　按 Delete 键，或选择菜单命令【编辑】|【清除】，删除选区内像素，使该区域

变透明。上述操作相当于在"镜框"内开了一个窗口，透过这个窗口可以看到下面图层上的"书法"作品，如图 3-5 所示。

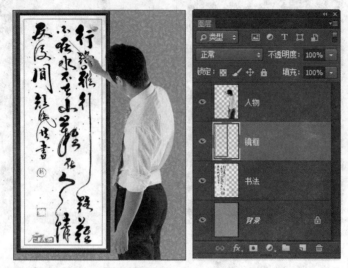

图 3-5　删除镜框内白色区域的像素

步骤 7　取消选区。关闭图像，不保存改动。

图层是 Photoshop 最核心的功能之一。在处理内容复杂的图像时，一般应该将不同的内容放置在不同的图层上。这会给图层的管理和图像的编辑修改带来很大的方便。

3.2　图层的基本操作

3.2.1　选择图层

在编辑多图层图像时，应首先明确要编辑的内容位于哪一个图层，然后选择该图层，并对指定内容进行编辑。

在【图层】面板上，选中的图层会突出显示（如图 3-6 所示），称为当前图层或工作图层，其名称会显示在图像窗口的文件标签上。

图 3-6　图层面板组成

在 Photoshop CC 中，按住 Shift 键或 Ctrl 键，同时在【图层】面板上单击图层名称，可以连续或间隔选择多个图层，就像在 Windows 的资源管理器中选择文件一样。

3.2.2 新建图层

在【图层】面板上，单击"创建新图层"按钮，可以使用默认设置在原当前层的上面添加一个新图层，且新图层处于选中状态。

如果在"图层面板菜单"按钮上单击，在弹出的菜单中选择【新建图层】命令，打开【新建图层】对话框，则可根据需要设置新图层的基本参数，如图 3-7 所示。

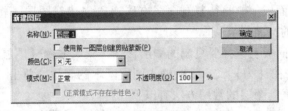

图 3-7 【新建图层】对话框

◌ 【名称】：用于输入新图层的名称。

◌ 【使用前一图层创建剪贴蒙版】：勾选该项，新图层将使用其下面相临的图层作为基底图层创建剪贴蒙版（可参阅第 7 章"剪贴蒙版"相关内容）。

◌ 【颜色】：选择新图层的标记颜色。在图像处理中，同类图层可以标记相同的颜色，这样有利于图层管理。

◌ 【模式】：指定新图层的混合模式（可参阅本章后面相关内容）。

◌ 【不透明度】：指定新图层的不透明度。

设置好参数，单击【确定】按钮，新图层创建完成。

3.2.3 删除图层

删除图层的常用方法有以下几种。

（1）在【图层】面板上，直接将待删除图层的缩览图拖移到"删除图层"按钮上。

（2）在【图层】面板上选择要删除的图层，单击"删除图层"按钮，弹出确认框，单击【是】按钮。

（3）选择菜单命令【图层】|【删除】|【图层】，弹出确认框，单击【是】按钮。

（4）在图层面板菜单中选择【删除图层】命令，弹出确认框，单击【是】按钮。

3.2.4 显示、隐藏图层

在【图层】面板上，单击图层缩览图左侧的图标，可以改变对应图层的显示状态。在编辑多图层图像时，常常在下列情况下改变图层的显示状态。

（1）为了修改被遮盖的图层，将上面的图层暂时隐藏。修改完成后，重新显示上层图像。

（2）为了搞清楚图像的部分内容位于哪个图层上，可以对一些图层使用显示和隐藏操作交替进行的方法来确认。

（3）将备用的素材图像暂时存放在隐藏的图层上。

（4）在合并图层时，将不希望合并的图层暂时隐藏起来。

（5）在打印图像时，将不希望打印的内容所在的图层暂时隐藏起来。

在【图层】面板的●图标列上下拖移光标，可以快速控制多个图层的显示和隐藏。

3.2.5 复制图层

复制图层是图像内部和不同图像之间共享图像资源的一种常用的方式。

在图像内部复制图层的常用方法有以下几种。

（1）在【图层】面板上，将待复制图层拖移到"创建新图层"按钮上。复制产生的图层副本位于源图层的上面。

（2）在【图层】面板上选择要复制的图层，选择菜单命令【图层】|【复制图层】，打开【复制图层】对话框。在【为】文本框中输入图层副本的名称，单击【确定】按钮。

在不同图像之间复制图层的常用方法有以下几种。

（1）当图像窗口处于浮动状态时（可通过选择【窗口】|【排列】|【使所有内容在窗口中浮动】实现），在【图层】面板上，将当前图像的某一图层直接拖动到目标图像的窗口中。

（2）当图像窗口处于浮动状态时，在【图层】面板上选择要复制的图层，使用移动工具从当前图像窗口拖移光标到目标图像窗口。若同时按住 Shift 键，可将当前图层的图像复制到目标图像窗口的中央位置。

（3）在【图层】面板上选择要复制的图层，选择菜单命令【图层】|【复制图层】，打开【复制图层】对话框，如图 3-8 所示。在【为】文本框中输入图层副本的名称。在【文档】下拉列表中选择目标图像的文件名（目标图像必须打开）。单击【确定】按钮。若在【文档】下拉列表中选择【新建】，可将所选图层复制到新建文件。

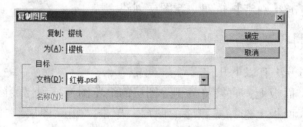

图 3-8   【复制图层】对话框

在不同图像间复制图层时，若源图像与目标图像的分辨率不同，则图层复制后，其像素尺寸将发生相应的变化。

3.2.6 图层改名

在多图层图像中，根据图层的内容对不同图层进行命名，可以帮助用户在【图层】面板上轻松识别各个图层，有利于图层管理。常用的图层改名方法如下。

（1）在【图层】面板上，双击要改名的图层的名称（背景层除外），进入名称编辑状态。输入新的名称，按 Enter 键确认。

（2）在【图层】面板上选择要改名的图层（背景层除外）。选择菜单命令【图层】|【重

命名图层】，进入名称编辑状态。（在【图层】面板上）输入新的名称，按 Enter 键确认。

3.2.7　更改图层的不透明度

通过更改图层的不透明度，可以在上下图层间实现你中有我、我中有你的图像合成效果。操作方法如下。

选择要改变不透明度的图层。在【图层】面板右上角的【不透明度】框内直接输入百分比值（0%表示完全透明，100%表示完全不透明）；或单击【不透明度】框右侧的三角按钮，展开"不透明度"滑动条，左右拖移滑块，更改当前图层的不透明度，如图 3-9 所示。

图 3-9　更改图层的不透明度

该项操作影响的是整个图层。没有办法使用该操作更改同一图层选区内部分图像的不透明度。

3.2.8　重新排序图层

在【图层】面板上，图层的上下排列顺序影响着各层图像的相互叠盖关系。一般来说，排列顺序不同，由各图层叠加而成的图像也不一样。改变图层排列顺序的常用方法有以下两种（背景层除外）。

（1）在【图层】面板上，将图层向上或向下拖动，当突出显示的线条出现在要放置图层的位置时，松开鼠标按键即可改变图层的排列顺序，如图 3-10 所示。

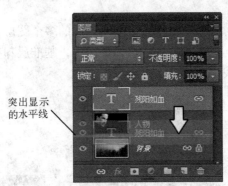

图 3-10　调整图层排列顺序

（2）使用【图层】|【排列】菜单下的命令改变图层的排列顺序。

↪【置为顶层】：将当前层移到所有图层的最上面。

↳【前移一层】：将当前层向上移一层。

↳【后移一层】：将当前层向下移一层。由于背景层总是位于最底层，其顺序不能改变；所以，该命令对背景层的上一层无效。

↳【置为底层】：将当前层移到所有图层的最下面。在存在背景层的情况下，该命令将所选图层放在背景层的上一层。

↳【反向】：当选择两个或两个以上的图层时，该命令使所选图层的排列顺序上下颠倒。

3.2.9 　链接图层

在多个图层间建立链接关系，可将这些图层作为一个整体进行移动和变换。另外，对存在链接关系的图层，还可进行对齐、分布等操作。

在【图层】面板上，选择两个或两个以上要链接的图层，单击面板底部的"链接图层"按钮，可在所选图层间建立链接关系，如图 3-11 所示。此时，图层缩览图右侧出现链接标记。

要取消图层间的链接，先选择存在链接关系的图层，然后再单击图层面板底部的按钮。

图 3-11 　链接图层

3.2.10 　对齐链接图层

使用【图层】|【对齐】命令组，可分别在水平和垂直两个方向，对链接层或选中的多个图层进行对齐操作。在此操作中，当前层为基准层，其中位置在对齐操作中保持不变。对齐命令有六项，分别是："顶边" 、"垂直居中" 、"底边" 、"左边" 、"水平居中" 、"右边" 。

打开素材图像"实例 03\球类 .psd"，如图 3-12 所示。其中"地球"层、"足球"层和"篮球"层之间已经建立了链接。选择"地球"层。

选择菜单【图层】|【对齐】下的相应命令；或选择"移动工具"，在其选项栏上单击"对齐"按钮（如图 3-13 所示）。对齐结果如图 3-14 所示。在本例中，"地球"的位置始终保持不变。

值得一提的是，上述对齐命令也适用于同时选中的多个图层，尽管这些图层之间不存在链接关系。但与链接图层的对齐相比，在这种操作中，基准层却有着明显的不同。有兴趣的读者不妨一试，并从其中找出规律来。

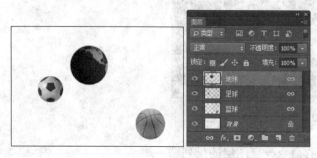

图 3-12 　原图像

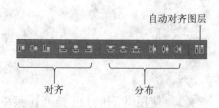

图 3-13 　"对齐"与"分布"按钮

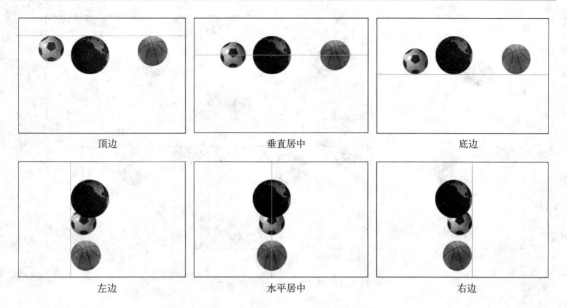

图 3-14　链接层的对齐效果示意图

在链接层的对齐操作中，当背景层要和当前层对齐时，背景层将自动转换为普通层。

3.2.11　将图层对齐到选区

图层与选区的对齐操作也是经常用到的。操作方法如下（假设图像中已存在选区）。

步骤 1　在【图层】面板上选择要对齐到选区的图层（可以是多个，但不能包含背景层或与背景层有链接关系的图层）。

步骤 2　选择【图层】|【将图层与选区对齐】菜单下的相应命令。

3.2.12　分布图层

使用【图层】|【分布】菜单下的命令，可分别在水平和垂直两个方向，对选中的多个图层进行分布操作。分布命令有以下六项。

↳ "顶边" ▆：使经过各图层中对象顶端的水平线之间的距离相等。

↳ "垂直居中" ▆：使经过各图层中对象中心的水平线之间的距离相等。

↳ "底边" ▆：使经过各图层中对象底端的水平线之间的距离相等。

↳ "左边" ▆：使经过各图层中对象左侧的竖直线之间的距离相等。

↳ "水平居中" ▆：使经过各图层中对象中心的竖直线之间的距离相等。

↳ "右边" ▆：使经过各图层中对象右侧的竖直线之间的距离相等。

以"实例 03\球类 2. psd"为例，同时选中"地球""足球""篮球"这 3 个图层。选择【图层】|【分布】菜单下的相应命令；或选择"移动工具"，单击选项栏上的有关"分布"按钮。分布操作的结果如图 3-15 所示。

在竖直方向对图层实施"顶边""垂直居中""底边"分布时，各图层中的对象只在竖直方向移动，而且上下两端的对象的位置保持不变。同样，在水平方向对图层实施"左边""水平居中""右边"分布时，各图层中的对象只在水平方向移动，而且左右两端的对象的

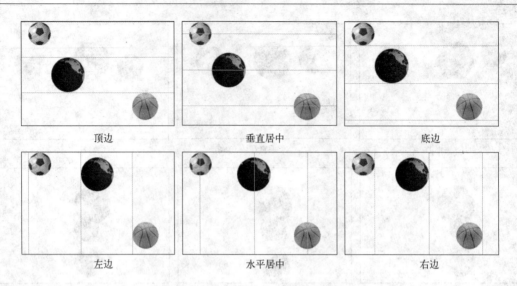

图 3-15   图层的分布效果示意图

位置保持不变。

    参与分布的图层至少要 3 个，且不能包含背景层或与背景层存在链接关系的图层。分布结果与图层的选择顺序无关；也就是说，只要图层确定，分布结果是唯一的。

    对链接层同样可以进行分布操作，只要选择其中一个图层，执行分布命令即可。

3.2.13   合并图层

    合并图层能够有效地减少图像占用的存储空间。图层合并命令包括"向下合并""合并图层""合并可见图层""拼合图像"等，在【图层】菜单和【图层】面板菜单中都可以找到。

    ↪【向下合并】：将当前图层与其下面的一个图层合并（快捷键为 Ctrl+E），参与合并的图层必须为可见层。合并后的图层名称、混合模式、图层样式等属性与合并前的下一层相同。

    ↪【合并图层】：将选中的多个图层合并为一个图层（快捷键为 Ctrl+E）。

    ↪【合并可见图层】：将所有可见图层合并为一个图层（快捷键为 Ctrl+Shift+E）。操作前可以将不希望合并的图层暂时隐藏。

    ↪【拼合图像】：将所有可见图层合并到背景层。若合并前存在隐藏的图层，合并时会弹出提示框，单击【确定】按钮，将丢弃隐藏的图层；单击【取消】按钮，则撤销"合并"命令。

3.2.14   锁定图层

    锁定图层的目的是使图层的内容或属性免遭破坏。图层锁定后，图层名称的右边会出现一个锁形图标 🔒，如图 3-16 所示。

    在【图层】面板上选择要锁定的图层，单击选择一个或多个图层锁定按钮，即可将该图层部分或全部地锁定。在选择的锁定按钮上再次单击，可取消锁定。各锁定按钮的作用如下。

图 3-16 锁定图层

⤹ 锁定透明像素▨：禁止对图层的透明区域进行编辑修改。

⤹ 锁定图像像素✐：禁止使用绘画工具、图像修整工具、滤镜等对图层的任何区域（包括透明区域和不透明区域）进行编辑修改。

⤹ 锁定位置✛：禁止移动图层。

⤹ 锁定全部🔒：将图层的不透明度、透明区域、不透明区域、位置和混合模式等属性全部锁定。

3.2.15 快速选择图层的不透明区域

要快速准确地选择图层（背景层除外）的不透明区域，并与图像中的原有选区进行运算，可以在图层面板上进行如下操作。

（1）按住 Ctrl 键，单击某个图层的缩览图（注意不是图层名称），可根据该图层上的所有像素创建选区。若操作前图像中存在选区，操作后新选区将取代原有选区。

（2）按住 Ctrl + Shift 键，单击某个图层的缩览图，可将该图层上所有像素的选区添加到图像的原有选区中。

（3）按住 Ctrl + Alt 键，单击某个图层的缩览图，可从图像的原有选区中减去该图层上所有像素的选区。

（4）按住 Ctrl + Shift + Alt 键，单击某个图层的缩览图，可将该图层上所有像素的选区与图像的原有选区进行交集运算。

上述操作同样适用于图层蒙版、矢量蒙版与通道。

3.2.16 背景层与普通层的相互转化

背景层是一个比较特殊的图层，其排列顺序、不透明度、填充、混合模式等许多属性都是锁定的，无法更改。另外，图层样式、图层蒙版、矢量蒙版、图层变换等也不能应用于背景层。解除这些"枷锁"的唯一方法就是将其转换为普通图层，方法如下。

在【图层】面板上，双击背景层缩览图，或选择菜单命令【图层】|【新建】|【背景图层】，在弹出的【新建图层】对话框中输入图层名称，单击【确定】按钮。

另外，在不存在背景层的图像中，选择菜单命令【图层】|【新建】|【图层背景】，可将当前层转化为背景层（图层的透明区域被当前背景色填充），置于【图层】面板的底部。

3.2.17 将图层转化为智能对象

智能对象是一种新型的图层，是 Photoshop 进行非破坏性编辑的重要手段之一。转化方法如下。

（1）选择要转化为智能对象的一个或多个图层。

（2）选择菜单命令【图层】|【智能对象】|【转换为智能对象】，即可将上述被选图层转换为智能对象（图层缩览图的右下角会出现一个智能对象标志）。

双击智能对象图层的缩览图，弹出 Photoshop 提示框，单击【确定】按钮，打开一个 psb 格式的新文件（文件名以智能对象图层的名称命名），其中保留着原始文档中转换为智能对象的图层的全部参数设定。如果对 psb 文件进行修改，并使用【文件】|【存储】命令保存对 psb 文件所做的改动，此时原始文档中智能对象会得到同步更新。

对于普通图层上基于像素的位图图像进行缩放、旋转等变换，会损失图像的原始信息，使画面变形、模糊。频繁的变换，将导致图像质量严重下降。但是，只要在变换前将对应图层转换为智能对象，即可解决上述问题，实现非破坏性变换，使操作具有可逆性。

与文本层类似，有些操作（如绘画、调色等）是不能直接作用于智能对象的。

3.2.18 图层组的创建与基本编辑

在图层众多的图像中，使用图层组不仅能够避免图层面板的混乱（如图 3-17 所示），还可以对图层进行高效、统一的管理。比如，对选定的图层组进行移动和变换，调整图层组的不透明度和混合模式，改变图层组的排列顺序，显示和隐藏图层组等，这些操作都会同时作用于该组内的所有图层。在【图层】面板上，创建与编辑图层组的常用操作如下。

（1）单击"创建新组"按钮，将在当前图层或图层组的上方创建一个空的图层组。在选择图层组的情况下新建图层，可将新层创建在图层组内。

（2）从【图层】面板菜单中选择【从图层新建组】，或选择菜单命令【图层】|【图层编组】，可将选定的图层（不包括背景层）或图层组添加到新建图层组内。

（3）单击图层组左边的三角按钮，可以折叠或展开图层组。

（4）将图层组外的图层缩览图（或图层组图标）拖移到图层组图标上，可将图层（或图层组）移到图层组内。当然，也可使用类似的操作将组内图层（或图层组）拖到图层组外。

图 3-17　使用图层组

（5）将图层组拖移到"创建新图层"按钮□上，可在图层组的上方创建图层组副本。

（6）将图层组拖移到"删除图层"按钮📖上，可直接删除该图层组及组内所有图层。

（7）若要解除图层组，可在选择图层组后，单击"删除图层"按钮📖，打开信息提示框，单击【仅组】按钮。

3.3 图层混合模式

图层混合模式在图像合成中发挥着极其重要的作用。平面设计师们借助它创造出许许多多令人惊叹的艺术效果，Photoshop 普通用户也对它产生了越来越广泛的关注。

图层的混合模式决定了图层像素如何与其下面图层上的像素进行混合。图层默认的混合模式为"正常"。在【图层】面板上，单击"混合模式"下拉列表框，从展开的列表中可以为当前图层选择不同的混合模式，如图 3-18 所示。

【正常】：使本图层上的像素完全遮盖下面图层上的像素。如果该图层存在透明区域，下面图层上对应位置的像素将通过透明区域显示出来。

【溶解】：根据本图层上每个像素点透明度的不同，以该层的像素随机取代下面图层上的对应像素，生成颗粒状的类似物质溶解的效果。不透明度值越小，溶解效果越明显。案例参考素材图像"实例 03\印章 .psd"（如图 3-19 所示）。

图 3-18　图层混合模式列表　　图 3-19　使用【溶解】模式

【变暗】：比较本图层和下一图层对应像素的各颜色分量，选择其中值较小（较暗）的颜色分量作为结果色的颜色分量。以 RGB 图像为例，若对应像素分别为红色（255，0，0）和绿色（0，255，0），则混合后的结果色为黑色（0，0，0）。

案例参考素材图像"实例 03\变暗 .psd""小镇 .psd"和"人物处理 .psd"（如图 3-20 所示）。在"小镇 .psd"和"人物处理 .psd"中，"背景 副本"层使用了"高斯模糊"滤镜。

图 3-20　使用【变暗】模式

【正片叠底】：将本图层像素的颜色值与下一图层对应位置上像素的颜色值相乘，把得到的乘积再除以 255。其结果是，图层的颜色一般比原来的颜色更暗一些。在这种模式下，任何颜色与黑色复合产生黑色。任何颜色与白色复合保持不变。案例参考素材图像"实例03\更换服饰 . psd"（如图 3-21 所示）和"沙漠之夜 . psd"。

图 3-21　使用【正片叠底】模式

【颜色加深】：查看每个通道中的颜色信息，通过增加对比度使下一图层的颜色变暗以反映本图层的颜色。白色图层在该模式下对下层图像无任何影响（结果完全显示下层的图像）。

【线性加深】：查看每个通道中的颜色信息，通过降低亮度使下一图层的颜色变暗以反映本图层的颜色。白色图层在该模式下对下层图像无任何影响。案例参考素材图像"实例03\沙漠之夜 2. psd"。

【深色】：比较本图层与下一图层对应像素的各颜色分量的总和，并显示值较小的像素的颜色。与"变暗"模式不同，该模式不生成第 3 种颜色。

【变亮】：与【变暗】模式恰恰相反。比较本图层和下一图层对应像素的各颜色分量，选择其中值较大（较亮）的颜色分量作为结果色的颜色分量。以 RGB 图像为例，若对应像素分别为红色（255，0，0）和绿色（0，255，0），则混合后的结果色为黄色（255，255，0）。案例参考素材图像"实例03\变亮 . psd"和"夕阳 . psd"（如图 3-22 所示）。

图 3-22　使用【变亮】模式

【滤色】：查看每个通道的颜色信息，并将本图层像素的互补色与下一层对应像素的颜色复合，结果总是两层中较亮的颜色保留下来。本图层颜色为黑色时对下层没有任何影响。本图层颜色为白色时将产生白色。案例参考素材图像"实例 03\蓝花布 . psd"（如图 3-23 所示）。

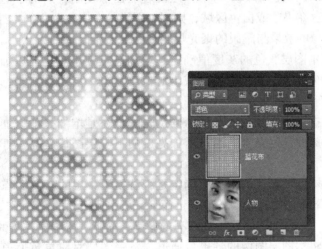

图 3-23　使用【滤色】模式

【颜色减淡】：查看每个通道中的颜色信息，并通过增加对比度使下一图层颜色变亮以反映本图层的颜色。本图层颜色为黑色时对下一图层无任何影响。

【线性减淡】：查看每个通道中的颜色信息，并通过增加亮度使下一图层颜色变亮以反映本图层的颜色。本图层颜色为黑色时对下层没有任何影响，为白色时将产生白色。

【浅色】：比较本图层与下一图层对应像素的各颜色分量的总和，并显示值较大的像素的颜色。与【变亮】模式不同，该模式不生成第 3 种颜色。

【叠加】：保留下一层颜色的高光和暗调区域，保留下一层颜色的明暗对比。下一层颜色没有被替换，只是与本图层颜色进行叠加以反映其亮部和暗部。案例参考素材图像"实例 03\火烧云 . psd"，如图 3-24 所示。

【柔光】：根据本图层像素颜色的灰度值确定混合后的颜色是变亮还是变暗。若本图层的颜色比 50% 的灰色亮，则与下一层混合后图像变亮；否则变暗。若本图层存在黑色或白色区域，则混合图像的对应位置将产生明显较暗或较亮的区域，但不会产生纯黑色或纯白

图 3-24 　使用【叠加】模式

色。案例参考素材图像"实例 03\饮料 . psd"。

【强光】：根据本图层颜色的灰度值确定混合后的颜色是变亮还是变暗。若本图层的颜色比 50%的灰色亮，则与下一层混合后图像变亮。这对于向图像中添加高光非常有用。若本图层的颜色比 50%的灰色暗，则与下一层混合后图像变暗；这对于向图像添加暗调非常有用。若本图层中存在黑色或白色区域，则混合图像的对应位置将产生纯黑色或纯白色。使用强光模式混合图像的效果与耀眼的聚光灯照在图像上相似。

【亮光】：根据本图层颜色的灰度值确定是增加还是减小对比度以加深或减淡颜色。若本图层的颜色比 50%的灰色亮，则通过减小对比度使下一层图像变亮；否则通过增加对比度使下一层图像变暗。

【线性光】：根据本图层颜色的灰度值确定是降低还是增加亮度以加深或减淡颜色。若本图层的颜色比 50%的灰色亮，则通过增加亮度使下一层图像变亮；否则通过降低亮度使下一层图像变暗。

【点光】：根据本图层颜色的灰度值确定是否替换下一层的颜色。若本图层颜色比 50%的灰色亮，则替换下一层中比较暗的像素，而下一层中比较亮的像素不改变。若本图层的颜色比 50%的灰色暗，则替换下一层中比较亮的像素，而下一层中比较暗的像素不改变。

【实色混合】：将本图层图像的各单色通道与下一图层对应单色通道的颜色值相加，如果和大于或等于 255，则取 255；否则取 0。这样得到混合图像的对应通道值。结果每个像素的颜色非原色即复色（由两种或三种原色复合而成的颜色），即红色、绿色、蓝色、青色、洋红、黄色、黑色和白色，形成色块效果图像。

【差值】：将本图层与下一图层对应的像素进行比较，用比较亮的像素的颜色值减去比较暗的像素的颜色值，差值即为混合后像素的颜色值。若本图层颜色为白色，则混合图像为下层图像的反相；若本图层颜色为黑色，则混合图像与下层图像相同。同样，若下层颜色为白色，则混合图像为本图层图像的反相；若下层颜色为黑色，则混合图像与本图层图像相同。案例参考素材图像"实例 03\沟壑 . psd"。

【排除】：与【差值】模式相似，但混合后的图像对比度更低，因此整个画面更柔和。案例参考素材图像"实例 03\狼烟 . psd"。

【色相】：用下一图层颜色的亮度和饱和度及本图层颜色的色相创建混合图像的颜色。

【饱和度】：用下一图层颜色的亮度和色相及本图层颜色的饱和度创建混合图像的颜色。

【颜色】：用下一图层颜色的亮度及本图层颜色的色相和饱和度创建混合图像的颜色。

这样可以保留下层图像中的灰阶，这对单色图像的上色和彩色图像的着色都非常有用。

【明度】：用下一图层颜色的色相和饱和度及本图层颜色的亮度创建混合图像的颜色。该模式产生与【颜色】模式相反的图像效果。

了解各种图层混合模式的特点，可以根据图像预期合成效果的需要，选择合适的图层混合模式。

3.4　图层样式

图层样式包括投影、外发光、斜面和浮雕等多种，是创建图层特效的重要手段。灵活使用各种图层样式，可以使 Photoshop 在平面设计中发挥更强大的作用。

图层样式影响的是整个图层，不能够作用于图层的部分区域；且对背景层和全部锁定的图层是无效的。图层样式的使用方法如下。

步骤1　选择要添加图层样式的图层。

步骤2　在【图层】面板上单击"添加图层样式"按钮 **fx.**，从弹出的菜单中选择图层样式命令；或从【图层】|【图层样式】菜单下选择相关命令，打开【图层样式】对话框，如图 3-25 所示。

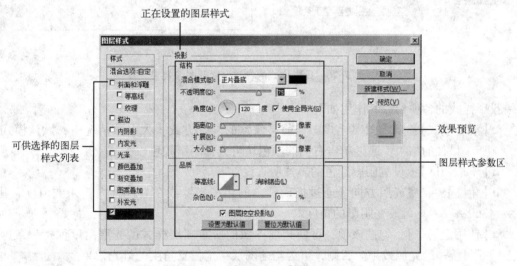

图 3-25　【图层样式】对话框

步骤3　在对话框左侧单击要添加的图层样式的名称，选择该样式（蓝色突出显示）。在参数控制区设置图层样式的参数。勾选【预览】复选框，可在图像窗口实时观察样式效果的变化。

步骤4　如果要在同一图层上添加多种图层样式，可在对话框左侧继续选择其他样式名称，并设置其参数。如果要取消某一图层样式，只要在相应的图层样式名称的左侧复选框上单击，取消勾选即可。

步骤5　设置好图层样式，单击【确定】按钮，将图层样式应用到当前图层上。

3.4.1　投影

投影样式可以在像素边缘的外部产生阴影效果，使用方法如下。

步骤 1　打开"实例 03\图案 . psd"，选择"图案"层。

步骤 2　选择菜单命令【图层】|【图层样式】|【投影】，打开【图层样式】对话框。

步骤 3　在参数控制区适当设置投影样式参数，如图 3-26（a）所示。单击【确定】按钮，效果如图 3-26（b）所示。

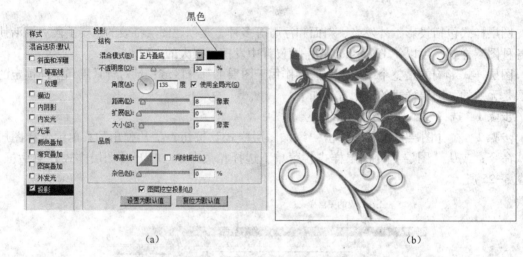

（a）　　　　　　　　　　　　　　　　　　　　（b）

图 3-26　投影样式的参数设置及图像效果

投影样式的各项参数的作用如下。

- ↪【混合模式】：确定图层样式与当前层像素的混合方式。大多数情况下，默认模式将产生最佳的结果。通过单击右侧的颜色块可选择阴影颜色。
- ↪【不透明度】：设置阴影颜色的不透明程度。
- ↪【角度】：设置光照方向。通过拖动圆内的半径指针或在右侧框内输入数值（范围-360 ~ +360）可改变阴影的角度。
- ↪【使用全局光】：勾选该项，可使当前图像的所有图层样式的光照角度保持一致，以获得统一的光照效果。否则，可为当前图层指定任意角度的灯光效果。
- ↪【距离】：设置阴影的偏移距离。在【图层样式】对话框打开的情况下，通过在图像窗口中拖动光标，可以更直观地调整灯光的角度和阴影偏移距离。
- ↪【扩展】：设置灯光强度及阴影的影响范围。
- ↪【大小】：设置阴影的模糊度。
- ↪【等高线】：设置阴影的轮廓。可从列表中选择预设等高线，也可以自定义等高线。
- ↪【消除锯齿】：勾选该项，可使阴影边缘更平滑。
- ↪【杂色】：添加一定的噪声效果，使阴影呈现颗粒状杂点效果。
- ↪【图层挖空投影】：当图层的填充（【图层】面板右上角的【填充】选项）为透明时，该选项控制与当前图层像素重叠区域的阴影的可视性。

3.4.2 内阴影

内阴影样式可以在像素的内侧边缘产生阴影效果，使用方法如下。

步骤 1 打开"实例 03\印章 2（投影）.psd"（所有图层使用了杂色滤镜，"平面设计"层与"边框"层已添加了"投影"样式），选择"平面设计"层。

步骤 2 选择菜单命令【图层】|【图层样式】|【内阴影】，打开【图层样式】对话框。

步骤 3 在参数控制区设置内阴影的参数（如图 3-27（a）所示），单击【确定】按钮。

步骤 4 对"边框"层添加内阴影样式，适当设置参数。最终效果如图 3-27（b）所示（请参考"实例 03\印章 2（投影+内阴影）.psd"）。

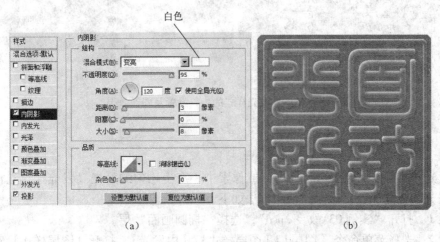

（a） （b）

图 3-27 内阴影样式的参数设置及图像效果

内阴影样式的部分参数的作用如下（其他参数与投影样式的对应参数基本相同）。

【阻塞】：增大数值可收缩内阴影的边界，并使模糊度减小。

3.4.3 外发光

外发光样式可以在像素边缘的外侧产生均匀的发光（发光颜色选浅色）或晕影（发光颜色选深色）效果，使用方法如下。

步骤 1 打开"实例 03\梨花.psd"，选择文字层。

步骤 2 选择菜单命令【图层】|【图层样式】|【外发光】，打开【图层样式】对话框。

步骤 3 在参数控制区设置外发光的参数（如图 3-28（a）所示），单击【确定】按钮。图像效果如图 3-28（b）所示（请参考"实例 03\梨花（外发光）.psd"）。

外发光样式部分参数的作用如下（其他参数的作用与前面类似）。

- ◌ ⊙□ ▭：选择左侧单选项，可设置单色外发光（单击正方形色块选色）。选择右侧单选项，可设置渐变色外发光（打开下拉列表选择）。
- ◌ 【方法】：设置外发光样式的光源衰减方式。
- ◌ 【范围】：设置外发光样式中等高线的应用范围。
- ◌ 【抖动】：使外发光样式的颜色和不透明度产生随机变动（适用于外发光颜色为渐变

色，且其中至少包含两种颜色的场合）。

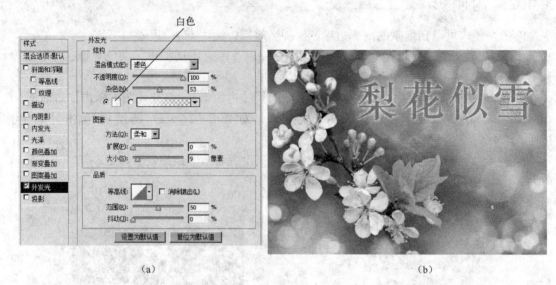

（a）　　　　　　　　　　　　　　　　　　（b）

图 3-28　外发光样式的参数设置及图像效果

3.4.4　内发光

内发光样式可以在像素边缘的内侧或像素中心产生均匀的发光（发光颜色选浅色）或晕影（发光颜色选深色）效果，使用方法如下。

步骤 1　打开"实例 03\故乡 . psd"，选择"椭圆画面"层。

步骤 2　选择菜单命令【图层】|【图层样式】|【内发光】，打开【图层样式】对话框。

步骤 3　在参数控制区设置内发光的参数（如图 3-29 所示），单击【确定】按钮。图像效果如图 3-30 所示（请参考"实例 03\故乡（内发光）. psd"）。

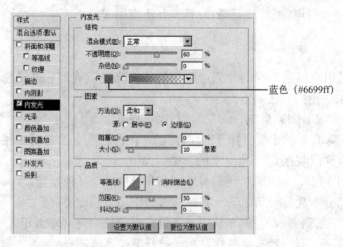

图 3-29　内发光样式的参数设置

内发光样式部分参数的作用如下（其他参数的作用与前面类似）。

源:○居中(E)　◉边缘(G)：确定内发光效果出现在图像的内侧边缘还是图像中心。

原图　　　　　　　　　　　　　　　效果图

图 3-30　内发光样式的图像效果

3.4.5　斜面和浮雕

斜面和浮雕样式可以模仿各种形式的浮雕效果，功能强大，参数复杂。其用法如下。

步骤 1　打开"实例 03\故乡（内发光）.psd"，选择"椭圆画面"层。

步骤 2　选择菜单命令【图层】|【图层样式】|【斜面和浮雕】，打开【图层样式】对话框。

步骤 3　在参数控制区设置斜面和浮雕的参数（其中【阴影模式】的颜色为蓝色#6666cc，【高光模式】的颜色为白色，如图 3-31（a）所示），单击【确定】按钮。效果如图 3-31（b）所示（请参考"实例 03\故乡（内发光+斜面和浮雕）.psd"）。

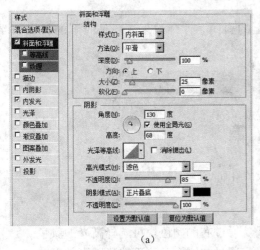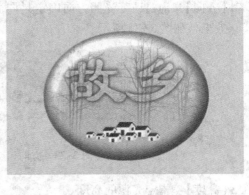

（a）　　　　　　　　　　　　　　　（b）

图 3-31　斜面和浮雕样式的参数设置及图像效果

斜面和浮雕样式部分参数的作用如下（其他参数的作用与前面类似）。

↪【样式】：指定斜面和浮雕的样式。其中，【内斜面】在像素边缘内侧生成斜面效果；【外斜面】在像素边缘外侧生成斜面效果；【浮雕】以下层图像为背景创建浮雕效果；【枕状浮雕】创建将当前图层像素边缘压入下层图像的压印效果；【描边浮雕】将浮雕效果应用于像素描边效果的边界（若图层未添加描边样式，则看不到描边浮雕效果）。各种效果如图 3-32 所示（请参考源文件"实例 03\胸针.psd"和效果文件

"胸针（描边+描边浮雕）.psd）。

↳【方法】：【平滑】稍微模糊浮雕的边缘使其变得更平滑；【雕刻清晰】用于消除锯齿形状的边界，使浮雕边缘更生硬清晰；【雕刻柔和】可产生比较柔和的浮雕边缘效果，对较大范围的边界更有用。

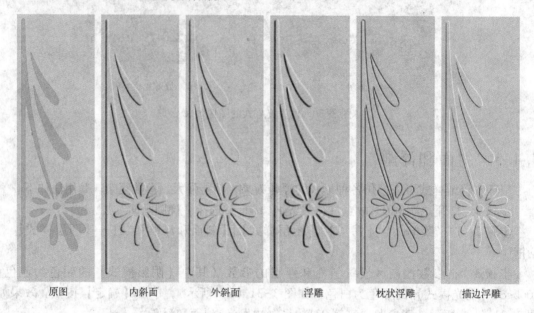

图 3-32　斜面和浮雕的多种样式效果

↳【方向】：通过改变光照方向确定是向上的斜面和浮雕效果，还是向下的斜面和浮雕效果，如图 3-33 所示。

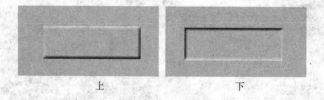

图 3-33　方向相反的斜面和浮雕效果

↳【高度】：指定光源的高度。

↳【高光模式】：指定高光区域的混合模式。通过右侧颜色块可选择高光的颜色。

↳【阴影模式】：指定阴影区域的混合模式。通过右侧颜色块可选择阴影的颜色。

↳【不透明度】：指定高光或阴影的不透明度。

3.4.6　光泽

在像素边缘的内侧产生光晕或阴影效果，使之变得柔和；根据图像形状的不同，光晕或阴影的形状会有很大的不同。使用方法如下。

步骤 1　打开"实例 03\ LIFE.psd"，选择 life 层。

步骤 2　选择菜单命令【图层】|【图层样式】|【光泽】，打开【图层样式】对话框。

步骤 3 在参数控制区设置光泽样式的参数，如图 3-34（a）所示（其中光泽颜色为白色），单击【确定】按钮。效果如图 3-34（b）所示（请参考"实例 03\ LIFE（光泽）.psd"）。

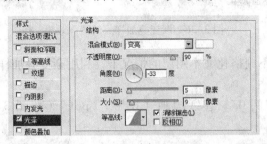

（a）

（b）

图 3-34 光泽样式的应用效果

3.4.7 叠加

叠加样式包括颜色叠加、渐变叠加和图案叠加三种，分别用于在像素上叠加单色、渐变色和图案。

使用方法举例 1。

步骤 1 打开"实例 03\ 平面设计（投影）.psd"，选择文本层。

步骤 2 选择菜单命令【图层】|【图层样式】|【渐变叠加】，打开【图层样式】对话框。

步骤 3 在参数控制区设置渐变叠加样式的参数，如图 3-35 所示。其中渐变色从左向右依次是黑色、绿色（0，153，0）和蓝色（0，0，255）；黑色与蓝色分别位于左右两端，绿色在中间 50% 的位置。单击【确定】按钮。图像效果如图 3-36 所示（请参考"实例 03\ 平面设计（投影+渐变叠加）.psd"）。

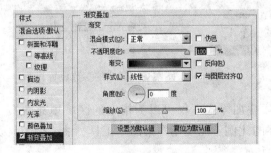

图 3-35 渐变叠加样式的参数设置

GRAPHIC DESIGN

图 3-36　渐变叠加样式的图像效果

由此可知，可以在不栅格化文本图层的情况下，利用渐变叠加样式创建渐变效果文字。
使用方法举例 2。

步骤 1　打开"实例 03 \ 卷纸国画（投影）．psd"（如图 3-37 所示），选择"画
纸"层。

图 3-37　素材图像

　　步骤 2　选择菜单命令【图层】|【图层样式】|【图案叠加】，打开【图层样式】对
话框。

　　步骤 3　在参数控制区设置图案叠加样式的参数（如图 3-38 所示）。其中在【图案】
选项中，载入"彩色纸"，从中选择"绿色纤维纸"。单击【确定】按钮。图像效果如
图 3-39 所示（请参考"实例 03\卷纸国画（投影+图案叠加）．psd"）。

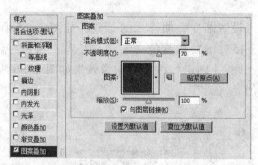

图 3-38　图案叠加样式的参数设置

　　由此可知，利用图案叠加样式不仅可以为指定的区域填充图案（当然也可以是自定义
图案），还可以改变图案的比例。比使用图案图章工具、油漆桶工具及【编辑】|【填充】命
令填充图案有更多的优点。

图 3-39　图案叠加样式的图像效果

3.4.8　描边

可在像素边界上进行单色、渐变色或图案三种类型的描边。下面以单色描边为例，其使用方法如下。

步骤 1　打开 "实例 03\ 人物卡片 . psd"，选择 "人物" 层。

步骤 2　选择菜单命令【图层】|【图层样式】|【描边】，打开【图层样式】对话框。

步骤 3　在参数控制区设置光泽样式的参数，如图 3-40（a）所示（其中描边颜色为白色），单击【确定】按钮。效果如图 3-40（b）所示（请参考 "实例 03\人物卡片（描边）. psd"）。

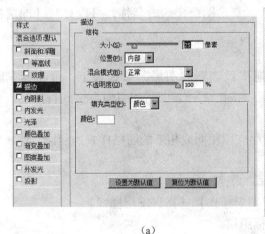

（a）　　　　　　　　　　　　　　　　　　　　（b）

图 3-40　描边样式的参数设置及图像效果

由此可知，利用描边样式可以为图片添加单色、渐变色或图案类型的边界。但进行内部描边（【位置】参数）时，以牺牲图片的部分内容为代价。此外，在进行外部或居中描边时，会出现圆角现象；特别是描边宽度较大时，圆角现象更明显。

3.4.9　修改图层样式

1. 在图层面板上展开和折叠图层样式

添加图层样式后，【图层】面板上对应图层的右端会出现图标 _fx_ ，表示图层样式处于展开状态。通过单击图标 _fx_ 中的三角形按钮 ，可折叠或展开图层样式，如图 3-41 所示。

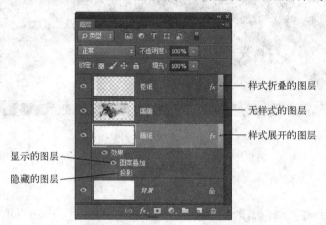

图 3-41　图层样式的显示与隐藏

2. 在图像中显示或隐藏图层样式效果

在【图层】面板上展开图层样式后，通过单击图层样式名称左侧的图标 ，可在图像中显示或隐藏图层样式效果，如图 3-41 所示。通过单击"效果"左侧的图标 ，可显示或隐藏对应图层的所有图层样式效果。

3. 重设图层样式参数

在【图层】面板上展开图层样式后，双击图层样式的名称，可以打开【图层样式】对话框，重新修改相应图层样式的参数。

4. 删除图层样式

在【图层】面板上，将图层样式拖移到"删除图层"按钮 上，可将其删除。拖动 _fx_ / _fx_ 图标或"效果"到"删除图层"按钮 上，可删除该图层的所有样式。

5. 图层样式的复制与粘贴

图层样式的复制和粘贴是对多个图层应用相同或相近的图层样式的便捷方法。操作方法如下。

步骤 1　选择包含要复制的图层样式的图层。

步骤 2　选择菜单命令【图层】|【图层样式】|【拷贝图层样式】。

步骤 3　选择要粘贴图层样式的目标图层。

步骤 4　选择菜单命令【图层】|【图层样式】|【粘贴图层样式】。若目标图层上本来存在图层样式，则粘贴的图层样式将替换掉原有的图层样式。

6. 将图层样式转换为图层

为了充分发挥图层样式的作用，有时需要将图层样式从图层中分离出来，形成独立的新图层。对该层做进一步处理，可创建图层样式无法达到的效果。将图层样式转化为图层的方法如下。

步骤 1 选择已应用图层样式的图层。

步骤 2 使用下列方法之一将图层样式转化为图层。

（1）选择菜单命令【图层】|【图层样式】|【创建图层】，将该层的图层样式转换为图层。

（2）在【图层】面板上右击"效果"或 fx / fx 图标，从弹出的快捷菜单中选择【创建图层】命令，将该层的图层样式转换为图层。

3.5 本章综合实例

3.5.1 设计制作标准信封效果

主要技术看点：图层基本操作（复制图层、选择多个图层、图层改名、同时移动多个图层、链接图层、对齐链接图层、拼合图像等），添加图层样式，复制图层样式，选区运算，透视变换，调整亮度/对比度，选区描边等。

步骤 1 新建一个 800 像素×480 像素，72 像素/英寸，RGB 颜色模式（8 位），白色背景的图像。使用油漆桶工具将背景层填充为黑色。

步骤 2 新建图层 1。创建矩形选区（羽化值为 0）。确保图层 1 为当前层，在选区内填充白色，如图 3-42 所示。

图 3-42 在图层 1 上填充选区

步骤 3 选择"矩形选框工具"，在选项栏上选择"从选区减去"按钮，减去选区的左侧部分，如图 3-43 所示（本步也可以使用菜单命令【选择】|【变换选区】实现）。

步骤 4 选择菜单命令【编辑】|【变换】|【透视】，出现透视变换框。将光标定位在右上角的控制块上，向下拖移光标，对选区内图像进行透视变换（如图 3-44 所示），按 Enter 键确认。

图 3-43 减去部分选区　　　　　　　图 3-44 对选区进行透视变换

步骤 5　确保图层 1 为当前层。选择菜单命令【图像】|【调整】|【亮度/对比度】，打开【亮度/对比度】对话框，参数设置如图 3-45 所示。单击【确定】按钮（结果选区内图像变暗）。取消选区，如图 3-46 所示（本步骤也可以在选区内填充灰色，以达到降低亮度的目的）。

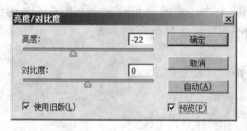

图 3-45　修改亮度参数

步骤 6　在图层 1 的上面新建图层 2。在如图 3-47 所示的位置创建一个小的正方形选区（羽化值为 0）。确保图层 2 为当前层。使用菜单命令【编辑】|【描边】为正方形选区描边（描边宽度 1 个像素；描边颜色为绿色，颜色值 # 336633）。取消选区。

图 3-46　降低信封折角的亮度

图 3-47　在图层 2 上绘制正方形方框

步骤 7　复制图层 2，在图层 2 的上面得到"图层 2 拷贝"层。

步骤 8　确保"图层 2 拷贝"层为当前层。选择"移动工具"，按下 Shift 键，按键盘上的向右方向键 3 次，使"图层 2 拷贝"层上的小方框向右移动 30 个像素，如图 3-48 所示。

图 3-48　复制并移动图层

注意：小方框向右移动的像素数要根据具体情况而定，最终应使两个小方框之间保持适当的间距。

步骤 9　确保"图层 2 拷贝"层为当前层。在【图层】面板菜单中选择【向下合并】命令（或按 Ctrl+E 键），将"图层 2 拷贝"层合并到图层 2。

步骤 10　再次复制图层 2，得到新的"图层 2 拷贝"层。将"图层 2 拷贝"层中的两个小方框向右移动 60 个像素（步骤 8 中移动像素数的两倍）。

步骤 11　再从"图层 2 拷贝"层复制出"图层 2 拷贝 2"层，并将"图层 2 拷贝 2"层中的两个小方框向右移动 60 个像素，如图 3-49 所示。

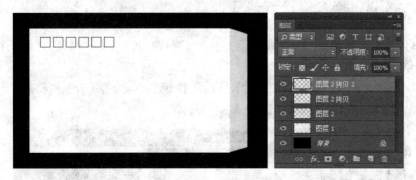

图 3-49　制作信封左上角的 6 个小方框

步骤 12　确保"图层 2 拷贝 2"层处于选择状态，按住 Shift 键同时单击图层 2 的名称，选择包含小方框的三个图层。从【图层】面板菜单中选择【合并图层】命令（或按 Ctrl+E 键），合并选中的三个图层。并将合并得到的图层命名为"小方框"。

步骤 13　将图层 1 更名为"信封"。

步骤 14　在"小方框"层的上面新建一个图层，命名为"水平线"。选择铅笔工具，设置画笔大小为 1 个像素。按 Shift 键同时水平拖移光标，在"水平线"层上绘制一条水平线（和小方框使用相同的绿色），如图 3-50 所示。

步骤 15　复制"水平线"层，得到"水平线 拷贝"层。将"水平线 拷贝"层的水平线向下移动 60 个像素，向右移动 10 个像素。

步骤 16　再从"水平线 拷贝"层复制出"水平线 拷贝 2"层。将"水平线 拷贝 2"层的水平线向下向右移动相同的距离。

步骤 17　采用与步骤 12 相同的方法同时选中"水平线"层、"水平线 拷贝"层和"水平线拷贝 2"层。

步骤 18　选择"移动工具"，在图像窗口中拖移光标，调整 3 条水平线的位置。

步骤 19　按 Ctrl+E 键合并选中的图层，并将合并后的图层命名为"水平线"。

步骤 20　使用横排文字工具在信封的右下角创建文本"邮政编码"（使用与前面相同的绿色，字体为华文宋体，字号 18 点），如图 3-51 所示（注意文字层至少在"信封"层上面）。

步骤 21　在【图层】面板菜单中选择【拼合图像】命令，将所有图层拼合为背景层。

步骤 22　打开图像"实例 03\邮票 1.PSD"，按住 Ctrl 键同时单击（图层面板上的）"邮票"层缩览图，载入选区。按 Ctrl+C 键复制选区内图像。

图 3-50   绘制水平线   图 3-51   书写文字

步骤 23   单击信封图像的文件标签，切换到信封窗口。按 Ctrl+V 键将邮票粘贴到信封上，得到图层 1。

步骤 24   按 Ctrl+T 键在邮票周围显示自由变换控制框。利用选项栏将邮票成比例缩小到 30%，如图 3-52 所示。按 Enter 键确认。

图 3-52   精确缩放图像

步骤 25   为邮票添加外发光图层样式（参数设置：混合模式为"变暗"，外发光颜色为黑色，不透明度为 20% 左右，其他参数默认），并移动到如图 3-53 所示的位置。

图 3-53   调整邮票位置并添加外发光样式

步骤 26   同样将"实例 03\邮票 2. PSD"中的"邮票"复制过来，得到图层 2，并缩小到与第一枚邮票同样的大小。

步骤 27   将图层 1 的外发光样式复制到图层 2。

步骤 28　链接图层 1 与图层 2。并选择图层 1。

步骤 29　选择"移动工具"，在选项栏上单击![按钮]按钮。将图层 2 中的"邮票"与图层 1 中的"邮票"顶边对齐，如图 3-54 所示。

图 3-54　对齐链接层

步骤 30　取消图层 1 与图层 2 的链接，并选择图层 2。

步骤 31　使用"移动工具"水平向右移动图层 2 中的"邮票"，使之与图层 1 中的"邮票"靠拢，如图 3-55 所示。

步骤 32　以"信封.JPG"为文件名保存图像。

提示：使用菜单命令【编辑】|【描边】时，若事先存在选区，将沿选区边界进行描边。若事先不存在选区，将沿当前图层上像素的边界进行描边。此外，【描边】对话框（如图 3-56 所示）中各项参数的作用如下。

✍【宽度】：输入描边的宽度，单位是像素。

✍【颜色】：选择描边的颜色。

✍【位置】：指定描边的位置是在选区（或像素）边界的内部、中心还是外部。

✍【模式】：选择描边的混合模式。

✍【不透明度】：输入描边的不透明度。

✍【保留透明区域】：勾选该项，图层的透明区域不会被描边。

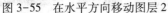

图 3-55　在水平方向移动图层 2　　　　图 3-56　【描边】对话框

3.5.2　设计制作英文书写纸效果

主要技术看点：图层组的创建与编辑，形状图层，图层的分布，图层样式等。

步骤 1　新建图像（437 像素×602 像素，72 像素/英寸，RGB 颜色模式，白色背景）。

步骤 2　新建图层组，命名为"四线格"，确保图层组处于选择状态。选择直线工具（设置工具模式为"形状"，填充颜色# 003366，粗细 1 像素，其他选项保持默认），配合 Shift 键在图像窗口如图 3-57 所示的位置绘制一条水平线。此时产生的"形状 1"层位于"四线格"图层组中。

步骤 3　使用【复制图层】命令将"形状 1"层复制 3 次（【复制图层】对话框参数保持默认）。将"形状 1 拷贝 3"图层中的水平线向下移动 34 个像素（视图缩放比率为 100%），如图 3-58 所示。

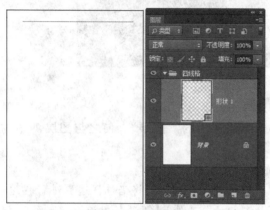
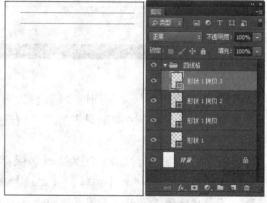

图 3-57　绘制水平线　　　　　　　　　图 3-58　复制和移动图层

步骤 4　在【图层】面板上将 4 个形状层一起选中，选择菜单命令【图层】|【分布】|【垂直居中】（【顶边】或者【底边】命令也可以），结果如图 3-59 所示。

步骤 5　在【图层】面板上，通过双击（从上向下数）第 3 条水平线所在的形状层的缩览图，将该水平线的颜色修改为红色（#ff0000）。将"四线格"图层组折叠起来。

步骤 6　使用【复制组】命令将"四线格"图层组复制 9 次（【复制组】对话框参数保持默认）。将"四线格 拷贝 9"图层组中的水平线向下移动到如图 3-60 所示的位置。

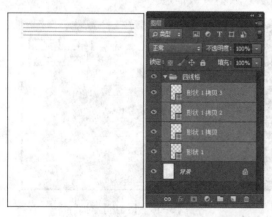

图 3-59　分布图层　　　　　　　　　图 3-60　复制和移动图层组

步骤 7　在【图层】面板上将 10 个图层组一起选中，选择菜单命令【图层】|【分布】|【垂直居中】（或【顶边】、【底边】），结果如图 3-61 所示。

步骤 8 在背景层上面新建图层组，命名为"圆孔"。选择该图层组，将前景色设置为黑色。选择椭圆工具（设置工具模式为"形状"，其他选项保持默认），配合 Shift 键在图像窗口如图 3-62 所示的位置绘制一个圆形。此时"圆孔"图层组中产生"椭圆 1"层。

步骤 9 使用【复制图层】命令将"椭圆 1"层复制 16 次（【复制图层】对话框参数保持默认）。将"椭圆 1 拷贝 16"图层中的圆形向下移动到如图 3-63 所示的位置。

图 3-61　分布图层组　　　　图 3-62　绘制圆形　　　　图 3-63　确定分布范围

步骤 10 仿照步骤 7 对"圆孔"图层组中的所有 17 个图层进行垂直分布，结果如图 3-64 所示。

步骤 11 在背景层上面新建图层 1，填充白色。

步骤 12 按住 Ctrl 键，在【图层】面板上单击"圆孔"图层组中"椭圆 1"层的图层缩览图，载入该层选区。

步骤 13 按住 Shift+Ctrl 键，在【图层】面板上依次单击其他椭圆 1 拷贝层的图层缩览图，将其他圆形的选区添加进来。

步骤 14 将"圆孔"图层组折叠起来，并隐藏该图层组，如图 3-65 所示。

图 3-64　分布图层

图 3-65　载入多个图层的选区

步骤 15　确保选中了图层 1，按 Delete 键删除选区内像素，取消选区。

步骤 16　在图层 1 上添加投影样式，适当设置投影参数（不透明度 38%，角度 120，距离 3，大小 5，其他参数保持默认），最终效果如图 3-66 所示。

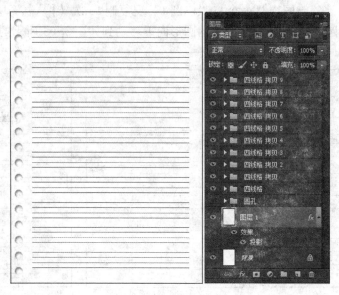

图 3-66　英文书写纸效果

3.6　小结

本章主要讲述了以下内容。

（1）图层概念。图层可以理解为透明的电子画布。在"正常"图层混合模式下，上层像素遮盖下面图层上对应位置的像素。

（2）图层基本操作。包括图层的新建与删除，图层的显示与隐藏，图层的复制与更名，图层透明度的更改，图层的重新排序，图层的链接、对齐和分布，图层不透明区域的选择，图层的合并等。熟练掌握这些操作，是用好 Photoshop 的基本前提。

（3）图层混合模式。决定该层的像素与其下面图层的对应像素以什么方式进行混合。

（4）图层样式。图层样式是创建图层特效的重要手段。Photoshop 提供了投影、内阴影、外发光、内发光、斜面和浮雕等多种图层样式。

本章理论部分未提及或超出本章理论范围的知识点有：

（1）"亮度/对比度"命令（参考第 4 章相关内容）；

（2）"高斯模糊"滤镜（参考第 5 章相关内容）。

3.7　习题

一、选择题

1. 以下关于图层的说法，不正确的是＿＿＿＿＿。

A. 名称为"背景"的图层不一定是背景层

B. 对背景层不能进行移动、更改不透明度和缩放、旋转等变换

C. 新建图层总是位于当前层之上，并自动成为当前层

D. 对背景层可以添加图层样式，但在文字层上不能使用图层样式

2. 对 _____ 个或 _____ 个以上的图层可以进行对齐操作；对 _____ 个或 _____ 个以上的图层可以进行分布操作。

A. 2，2，3，3　　　　　　　　　　B. 2，2，2，2

C. 3，3，3，3　　　　　　　　　　D. 3，3，2，2

3. 通过【图层】面板不能为图层设置的选项是 _____ 。

A. 不透明度　　　　B. 混合模式　　　　C. 缩放比例　　　　D. 矢量蒙版

4. 在 Photoshop 中，保护图层透明区域的措施不包括 _____ 。

A. 在【图层】面板上选中"锁定透明像素"按钮

B. 在【图层】面板上选中"锁定图像像素"按钮

C. 导出透明背景的 PNG 图像

D. 在【填充】对话框中选择【保留透明区域】选项

5. 关于快速选择图层（背景层除外）的不透明区域，以下说法不正确的是 _____ 。

A. 按住 Ctrl 键，单击图层缩览图，可根据该图层上的所有像素创建选区。若操作前图像中存在选区，创建的新选区将取代原有选区

B. 按住 Shift+Ctrl 键，单击图层缩览图，可将该图层上所有像素的选区添加到图像的原有选区中

C. 按住 Ctrl+Alt 键，单击图层缩览图，可从图像的原有选区中减去该图层上所有像素的选区

D. 按住 Shift+Ctrl+Alt 键，单击图层缩览图，可将该图层上所有像素的选区与图像的原有选区进行补集运算

6. 在多个图层之间建立链接关系后，选择其中的一个图层，以下操作仅影响所选图层的是 _____ 。

A. 对齐图层　　　　　　　　　　　B. 变换图层

C. 分布图层　　　　　　　　　　　D. 修改图层的混合模式

7. 【图层】|【对齐】命令组可分别在水平和垂直两个方向，对链接图层或选中的多个图层进行对齐操作。其中 ⊫ 表示 _____ 。

A. 垂直居中对齐　　B. 水平居中对齐　　C. 顶边对齐　　　　D. 底边对齐

8. 在图层样式中，叠加样式不包括 _____ 。

A. 渐变叠加　　　　B. 纹理叠加　　　　C. 颜色叠加　　　　D. 图案叠加

9. 使用图层的描边样式可以在像素边界进行 _____ 描边。

A. 单色　　　　　　B. 图案　　　　　　C. 渐变色　　　　　D. 不透明度

10. 在 Photoshop CC 中，能对背景层进行的操作是 _____ 。

A. 添加图层样式　　　　　　　　　B. 添加图层蒙版

C. 修改图层混合模式　　　　　　　D. 修改图层不透明度

11. 下列关于 PNG-24 格式的描述正确的是 _____ 。

A. 同一幅图像存储为 PNG-24 格式要比存储为 JPEG 文件所占硬盘空间大

B. 同一幅图像存储为 PNG-24 格式要比存储为 JPEG 文件所占硬盘空间小

C. PNG-24 格式支持多级透明，所有的浏览器都支持这种格式的多级透明

D. PNG-24 格式支持 24 位颜色，而 GIF 格式仅支持 16 位颜色

二、填空题

1. 只有将_____转换为普通层，才能调整其叠放次序。

2. 若要同时调整多个图层的不透明度和图层混合模式，可将这些图层放置到同一个_____中。

3. 图层的_____决定了图层像素如何与其下面图层上的像素进行混合。

4. 使用【图层】|【图层样式】|【_____】命令，可以将图层样式的效果从图层中"分离"出来，形成独立的新图层。对该图层做进一步处理，可实现图层样式无法达到的效果。

5. 在处理内容复杂的图像时，一般应该将不同的内容放置在不同的_____上，这会给图像的编辑修改带来很大的方便。

三、操作题

1. 利用"练习\第 3 章"文件夹下的素材图像"花瓶.psd"和"玫瑰.psd"（如图 3-67 所示）制作如图 3-68 所示的"插花"效果（可参考"练习\第 3 章\插花.jpg"）。

图 3-67　素材图片　　　　　　　　　图 3-68　操作结果

2. 利用"练习\第 3 章"文件夹下的素材图像"画框.jpg"和"古镇.jpg"合成如图 3-69 所示的效果（可参考"练习\第 3 章\窗外风景.psd"）。

图 3-69　合成效果

3. 利用素材图像"练习\第 3 章\红梅 . jpg"设计制作如图 3-70 所示的圆扇效果（可参考"练习\第 3 章\圆扇 . psd"）。

操作提示：

（1）图像大小 520 像素×677 像素。

（2）圆形画面外围的边框上添加了斜面和浮雕样式及图案叠加样式（自然图案中的长春藤叶）。扇柄上添加的也是斜面和浮雕样式及图案叠加样式（彩色纸中的牛皮格子纸）。

图 3-70　圆扇效果

4. 利用素材图像"练习\第 3 章\硬笔书法 . jpg"（如图 3-71 所示）制作如图 3-72 所示的书法装饰效果（可参考"练习\第 3 章\硬笔书法处理结果（纪增军）. jpg"）。

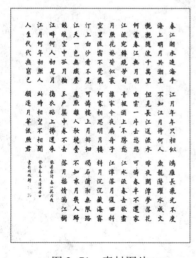

图 3-71　素材图片

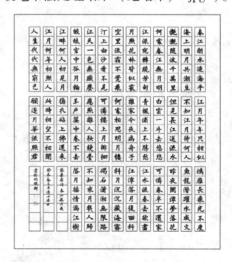

图 3-72　操作结果

操作提示：

（1）首先对素材图片上古诗的第一句（右上角）进行处理：在新建图层 1 上"春江潮水连海平"的右侧绘制绿色竖直线，复制竖直线层，水平移动到该句的左侧；新建图层 2，在"春江潮水连海平"顶部两竖直线之间绘制水平线段，将图层 2 复制 7 次，将其中一个副本层竖直向下移动到该句的底部，然后将所有水平线段层进行竖直分布。

（2）将背景层外的其他图层全部合并，将合并后的图层命名为"方格"。

（3）将"方格"层复制 12 次，将其中一个副本层水平移动到第一段左侧的诗句"人生代代无穷已"上，然后将所有方格层进行水平分布。

（4）将背景层外的其他图层全部合并，将合并后的图层命名为"第一段方格"。

（5）将"第一段方格"层复制 2 次。将其中一个副本层的方格竖直向下移动到最后一段文字上，然后将所有方格层进行竖直分布。

（6）将背景层转化为普通层。使用菜单命令【图像】|【画布大小】对称扩充画布，使图像周围产生适量透明区域。

（7）在包含书法文字的图层上添加投影样式。创建白色背景层。

第 4 章   颜 色 处 理

在 Photoshop 平面设计中，处理好色彩是获得高质量图像的关键。特别是对于数码拍摄技术不太熟练的朋友，掌握 Photoshop 调色技术就显得尤为重要了。

4.1   色彩的基本知识

本节介绍与 Photoshop 颜色处理密切相关的一些基本理论，正确理解这些基本理论，将有助于 Photoshop 颜色处理相关操作的学习。

4.1.1   三原色

所谓原色，就是不能使用其他颜色混合而得到的颜色。原色分为两类：一类是从光学角度来讲的光的三原色，即朱红、翠绿、蓝紫（如图 4-1 所示）；另一类是从颜料角度来讲的色料的三原色，即洋红（紫红）、黄、青（天蓝）（如图 4-2 所示）。将光的三原色以不同比例混合可以形成自然界中的其他任何一种色光；将颜料的三原色以不同比例混合可以获得其他绝大多数颜料的颜色。

图 4-1   光的三原色

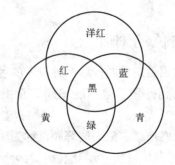

图 4-2   颜料的三原色

4.1.2   颜色的三要素

1. 色相

色相是色彩最普通的表现形式，是光谱上呈现出的不同的色彩种类。通常所说的红、橙、黄、绿、青、蓝、紫指的就是自然界中几种典型的色相，它们之间的差别属于色相的差别。实际上，不同波长的光给人的色彩感受不同，人们便给不同波长的光赋予不同的名称。

2. 饱和度

饱和度指色彩的鲜艳程度、纯净程度，又称彩度、纯度、浓度，等等。饱和度表示色相中灰色分量所占的比例，以 0%（灰色）～100%（完全饱和）的百分比来度量。从光学角度来讲，在一束可见光中，其中光线的波长越单一，色光的饱和度越高；波长越混杂，色光的饱和度越低。在光谱中，红、橙、黄、绿、青、蓝、紫等色光是最纯的高纯度色光。无彩色（黑、白、灰）的饱和度最低（为 0%，即饱和度属性丧失）；任何一种颜色加入白、黑、灰等无彩色都会降低其饱和度。

3. 亮度

亮度指色彩的相对明暗程度，又称明度、白度。通常用 0%（黑色）～100%（白色）的百分比来度量。在绘画中，亮度最能够表现物体的立体感和空间感。

自然界中的颜色可分为无彩色和有彩色两大类。其中无彩色（黑、白、灰）只有亮度属性；其他任何一种有彩色都具有特定的色相、饱和度和亮度属性。

在 Photoshop 拾色器中，颜色三要素的变化规律如图 4-3 所示。

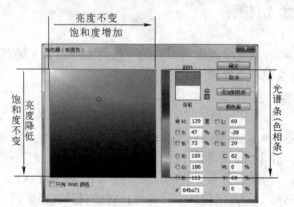

图 4-3　拾色器中的色彩变化规律

4.1.3　颜色的对比度

色彩的对比是指从两种或两种以上的色彩中比较出明显的差别来。这种差别主要表现在亮度差别、色相差别、饱和度差别、面积差别和冷暖差别等方面。差别的程度用对比度表示。

注意：人们把红、橙、黄等颜色称为暖色；而把蓝、蓝紫、蓝绿等颜色称为冷色。原因是：当人们看到红、橙、黄等颜色时就会感觉到温暖；当看到蓝、蓝紫、蓝绿等颜色时就感到凉爽。这是由于视觉引起的触觉反应。

4.1.4　色调

色调是指在同一光源的作用下，自然界的物象所呈现出来的色彩的总的倾向。在绘画作品中，色调是画家本人对事物色彩感受的最高概括。人们对色调的理解是多角度的，如紫色调、蓝色调、橙色调，暖色调、冷色调，亮色调、暗色调，暖绿色调、亮灰色调，等等。色调作品往往会对观众产生强烈的感染力。

4.2　颜色模式

"色彩模式是数字世界中表示颜色的一种算法。在数字世界中，为了表示各种颜色，人们通常将颜色划分为若干分量。由于成色原理的不同，决定了显示器、投影仪、扫描仪这类靠色光直接合成颜色的颜色设备和打印机、印刷机这类靠使用颜料的印刷设备在生成颜色方式上的区别"（摘自《百度百科》）。颜色模式除了用于确定图像中显示的颜色数量外，还影响通道数和图像的文件大小。Photoshop 提供了 HSB 颜色、RGB 颜色、CMYK 颜色、Lab 颜色、索引颜色、灰度、位图、双色调和多通道等多种颜色模式。不同的颜色模式具有不同的用途，颜色模式之间也可以相互转换。

1. RGB 模式

前面讲过，自然界中任何一种色光可用红（朱红）、绿（翠绿）和蓝（蓝紫）（RGB）三种原色光按不同比例和强度混合产生。在这三种原色的重叠处产生的是青色、紫红、黄色和白色等新色光；由于新色光的亮度有所增强，故称为正混合（或加光混合、加色混合），如图 4-4 所示。

RGB 模式是 Photoshop 图像处理中最常用的一种颜色模式。在这种颜色模式下，Photoshop 所有的命令和滤镜都能正常使用。

RGB 模式的图像一般比较鲜艳，适用于显示器、电视屏等可以自身发射并混合红、绿、蓝三种光线的设备。它是 Web 图形制作中最常使用的一种颜色模式。

2. CMYK 模式

CMYK 模式是一种印刷模式。其中 C、M、Y、K 分别表示青色、洋红、黄色、黑色四种油墨。理论上，纯青色（C）、洋红（M）和黄色（Y）色素合成后可以产生黑色，由于所有印刷油墨都包含一些杂质，因此这三种油墨实际混合后并不能产生纯黑色或纯灰色，必须与一定量的黑色（K）油墨合成后才能形成真正的黑色或灰色。为避免与蓝色（B）混淆，黑色用 K 表示。这就是 CMYK 模式的由来。

由于颜料的原色（青色、洋红、黄色）混合后亮度降低，因此这种混合称为负混合或减色混合，如图 4-5 所示。

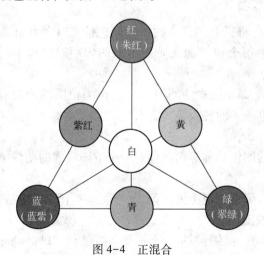

图 4-4　正混合

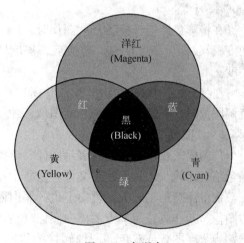

图 4-5　负混合

CMYK 模式与 RGB 模式本质上差别不大，只是产生色彩的原理不同。CMYK 模式图像所占的存储空间较大，且目前还不能使用某些 Photoshop 滤镜；因此，一般不在这种模式下处理图像，而是等图像处理结束后，在印刷出图前转换为 CMYK 模式。CMYK 模式的图像一般比较灰暗。

3. HSB 模式

HSB 模式是美术和设计工作者比较喜欢采用的一种颜色模式。该模式以人的视觉对颜色的感受为基础，描述了颜色的三种基本特性：色相（H）、饱和度（S）和亮度（B）。

Photoshop 不直接支持 HSB 模式。尽管可以使用 HSB 模式从颜色面板或"拾色器"中定义颜色，但是并没有用于创建和编辑图像的 HSB 模式。

图 4-6　Lab 颜色模式构成图

4. Lab 模式

Lab 模式使用亮度（或光亮度）分量（L）、a 色度分量（从绿色到红色）和 b 色度分量（从蓝色到黄色）三个分量来表示颜色（如图 4-6 所示）。其中，亮度分量（L）的取值范围是 0~100，a、b 分量的取值范围都是 −128~127。

Lab 模式是图像在不同颜色模式之间转换时使用的中间模式。比如，在将 RGB 模式的图像转化为 CMYK 模式的图像时，Photoshop 首先将 RGB 模式转化为 Lab 模式，再将 Lab 模式转化为 CMYK 模式。Lab 模式在所有颜色模式中色域最宽，包括 RGB 模式和 CMYK 模式中的所有颜色。所以，在颜色模式转换中，不会造成色彩的损失。

Lab 模式与设备无关，无论使用何种设备（如显示器、打印机、计算机或扫描仪）创建或输出图像，该模式的图像都能生成一致的颜色。

5. 灰度模式

灰度模式使用多达 256 级灰度表现图像，使得图像颜色的过渡平滑而细腻。灰度图像中的每个像素的亮度值取值范围为 0（黑色）~255（白色），而所有像素的色相和饱和度值都为 0。另外，在灰度图像中，灰度值也可以用黑色油墨覆盖的百分比来度量（0% 等于白色，100% 等于黑色）。

在将彩色图像转换为灰度图像时，Photoshop 将丢弃图像中的所有颜色信息（色相和饱和度），仅保留亮度信息。转换后，灰度图像中每个像素的灰阶表示原图像中对应像素的亮度。

在将彩色图像（如 RGB 模式、CMYK 模式、Lab 模式的图像等）转换为位图图像或双色调图像时，必须先转换为灰度图像，才能作进一步的转换。

6. 位图模式

位图模式仅用黑白两色表示图像，该模式的图像又称黑白图像。由于位图模式的图像中颜色信息比较少，从而使得文件容量非常小。

值得注意的是，人们习惯上说的黑白照片或黑白影视中的图像，实际上相当于灰度模式的图像，并非真正意义上的黑白图像（位图模式图像）。

当灰度图像或双色调图像转换为位图图像时，原图像的大量细节会被抛弃。Photoshop 提供了位图模式图像的多种转化算法，举例如下。

步骤 1　打开 RGB 模式的素材图像"实例 04\大树 .jpg"，如图 4-7 所示。

步骤 2　选择菜单命令【图像】|【模式】|【灰度】，弹出【信息】对话框。单击【扔掉】按钮，图像被转换为灰度模式。

步骤 3　选择菜单命令【图像】|【模式】|【位图】，打开【位图】对话框，如图 4-8 所示。

图 4-7　素材图像　　　　　　　　　　　　　　图 4-8　【位图】对话框

　　步骤 4　在【输出】文本框设置位图图像的分辨率（本例采用默认设置）。从【使用】下拉列表中选择一种位图转换算法，单击【确定】按钮，得到转化后的位图图像。

　　在【使用】下拉列表中提供了 5 种位图转换算法，分别是【50% 阈值】【图案仿色】【扩散仿色】【半调网屏】【自定图案】。图 4-9 给出的是由 "50% 阈值" 算法转化的位图效果，图 4-10 给出的是由 "半调网屏" 算法转化的位图效果。

图 4-9　"50% 阈值" 算法效果　　　　　　　　　图 4-10　"半调网屏" 算法效果

7. 索引颜色模式

　　索引颜色模式最多使用 256 种颜色表现图像色彩。在这种模式下，Photoshop 能对图像进行的操作非常有限，图像编辑起来很不方便。如果要制作索引颜色模式的图像，通常是先把图像在 RGB 模式下编辑好，最终输出时再转化为索引颜色模式。

　　当图像转换为索引颜色模式时，Photoshop 将构建一个颜色查找表，用来存放并索引图像中的颜色。如果原图像中的某种颜色没有出现在该表中，则程序将选取现有颜色中最接近的一种，或使用现有颜色模拟该颜色。

对于索引颜色模式的图像，通过限制其色板中的颜色数量，可以在图像视觉品质不受太大影响的情况下有效地减小文件的大小。这一点对于 Web 图像的制作非常重要。

只有 RGB 模式和灰度模式的图像才可以转化为索引颜色模式。索引颜色模式常用于 Web 图像和动画的制作。例如，利用索引颜色模式可导出透明背景的 GIF 图像。

8. 双色调模式

使用双色调模式可以为灰度模式的图像增加 1~4 种色彩，分别形成单色调、双色调、三色调和四色调图像。

在打印图像时，双色调用于增加灰度图像的色调范围。虽然灰度图像可以显示多达 256 种灰阶，但印刷机上每种油墨只能重现约 50 种灰阶；因此，仅使用黑色油墨打印的图像看起来比较粗糙。而使用两种、三种或四种油墨进行打印，每种油墨都能重现多达 50 种灰阶，这比仅用黑色油墨打印要细腻得多。

双色调模式的主要用途是，在图像中使用尽量少的颜色表现尽量丰富的颜色层次。其目的就是尽可能多地节约印刷成本。

以下举例说明使用 Photoshop 制作色调图像的方法。

步骤 1　打开 RGB 模式的素材图像"实例 04\永恒 . jpg"。首先调用菜单命令【图像】|【模式】|【灰度】，将该图像转换为灰度模式的图像，如图 4-11 所示。

步骤 2　选择菜单命令【图像】|【模式】|【双色调】，弹出【双色调选项】对话框（勾选【预览】选项，可以在图像窗口中实时预览色调设置的实际效果），如图 4-12 所示。

图 4-11　转换为灰度图像

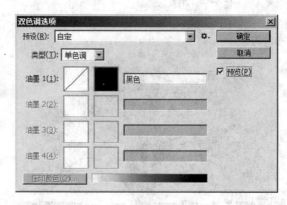

图 4-12　【双色调选项】对话框

步骤 3　在【类型】列表中选择【单色调】。单击【油墨 1(1)：】后面的色块■，打开【选择油墨颜色】对话框，选择紫色 #9933ff 后关闭对话框；在右边的文本框中输入油墨的名称"色调 1"。此时在图像窗口中预览到的单色调图像的效果如图 4-13 所示。

步骤 4　单击【油墨 1(1)：】后面的曲线框▨，弹出【双色调曲线】对话框，如图 4-14 所示。

注意：在【双色调选项】对话框中，对于每一种油墨来说，都可以使用双色调曲线调整该油墨在暗调、中间调和高光区域的分布情况。在曲线图中，水平轴表示色调变量（从左向右由高光向暗调过渡）；垂直轴表示油墨的浓度，向上为正向。

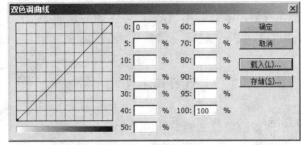

图 4-13 单色调图像（#9933ff）　　　　　　　　图 4-14 【双色调曲线】对话框

步骤 5　在曲线上单击，可添加控制点。在竖直方向拖移控制点或者在右侧数值框内输入油墨含量数值，可以改变曲线的形状，从而改变对应油墨在不同色调区域内的分布，如图 4-15 所示。曲线上扬，表示增加对应色调区域的打印油墨量；曲线下降，表示减少对应色调区域的打印油墨量。

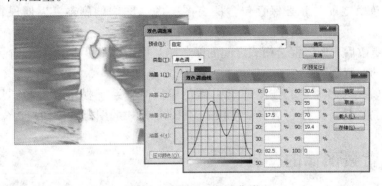

图 4-15 调整双色调曲线

步骤 6　要删除控制点，可将其拖出网格区域；或单击选中控制点后按 Delete 键删除。也可以在右侧的对应数值框内清除数值。

步骤 7　单击【双色调曲线】对话框的【确定】按钮，返回【双色调选项】对话框。

步骤 8　从【类型】列表中选择【双色调】。使用前面类似的方法选择两种颜色，形成由两种颜色混合而成的色调。依此类推，可以设置【三色调】和【四色调】。

步骤 9　单击【确定】按钮，关闭【双色调选项】对话框。最终灰度图像转化为双色调图像。

9. 多通道模式

多通道模式的图像在每个通道中使用 256 级灰度。该模式适用于有特殊打印要求的图像。对于只使用了少数几种颜色的图像来说，使用该模式进行打印不仅可以降低印刷成本，还能够保证图像色彩的正确输出。

在将图像转换为多通道模式时，遵循下列原则。

↳ 转换后，原图像的通道成为多通道图像的专色通道。

↳ RGB 图像转换为多通道模式时，将创建青色、洋红和黄色专色通道。

↪ CMYK 图像转换为多通道模式时，将创建青色、洋红、黄色和黑色专色通道。

↪ 从 RGB、CMYK 或 Lab 图像中删除通道时，原图像自动转换为多通道模式。

由于大多数输出设备不支持多通道模式的图像，若要将其输出，请以 Photoshop DCS 2.0（＊.EPS）格式存储多通道图像。

4.3　颜色模式的相互转换

图像颜色模式的转换方法如下。

步骤 1　打开要转换颜色模式的图像。

步骤 2　从【图像】|【模式】菜单中选择相应的颜色模式命令。

图像的颜色模式转换后，每个像素点的颜色值都被更改。例如，图像由 RGB 模式转换为 CMYK 模式时，位于 CMYK 色域外的 RGB 颜色值将被调整到 CMYK 色域之内。因此，在转换图像的颜色模式之前，应注意以下几点。

↪ 尽可能在图像的原颜色模式下把图像编辑处理好，最后再进行模式转换。

↪ 在模式转换之前，务必保存包含所有图层的原图像的副本，以便保存图像的原始数据。

↪ 当模式更改后，图层混合模式之间的颜色相互作用也将更改。因此，在转换之前应拼合图像的所有图层。

在将图像转换为多通道、位图或索引颜色模式时，系统提示要进行图层拼合，因为上述模式不支持图层。此外，只有灰度模式和 RGB 模式的图像才能转换为索引颜色模式。

4.4　透明背景图像的输出

透明背景的图像常用于网页、Flash 电影和其他多媒体作品中。由于背景色是透明的，它可以与主界面的其他元素结合得非常好，获得完美统一的效果。本节内容介绍如何利用 RGB 模式的图像素材制作输出透明背景的 GIF 图像和 PNG 图像。在制作透明背景的 GIF 图像时，素材图像的颜色模式自动转换为索引颜色模式。

步骤 1　打开素材图像"实例 04\飞机 .jpg"，将背景层转化为普通层。

步骤 2　使用魔棒或快速选择等工具选择图中飞机以外的区域，如图 4-16 所示。

步骤 3　按 Delete 键删除选区内的像素，按 Ctrl+D 键取消选区，如图 4-17 所示。

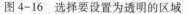

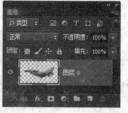

图 4-16　选择要设置为透明的区域　　　　　　图 4-17　删除选区内像素

步骤 4　选择菜单命令【文件】|【存储为 Web 所用格式】，打开【存储为 Web 所用格

式】对话框，参数设置如图 4-18 所示。其中主要参数如下。

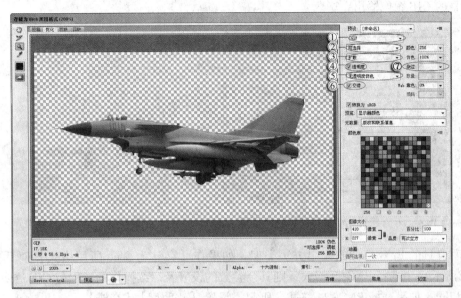

图 4-18　设置【存储为 Web 所用格式】对话框参数

↺①【文件格式】：用于选择文件的格式，其中 GIF、PNG-8 和 PNG-24 支持透明背景。

↺②【颜色深度算法】：用于选择调色板类型。对于【可感知】、【可选择】和【随样性】三个选项，可以使用基于当前图像颜色的本地调板，图像颜色的过渡比较细腻。选择【受限】，则使用网络安全色调色板，图像颜色的过渡往往比较粗糙。通过右侧【颜色】选项可以控制要显示的实际颜色数量（最多 256 种），以便有效地控制文件的大小。

↺③【仿色算法】：用于选择仿色算法（用于模拟颜色表中没有的颜色），并输入仿色数量（数值越大，所仿颜色越多，图像越细腻，但文件所占存储空间越大）。

↺④【透明度】：勾选该项，将保留图像的透明区域；否则，使用杂边颜色填充透明区域，或者用白色填充透明区域（如不选择杂边颜色）。

↺⑤【透明度仿色算法】：指定透明区域的仿色算法。

↺⑥【交错】：勾选该项，图像通过浏览器下载时可逐渐显示，适用于下载速度比较慢的场合（如比较大的图像）。但是采用交错技术也会增加文件大小。

↺⑦【杂边】：在与透明区域相邻的像素周围生成一圈用于消除锯齿边缘的颜色（所选杂边颜色应考虑到该透明背景的 GIF 图像所要插入的媒体界面的颜色。比如，该 GIF 图像要插入网页，而当前网页的背景色为黑色，则杂边颜色应使用黑色）。若前面勾选了【透明度】，则可对边缘区域应用杂边；否则，将对整个透明区域填充杂边颜色。若前面勾选了【透明度】，而杂边选择【无】，则在对象与透明区域接界处产生硬边界。

步骤 5　单击【存储】按钮，弹出【将优化结果存储为】对话框（如图 4-19 所示）。选择保存格式【仅限图像】，输入文件名，指定保存位置。

步骤 6   单击【保存】按钮，弹出如图 4-20 所示的信息提示框。单击【确定】按钮，透明背景的 GIF 图像输出完毕。

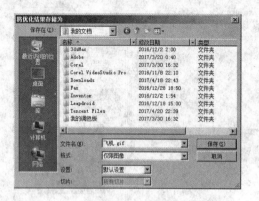   

图 4-19 【将优化结果存储为】对话框   图 4-20 信息提示框

透明背景的 PNG 图像的输出方法类似。如果在【存储为 Web 所用格式】对话框（如图 4-18 所示）中选择 PNG-8 格式，则其余参数的设置及后续操作的过程与 GIF 透明背景图像基本相同。如果选择 PNG-24 格式，则只需设置【透明度】【交错】【杂边】等参数。读者可以比较一下，使用 GIF、PNG-8 和 PNG-24 格式保存的透明背景图像哪一种文件大一些，哪一种方法效果更好一些。

虽然 GIF 格式与 PNG 格式都支持透明背景，但二者存在着比较大的区别。GIF 格式最多支持 8 位即 256 种颜色，因此比较适合保存色彩简单、颜色值变化不大的图像（比如卡通画、漫画等）。使用 GIF 格式保存的图像能够使文件得到有效的压缩，且图像的视觉效果影响不大。PNG 透明背景图像支持的颜色数多达 48 位，支持消除锯齿边缘的功能，可以在不失真的情况下压缩保存图像，因此比较适合保存色彩丰富的图像。当然，PNG 图像的容量比 GIF 图像要大一些。

4.5   颜色调整

4.5.1   亮度/对比度

"亮度/对比度"命令是 Photoshop 调整图像色调范围的最快、最简单的方法，使用它可以很方便地调整图像的整体明暗度和清晰度。

步骤 1   打开素材图像"实例 04\小船 . jpg"，如图 4-21 所示。

步骤 2   选择菜单命令【图像】|【调整】|【亮度/对比度】，打开【亮度/对比度】对话框，如图 4-22 所示。

步骤 3   向右拖动"亮度"滑块，增加图像的亮度；向左拖动滑块则降低亮度。同样，向右拖动"对比度"滑块，增加图像的对比度；向左拖动滑块则降低对比度。滑动条右侧的文本框内显示出当前的亮度和对比度值。直接在文本框内输入数值（取值范围为-100~+100），可以精确调整图像的亮度和对比度。

步骤 4   勾选【使用旧版】复选框，可使用旧版模式（Photoshop CS3 之前版本）调整图像的亮度和对比度，否则使用新版模式调整。例如，使用新版模式调整图像亮度时，图像中的黑色和白色区域无任何改变，此时，为了降低白色区域的亮度，或者提高黑色区域的亮度，就需要勾选【使用旧版】复选框。

图 4-21　原素材图像

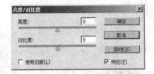
图 4-22　【亮度/对比度】对话框

步骤 5　若想重新设置对话框的参数，可按住 Alt 键不放，此时对话框的【取消】按钮变成【复位】按钮，单击该按钮即可。该操作同样适用于其他颜色调整命令。

步骤 6　本例中，将【亮度】设置为 45，【对比度】设置为 50。单击【确定】按钮，关闭对话框。图 4-23 和图 4-24 分别是采用新版模式和旧版模式调整的结果。

图 4-23　新版调整结果

图 4-24　旧版调整结果

4.5.2　色彩平衡

"色彩平衡"命令可以在图像中增减红色、绿色、蓝色（三原色）和它们的补色青色、洋红和黄色的含量，从而改变图像中各原色的含量，达到调整色彩平衡的目的。

步骤 1　打开素材图像"实例 04\秋天 . jpg"，如图 4-25 所示。

步骤 2　选择菜单命令【图像】|【调整】|【色彩平衡】，弹出【色彩平衡】对话框，如图 4-26 所示。其中各项参数的作用如下。

图 4-25　原素材图像

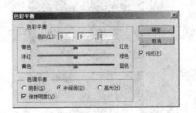
图 4-26　【色彩平衡】对话框

↳【暗调】【中间调】【高光】：确定图像中要着重调整的色调范围。默认选项为【中间调】。

↳【保持亮度】：勾选该项，可以在调整图像色彩平衡时保持亮度不变。

↳【青色】—【红色】滑动条：向右拖动滑块，可增加红色成分，降低青色的含量。向左拖动滑块则情况相反。调整的结果数值同时显示在【色阶】后面的对应数值框内。当然也可以直接在数值框内输入数值（取值范围都是-100 ~ +100），以便精确调整图像的色彩平衡。【洋红】—【绿色】滑动条和【黄色】—【蓝色】滑动条的用法与此类似。

步骤 3　本例中对话框的参数设置如图 4-27 所示（仅更改【高光】区域的参数，【阴影】与【中间调】的参数保持默认）。单击【确定】按钮，图像调整结果如图 4-28 所示。

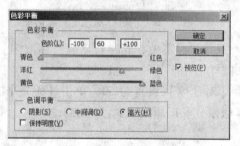
图 4-27　本例参数设置

图 4-28　图像调整结果

4.5.3　色阶

在拍摄数码图像时，除了拍摄技术上的原因之外，一些必然或偶然的因素（比如光源、温度等）都会使图像的高光和暗调不能够得到很好的表现。使用 Photoshop 的"色阶"命令可以调整图像的暗调、中间调和高光等色调区域的强度级别，校正图像的色调范围和色彩平衡，以获得令人满意的视觉效果。"色阶"命令功能强大，使用方便，是 Photoshop 最重要的色调调整命令之一。

步骤 1　打开素材图像"实例 04\人物素材 01. jpg"，如图 4-29 所示。

步骤 2　选择菜单命令【图像】|【调整】|【色阶】，打开【色阶】对话框，如图 4-30 所示。

图 4-29　原素材图像

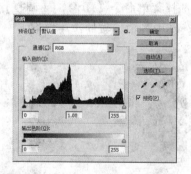
图 4-30　【色阶】对话框

　　注意：对话框中间显示的是当前图像的色阶直方图。直方图用图形表示每个亮度级别的像素在图像中的含量，直观地显示出像素在图像中的分布情况。其中，水平轴从左向右表示亮度的增加；最左端表示最暗（0），最右端表示最亮（255）。竖直轴表示当前图像中各种亮度值的像素的多少。从直方图中不难看出图像在暗调（显示在直方图的左边）、中间调（显示在中间）和高光（显示在右边）区域是否包含足够的细节，以便在此基础上校正图像，产生更好的视觉效果。同时，直方图也提供了当前图像色调范围或基本色调类型的快速浏览图。

　　步骤 3　首先通过【通道】下拉列表确定要调整的是混合通道还是单色通道。本例选择RGB（素材图像为 RGB 模式，列表中包括 RGB 混合通道和红、绿、蓝三个单色通道）。

　　步骤 4　勾选【预览】选项，以便后面操作中的色阶调整效果能够实时反馈到当前图像窗口。

　　步骤 5　在【输入色阶】滑动条上，向左拖动右侧的白色三角滑块，使图像变亮。其中，高光区域的变化比较明显，使得图像亮部变得更亮，如图 4-31 所示。

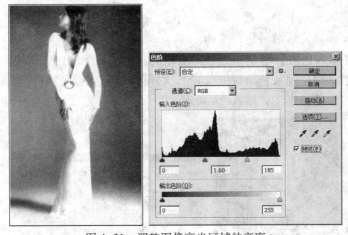

图 4-31　调整图像高光区域的亮度

　　步骤 6　在【输入色阶】滑动条上，向右拖动左侧的黑色三角滑块，图像变暗。其中，暗调区域的变化比较明显，使得图像暗部变得更暗，如图 4-32 所示。

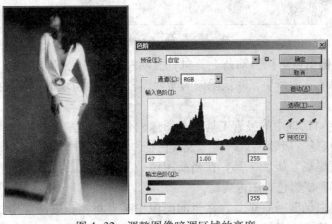

图 4-32　调整图像暗调区域的亮度

步骤 7　在【输入色阶】滑动条上，左右拖动中间的灰色三角滑块，调整图像中间色调区域的亮度。向左拖动中间调区域变亮；向右拖动中间调区域变暗，如图 4-33 所示。

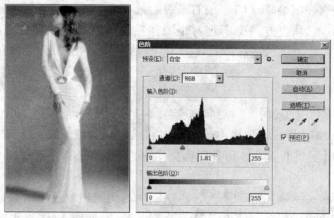

图 4-33　调整图像中间调区域的亮度

注意：在【输入色阶】栏，通过向左、中、右三个数值框输入数值，同样可以调整图像的暗调、中间调和高光区域的色调平衡。

步骤 8　在【输入色阶】滑动条上，适当地向左拖动右侧的白色滑块，向右拖动左侧的黑色滑块，并左右调整中间灰色滑块的位置。这样可以提高图像的对比度，同时尽可能保留图像的细节，使图像更清晰，如图 4-34 所示。

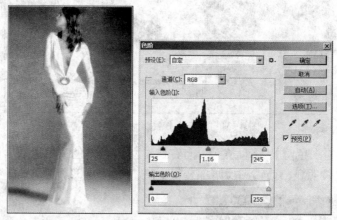

图 4-34　提高图像的对比度

步骤 9　在【输出色阶】滑动条上，向右拖动左端的黑色三角滑块，提高图像的亮度；向左拖动右端的白色三角滑块，降低图像的亮度。若将黑白滑块的位置互换，可获得图像的负片效果。

步骤 10　使用对话框中的吸管工具调整图像的色阶。从左向右依次是"设置黑场"吸管工具 ✎、"设置灰场"吸管工具 ✎ 和"设置白场"吸管工具 ✎。

　　↘选择"设置黑场"吸管工具，在当前图像中某点单击，图像中所有低于该点亮度值的像素全都变成黑色，图像变暗。

　　↘选择"设置白场"吸管工具，在当前图像中某点单击，则图像中所有高于该点亮度值的像素全都变成白色，图像变亮。

    ↳ 选择"设置灰场"吸管工具，在当前图像中某点单击，根据单击点像素的亮度值调
      整中间调区域的平均亮度。

步骤 11 单击【确定】按钮，关闭【色阶】对话框。

4.5.4　曲线

    "曲线"是 Photoshop 最强大的色调调整命令，可以调整高光、暗调和中间调区域内任
意一点的色调与亮度，比"色阶"功能更强大。同时，使用"曲线"还可以对图像中的单
个颜色通道进行精确的调整。

    【曲线】对话框如图 4-35 所示。在其中的曲线图表区，水平轴表示像素原来的亮度值
（输入色阶）；竖直轴表示调整后的亮度值（输出色阶）。初始状态下，曲线为一条 45°的对
角线，表示所有像素的输入色阶和输出色阶值相等；水平轴和竖直轴靠近原点的一侧表示最
亮（白色），远离原点的一侧表示最暗（黑色）。对话框的操作要点如下。

    ↳ 从【预设】下拉列表可以选取 Photoshop 自带的色调调整方案。

    ↳ 从【通道】下拉列表可以选取要调整的通道（混合通道或单色通道）。

    ↳ 默认设置下，对话框采用曲线工具～修改曲线形状。在曲线上单击，添加节点，确定
      要调整的色调范围。曲线上最多可添加 14 个节点。

    ↳ 在曲线的某个节点上单击，选择该节点。此时对话框左下角的【输入】和【输出】
      文本框被激活，显示出该节点当前的输入色阶和输出色阶的值。

    ↳ 要删除一个节点，可将其拖出图表区域；或选中后按 Delete 键。但曲线的端点无法
      删除。

    ↳ 按住 Alt 键，在曲线图表中单击，可以使网格变得精细。重复这一操作，又恢复为大
      的网格。精细网格有助于色调调整区域的精确定位。

    ↳ 单击选择对话框的铅笔工具 ✐。此时可以通过在曲线图表区拖移光标绘制随意的色
      阶曲线。单击【平滑】按钮，手绘曲线会变得更平滑些。以此方式调整图像色调。

    ↳ 单击选择对话框的拖移工具 ✺。在图像窗口中要调色的区域向上拖移鼠标，可提高该
      区域的亮度；向下拖移鼠标，可降低该区域的亮度。同时对话框中显示出图像拖移
      区域在曲线上的对应位置。这种调整方法显得更直观。

    以下举例说明"曲线"的一些典型用法。

    步骤 1 打开 RGB 模式的素材图像"实例 04\灯塔 . jpg"，如图 4-36 所示。选择菜单命
令【图像】|【调整】|【曲线】，打开【曲线】对话框。

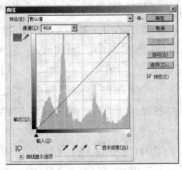

图 4-35　【曲线】对话框

图 4-36　素材图像

步骤 2　在曲线上添加节点。向上拖移节点，使曲线上扬，图像所对应的色调区域的亮度增加，如图 4-37 所示；向下拖移节点，使曲线下弯，则对应色调区域的亮度降低，如图 4-38 所示。由于曲线是连续平滑的，图像中其他色调区域的亮度也受影响，只不过没有该区域变化明显。

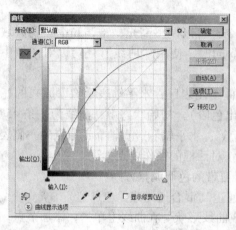

图 4-37　曲线向上弯曲，图像亮度增加

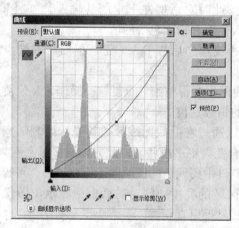

图 4-38　曲线向下弯曲，图像亮度降低

步骤 3　水平向右拖移曲线的左端点，使图像中暗的区域变得更暗；水平向左拖移曲线的右端点，使图像中亮的区域变得更亮。这种调整方法可增大图像的对比度。再使中间一段曲线向上弯曲，增加图像亮度，结果如图 4-39 所示。其实曲线上越陡的地方表示图像在该区域的对比度越大；越平缓的地方表示图像在该区域的对比度越小。当曲线变成一条水平线的时候，图像对比度最低，整个变成了黑色、白色或灰色。

步骤 4　按住 Alt 键，单击对话框的【复位】按钮，使曲线恢复到调整前的状态。

步骤 5　将曲线的左端点沿竖直方向拖移到顶部，右端点沿竖直方向拖移到底部，使图像的明暗区域对调，可得到负片效果。

步骤 6　按步骤 4 的方法恢复图像。在【通道】列表中选择【绿】，并将曲线调整为如图 4-40 所示的形状，以减少图像中绿色成分的含量，特别是高光区域。此时图像显示为大红色调。

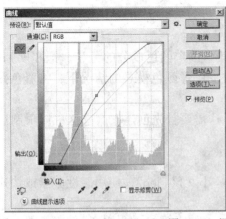

图 4-39 调整图像的对比度

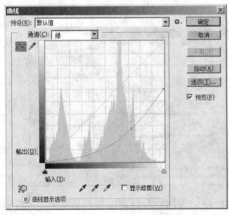

图 4-40 降低图像中绿色成分的含量

步骤 7 按步骤 4 的方法恢复图像。在【通道】列表中选择【红】，并将曲线的右端点拖移到底部（使得曲线变成通过直方图底部的一条水平线）。这样即可将图像中每个像素点的红色成分清除。此时图像显示为绿色调。如图 4-41 所示。

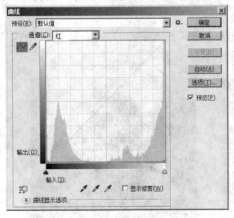

图 4-41 全部清除图像中的红色成分

步骤 8 单击【确定】按钮，关闭对话框，同时将调整结果应用到图像中。

4.5.5　色相/饱和度

"色相/饱和度"命令用于调整整个图像或其中单个颜色成分的色相、饱和度和亮度。此外，使用其中的【着色】选项，还可以在不改变图像颜色模式的情况下，将彩色图像处理成色调图像的效果。

下面以更换人物衣服的颜色为例进行说明。这需要首先创建衣服选区，以限制调色范围；否则就是对整个图像的调整。

1. 在彩色图像上创建色调图像效果

步骤 1　打开 RGB 模式的素材图像"实例 04\小女孩 . jpg"，使用磁性套索或快速选择工具创建如图 4-42 所示的选区。

步骤 2　选择菜单命令【图像】|【调整】|【色相/饱和度】，打开【色相/饱和度】对话框，如图 4-43 所示。

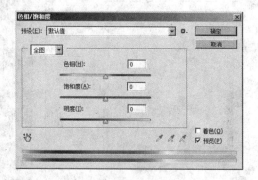

图 4-42　创建选区　　　　　　　图 4-43　【色相/饱和度】对话框

步骤 3　沿【色相】滑动条左右拖动滑块修改色相。沿【饱和度】滑动条向右拖动滑块增加饱和度，向左拖动滑块降低饱和度。沿【明度】滑动条向右拖动滑块增加亮度，向左拖动滑块降低亮度。

步骤 4　勾选【着色】选项，左右拖动滑块调整色相、饱和度和亮度，制作色调图像（此时只允许对图像进行整体调色）。

步骤 5　本例参数设置如图 4-44 所示。单击【确定】按钮，关闭对话框。图像调整结果如图 4-45 所示。选区内图像变成浅蓝色。

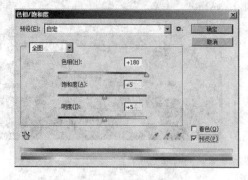

图 4-44　设置对话框参数　　　　　　　图 4-45　全图调色结果

2. 调整图像的单个颜色成分

步骤 6　（继续调整小女孩图像）取消原选区，使用快速选择工具创建如图 4-46 所示的选区。

步骤 7　再次打开【色相/饱和度】对话框。在"全图"下拉列表中选择【黄色】，不勾选【着色】选项。这样只能对选区内图像中的黄色成分进行调整。将色相、饱和度和亮度参数设置为如图 4-47 所示。

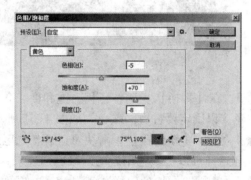

图 4-46　创建新选区　　　　　　　图 4-47　设置对话框参数

步骤 8　单击【确定】按钮，关闭对话框，并取消选区。图像调整结果如图 4-48 所示。选区内图像变成亮黄色。但衣服上的花朵图案基本上保持了原来的颜色。

3. 对话框中的吸管工具简介

吸管工具 ✐：使用该工具在图像中单击，可将调色范围限定在与单击点颜色相关的特定区域。

"添加到取样"工具 ✐：使用该工具在图像中单击，可扩展调色范围（在原调色范围的基础上，加上与单击点颜色相关的区域）。

图 4-48　单色调整结果

"从取样中减去"工具 ✐：使用该工具在图像中单击，可缩小调色范围（从原调色范围中减去与单击点颜色相关的区域）。

4.5.6　替换颜色

"替换颜色"命令通过调整色相、饱和度和亮度参数将图像中指定区域的颜色替换为其他颜色。实际上相当于"色彩范围"命令与"色相/饱和度"命令的综合使用。下面举例说明。

步骤 1　打开素材图像"实例 04\水果 .jpg"，如图 4-49 所示。选择菜单命令【图像】|【调整】|【替换颜色】，弹出【替换颜色】对话框，如图 4-50 所示。

步骤 2　确保选中对话框的【预览】选项。鼠标光标移到图像窗口中变成吸管工具 ✐，在水果的红颜色区域单击，选取要替换的颜色。此时，在对话框的图像预览区，白色和灰色区域表示选区（亮度表示选择强度），黑色表示没有被选择的区域，如图 4-51 所示。

图 4-49　素材图像　　　　　　　图 4-50　【替换颜色】对话框

步骤 3　在【替换】栏调整色相、饱和度和亮度滑块，或直接单击右侧的颜色块■打开拾色器取色，以确定要替换的颜色，如图 4-51 所示。

步骤 4　拖动【颜色容差】滑块可以调整选区的大小。向左拖动减小选区，向右拖动则扩大选区（这样可以把颜色相近的区域也选进来）。

步骤 5　选择"添加到取样"工具 ✐，在图像中未被选中的红色区域单击，可以把这部分区域添加到选区。同样，使用"从取样中减去"工具 ✐，可以把不需要替换的区域从选区中减去。

步骤 6　单击【确定】按钮，关闭对话框。颜色替换效果如图 4-52 所示。红色水果变成了青色。

图 4-51　编辑颜色替换区域　　　　　图 4-52　颜色替换后的图像

图 4-53　图像最终调色效果

步骤 7　使用历史记录画笔工具，适当设置参数，并根据需要不断改变画笔的大小（在西文输入法状态下，按"［"键减小画笔大小，按"］"键增大画笔大小），在水果框及背景区域涂抹，恢复为最初的颜色。图像最终调色效果如图 4-53 所示。

4.5.7　阴影/高光

"阴影/高光"命令的主要作用是调整图像的阴影和高

光区域，但它不是使整幅图像都变亮或变暗，而是对图像中曝光不足和曝光过度的局部区域进行增亮或变暗处理，从而保持图像亮度的整体平衡。该命令最适合调整强光或背光条件下拍摄的图像。以下举例说明使用方法。

步骤 1　打开"实例 04\夕阳.jpg"，如图 4-54 所示。选择菜单【图像】|【调整】|【阴影/高光】，打开【阴影/高光】对话框，如图 4-55 所示。

图 4-54　素材图像

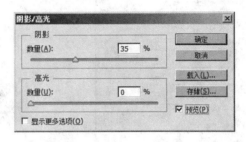
图 4-55　【阴影/高光】对话框

其中参数的作用如下。

↳【数量】：拖动【阴影】或【高光】栏的【数量】滑块，或直接在文本框内输入数值，可改变光线的校正量。数值越大，阴影越亮而高光越暗；反之，阴影越暗而高光越亮。

步骤 2　选择【显示更多选项】，展开对话框，显示更多的参数，以便进行更细致的调整，如图 4-56 所示。

其余主要参数的作用如下。

↳【色调宽度】：控制阴影或高光区域的色调调整范围。数值越小，能够调整的范围越小。对于【阴影】栏的【色调宽度】，其数值越小，调整将限定在越暗的区域。对于【高光】栏的【色调宽度】，其数值越小，调整将限定在越亮的区域。

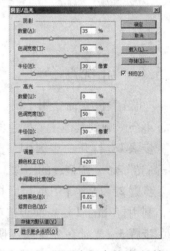
图 4-56　展开全部参数的对话框

↳【半径】：控制阴影或高光区域的物理调整范围。实际上用来确定某一像素属于阴影区域还是高光区域。数值越大，将会在较大的区域内调整；反之，将会在较小的区域内调整。若数值足够大，所做的调整将用于整个图像。

↳【颜色校正】：微调彩色图像中被改变区域的颜色。例如，向右拖动【阴影】栏的【数量】滑块时，将在原图像比较暗的区域中显示出颜色；此时，调整【颜色校正】的值，可以改变这些颜色的饱和度。一般而言，增大【颜色校正】的值，可以产生更饱和的色彩；降低【颜色校正】的值，将产生更低饱和度的色彩。

↳【中间调对比度】：调整中间调区域的对比度。向左拖动滑块，降低对比度；向右拖动滑块，增加对比度。也可以在右端的框内输入数值，负值用于降低原图像中间调区域的对比度，正值将增加原图像中间调区域的对比度。

↳【修剪黑色】与【修剪白色】：确定有多少阴影和高光区域会被转换到图像中新的极端阴影（黑色）和极端高光（白色）区域中去。数值越大，图像的对比度越高。若剪辑值过大，将导致阴影和高光区域细节的明显丢失。

步骤3   本例的参数设置如图 4-57 所示。单击【确定】按钮，关闭对话框。图像调整效果如图 4-58 所示。

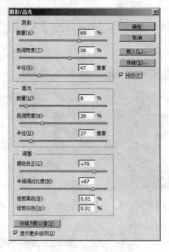

图 4-57   本例参数设置   图 4-58   图像调整效果

4.5.8   可选颜色

"可选颜色"命令用于调整图像中各主要颜色的印刷色的含量。它在改变某种主要颜色时，不会影响到其他主要颜色的表现。用法如下。

步骤1   打开"实例 04 \ 夕阳（阴影-高光）.JPG"，如图 4-58 所示。这是经过"阴影-高光"命令调整过的图像，效果还不太理想。

步骤2   显示【信息】面板，如图 4-59 所示（从其面板菜单中选择【面板选项】命令，利用打开的【信息面板选项】对话框可以设置【信息】面板的信息显示内容）。

步骤3   光标在"夕阳（阴影-高光）.JPG"图像中移动，从【信息】面板可以检测到画面上每一点的 CMYK 含量。结果发现岸边的树木及其倒影区域的黄色（Y）含量最高。

步骤4   选择菜单命令【图像】|【调整】|【可选颜色】，打开【可选颜色】对话框，如图 4-60 所示。

图 4-59   信息面板   图 4-60 【可选颜色】对话框

步骤 5　从【颜色】下拉列表中选择要调整的颜色（选项包括红色、黄色、绿色、青色、蓝色、洋红、白色、中性色和黑色等）。这里选择【黄色】，如图 4-61 所示。

步骤 6　通过拖动各个滑块，修改所选颜色中四色油墨的含量。这里增加青色和黄色油墨的含量，减少洋红油墨的含量，如图 4-61 所示。

步骤 7　单击【确定】按钮，关闭对话框。图像调整效果如图 4-62 所示。岸边的树木绿意更浓。

图 4-61　设置对话框参数　　　　　　　　图 4-62　图像调整结果

提示：在【可选颜色】对话框的底部，有两种油墨含量的增减方法。

▷【相对】：按照总量的百分比增减所选颜色中青色、洋红、黄色或黑色的含量。

▷【绝对】：按绝对数值增减所选颜色中青色、洋红、黄色或黑色的含量。

4.5.9　照片滤镜

将带颜色的滤镜放置在照相机的镜头前，能够调整穿过镜头使胶卷曝光的光线的色温与颜色平衡。"照片滤镜" 就是 Photoshop 对这一技术的模拟。其用法如下。

步骤 1　打开素材图像 "实例04 \ 人物素材02. jpg"。选择菜单命令【图像】|【调整】|【照片滤镜】，打开【照片滤镜】对话框，如图 4-63 所示。各项参数作用如下。

▷【滤镜】：从下拉列表中可以选择预置的颜色滤镜。

▷【颜色】：单击右侧颜色块，打开拾色器，自定义照片滤镜的颜色。

▷【浓度】：左右拖移滑块，可以控制照片滤镜应用于图像的颜色数量。

▷【保留明度】：勾选该项，可以使图像在调整后保持亮度不变。

步骤 2　本例中对话框参数设置如图 4-64 所示。其中照片滤镜的颜色为纯黄色（# ffff00），图像效果如图 4-65 所示。

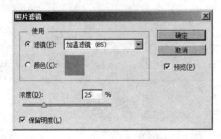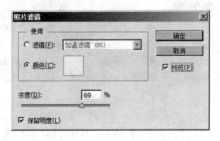

图 4-63　【照片滤镜】对话框　　　　　　图 4-64　本例参数设置

图 4-65　图像调整效果

4.5.10　去色

"去色"命令可以将彩色图像中每个像素的饱和度值设置为 0，只保持亮度值不变；这可以在不改变颜色模式的情况下把彩色图像转变成灰度图像效果。

4.5.11　黑白

"黑白"命令可以在不改变颜色模式的情况下将彩色图像转换为灰度图像或色调图像的效果，并且在转换过程中可以控制各主要颜色在转换后的明暗度。举例如下。

步骤 1　打开素材图像"实例 04 \ 聆听 . jpg"，如图 4-66 所示。

步骤 2　选择菜单命令【图像】|【调整】|【黑白】，打开【黑白】对话框，如图 4-67 所示。各项参数作用如下。

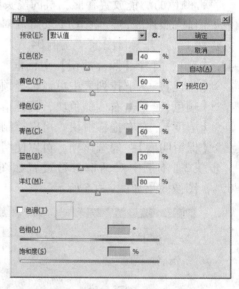

图 4-66　素材图像　　　　　　　图 4-67　【黑白】对话框

↘【预设】：从该下拉列表中可以选择预置的"黑白"调色方案。

↘ 各主要颜色滑块：左右拖动各滑块，分别可以调整原图像中红色、黄色、绿色、青色、蓝色和洋红等 6 种主要颜色在转换后的灰度值。向右拖动滑块，对应颜色区域的亮度提高，向左拖动滑块，对应颜色区域的亮度降低。

↺【色调】：勾选该项，可以在灰度图像上叠加颜色，形成色调图像。通过拖动【色相】和【饱和度】滑块或单击【色调】右侧的颜色块，可自定义叠加颜色。

步骤 3　本例中对话框参数设置如图 4-68 所示。图像效果如图 4-69 所示。

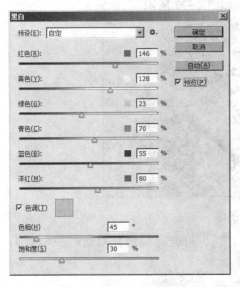

图 4-68　本例参数设置

图 4-69　色调图像效果

4.5.12　反相

"反相" 命令可以反转图像中每个像素点的颜色，获得负片效果。该命令对图像的调整是可逆的。举例如下。

步骤 1　打开素材图像 "实例 04 \ 树 . jpg"，如图 4-70 所示。

步骤 2　选择菜单命令【图像】|【调整】|【反相】（该命令不打开对话框）。图像调整结果如图 4-71 所示。

图 4-70　素材图像

图 4-71　反相效果

4.5.13　阈值

"阈值"命令可将灰度或彩色图像转换为高对比度的黑白图像，是制作黑白插画的有效方法。其实质是：以某个色阶为参照（阈值），图像中所有比该色阶亮的像素转换为白色；而所有比该色阶暗的像素转换为黑色。举例如下。

步骤 1　打开素材图像"实例 04\插画 . jpg"，如图 4-72 所示。

图 4-72　素材图像

步骤 2　选择菜单命令【图像】|【调整】|【阈值】，打开【阈值】对话框，如图 4-73所示。对话框中显示出当前图像亮度等级的直方图。

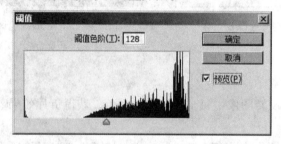

图 4-73　【阈值】对话框

步骤 3　拖动直方图下面的三角滑块或直接在【阈值色阶】文本框中输入数值，将参数设置为 177 左右。

步骤 4　单击【确定】按钮，关闭对话框。图像效果如图 4-74 所示。

图 4-74　图像调整效果

4.6　使用调整层进行色彩调整

由 4.5 节的讲解不难看出，通过【图像】|【调整】菜单下的命令直接对图像进行色彩调整，会破坏图像所在图层的原始数据。而且，在对同一图像连续使用多个调色命令后，要想修改前面的色彩调整参数，不撤销后续操作重做是不可能的。

调整层是一种特殊的图层。对于绝大多数色彩调整命令来说，可以使用调整层达到同样的色彩调整效果，而且不会破坏被调整图层的原始数据。通过调整层进行色彩调整的方法如下。

步骤 1　选择要进行色彩调整的图层。

步骤 2　在【图层】面板上单击"创建新的填充或调整图层"按钮 ⬤，从弹出菜单中选择色彩调整命令（或者直接选择【图层】|【新建调整图层】菜单下的命令），可在当前图层的上面创建相应的调整层，同时系统自动显示【属性】面板。

步骤 3　通过【属性】面板修改色彩调整参数。

调整层记录着色彩调整的所有参数，只要双击调整层的图层缩览图，可随时打开对应的【属性】面板，对色彩调整参数进行修改。通过删除调整层还可以将图像恢复为原来的状态。所以说通过调整层对图像进行色彩调整是 Photoshop 非破坏性编辑的重要手段。

关于调整层更详细的介绍可参考第 6 章相关内容。

4.7　综合实例

4.7.1　色彩调整

对素材图像"实例 04 \ 落日 2. jpg"（如图 4-75 所示）进行色彩调整，处理成如图 4-76 所示的效果（可参考"实例 04\落日（色彩调整 2）. jpg"）。

图 4-75　素材图像

图 4-76　最终效果

主要技术看点："反相"命令，"色阶"命令或"曲线"命令，调整层。

步骤 1　打开素材图像"实例 04\落日 2. JPG"。

步骤 2　选择菜单命令【图层】|【新建调整图层】|【反相】，打开【新建图层】对话

框。采用默认参数，单击【确定】按钮，结果在背景层上面产生"反相 1"调整层，此时图像变成如图 4-77 所示的效果。

　　步骤 3　使用"椭圆选框工具"选择图像中的圆形区域，如图 4-78 所示。

　　　　　　图 4-77　反相效果　　　　　　　　　　　　　图 4-78　创建选区

　　步骤 4　仿照步骤 2，通过选择菜单命令【图层】|【新建调整图层】|【色阶】，在"反相 1"调整层上面添加"色阶 1"调整层。以下步骤 5 和步骤 6 通过【属性】面板设置色阶参数。

　　步骤 5　首先选择"红"色通道，将输出色阶的黑色滑块向右拖移一定距离（相当于提高红色通道中灰度图像的亮度）。这样可在选区内增加较多的红色成分，如图 4-79 所示（选区内图像的黑色部分变成红色）。

图 4-79　调整红色通道

　　步骤 6　再选择"绿"色通道，设置输入色阶与输出色阶的参数如图 4-80 所示（相当于提高绿色通道中灰度图像的亮度）。这样可在选区内增加较多的绿色成分。此时选区内图像的红色部分混入绿色后，变成黄色。如图 4-81 所示。

　　步骤 7　关闭【属性】面板，保存图像。

图 4-80　调整绿色通道　　　　　　　图 4-81　绿色通道修改后的图像效果

4.7.2　实例——在那遥远的地方

利用"实例 04"文件夹下的素材图像"萨耶卓玛 . jpg""歌词 . jpg"和"乔羽题字 . jpg"合成如图 4-82 所示的效果（可参考"实例 04\在那遥远的地方 . jpg"）。

主要技术看点："反相"命令、"色阶"命令，"自由变换"命令，调整层，图层混合模式等。

步骤 1　打开素材图像"实例 04\ 萨耶卓玛 . jpg"。在【图层】面板底部单击"创建新的填充或调整图层"按钮◉，从弹出菜单中选择【色阶】命令，这样就在背景层上面添加了"色阶 1"调整层。通过【属性】面板设置"色阶"参数如图 4-83 所示，此时图像效果如图 4-84 所示。

图 4-82　图像合成效果　　　　图 4-83　设置"色阶"参数　　　图 4-84　"色阶"调整效果

步骤 2　选择图中的雕像（可使用快速选择工具创建选区，使用套索工具修补选区），选择菜单命令【选择】|【反向】将选区反转。如图 4-85 所示。

步骤 3　在【图层】面板上单击"创建新的填充或调整图层"按钮◉，从弹出菜单中选择【可选颜色】命令，在"色阶 1"调整层上面添加"选取颜色 1"调整层。以下步骤 4~

步骤 6 通过【属性】面板设置"可选颜色"参数。

　　步骤 4　首先在【颜色】下拉列表中选择"黄色"选项，通过拖移滑块降低其中青色和洋红的含量。如图 4-86 所示。这样图中的草原变得更绿了，如图 4-87 所示。

图 4-85　选择雕像背景　　　　图 4-86　调整图中黄色区域　　　图 4-87　草原变得更绿

　　步骤 5　再在【颜色】下拉列表中选择"蓝色"选项，通过拖移滑块提高其中青色和洋红的含量，同时降低黄色的含量。如图 4-88 所示，这样图中的天空变得更蓝了。

　　步骤 6　最后在【颜色】下拉列表中选择"中性色"选项，通过拖移滑块降低其中黄色的含量，同时提高黑色的含量，如图 4-89 所示。这样可增加图中白云的彩度，如图 4-90 所示。关闭【属性】面板。

图 4-88　调整图中蓝色区域　　图 4-89　调整图中中性色区域　　　图 4-90　增加蓝天白云的彩度

步骤 7 打开素材图像"实例 04\歌词 . jpg",按 Ctrl+A 键全选图像,按 Ctrl+C 键复制图像。切换到图像"萨耶卓玛 . jpg",按 Ctrl+V 键粘贴图像,这样在原来所有图层的上面得到图层 1。通过选择菜单命令【图层】|【智能对象】|【转换为智能对象】将图层 1 转换为智能图层。

步骤 8 按 Ctrl+T 键对图层 1 进行缩放、旋转和移动操作,如图 4-91 所示。

步骤 9 在图层 1 上面添加"反相 1"调整层。此时可以看到,不仅图层 1 反相了,未遮盖的背景层部分也被反相了。由此可见,调整层对其下面所有可见层都是有效的。

步骤 10 确保选中了"反相 1"调整层,按 Ctrl+Alt+G 键创建剪贴蒙版,这样可使"反相 1"调整层仅作用于图层 1(此时的【图层】面板如图 4-92 所示)。关于剪贴蒙版的作用和基本操作可参考第 6 章相关内容。

图 4-91 变换智能图层 1   图 4-92 创建剪贴蒙版

步骤 11 将图层 1 的图层混合模式设置为"滤色",不透明度设置为 60% 左右。此时的图像效果如图 4-93 所示。

步骤 12 打开素材图像"实例 04\乔羽题字 . jpg"。按 Ctrl+A 键全选图像,按 Ctrl+C 键复制图像。切换到图像"萨耶卓玛 . jpg",选择"反相 1"调整层,按 Ctrl+V 键粘贴图像,这样在原来所有图层的上面得到图层 2。

步骤 13 选择菜单命令【图像】|【调整】|【反相】将图层 2 颜色反转,然后将图层 2 转换为智能图层。

步骤 14 将图层 2 的图层混合模式设置为"滤色"。使用【自由变换】命令对图层 2 进行缩放、旋转和移动操作,如图 4-94 所示。

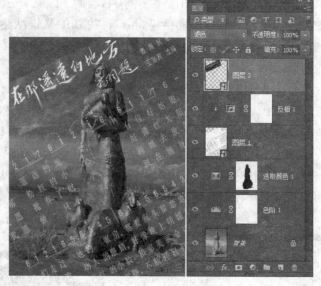

图 4-93　修改图层 1 的
混合模式和不透明度

图 4-94　非破坏性编辑图层 2

步骤 15　在图层 2 上面添加"色阶 2"调整层。选中了"色阶 2"调整层，按 Ctrl+Alt+
G 键创建剪贴蒙版，使"色阶 2"调整层仅作用于图层 2。在【属性】面板设置色阶调整参
数如图 4-95 所示，这样就彻底隐藏了图层 2 中文字周围的背景色。效果如图 4-96 所示。

步骤 16　将图层 2 不透明度设置为 60%左右。最终的【图层】面板如图 4-97 所示。

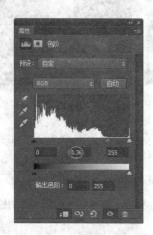

图 4-95　设置"色阶"参数

图 4-96　"色阶"调整效果

图 4-97　最终图层组成

4.8　小结

本章主要介绍了以下内容。

（1）色彩的基本知识。介绍了三原色、颜色的三要素、颜色的对比度和色调等色彩基

本概念。

（2）颜色模式及其相互转换。颜色模式是 Photoshop 用于组织图像颜色信息的方式。要求了解各种颜色模式的不同用途，并掌握其相互转换的方法。透明背景图像的输出是颜色模式转换的一个实际应用。

（3）色彩调整。这是本章重点。讲述了"色阶""曲线""色相/饱和度""可选颜色""黑白"等多种颜色调整方法。应在实践的基础上尽量多掌握一些颜色调整的方法，多多益善。通过调整层对图像进行色彩调整是 Photoshop 非破坏性编辑的重要手段。

超出本章理论范围的知识点有：剪贴蒙版（可参考第 6 章相关内容）。

4.9　习题

一、选择题

1. 关于图像的色彩模式，不正确的说法是_____。
   A. RGB 模式是大多数显示器所采用的颜色模式
   B. CMYK 模式由青色（C）、洋红（M）、黄色（Y）和黑色（K）组成，主要用于彩色印刷领域
   C. 位图模式的图像由黑、白两色组成，而灰度模式则由 256 级灰度颜色组成
   D. HSB 模式是 Photoshop 的标准颜色模式，也是 RGB 模式向 CMYK 模式转换的中间模式

2. 以下说法不正确的是_____。
   A. 当把图像转换为另一种颜色模式时，图像中的颜色值将被永久性地更改
   B. 尽可能在图像的原颜色模式下把图像编辑处理好，最后再进行模式转换
   C. 在转换模式之前请务必保存包含所有图层的原图像的副本，以便在日后必要时还能够打开图像的原版本进行编辑
   D. 当颜色模式更改后，图层混合模式之间的颜色相互作用并未被更改。因此，在转换之前没有必要拼合图像的所有图层

3. 以下说法正确的是_____。
   A. "色阶"命令主要从暗调、中间调和高光三个方面校正图像的色调范围和色彩平衡
   B. 使用"色阶"命令调整图像不如使用"曲线"命令那样精确，很难产生较好的视觉效果
   C. 使用"曲线"命令可以调整图像中 0~255 色调范围内任何一点的颜色。因此在色调曲线上能够添加任意多个控制点
   D. 使用"亮度/对比度"命令可以对图像的不同色调范围分别进行快速而简单的调整

4. 以下说法正确的是_____。
   A. 执行"去色"命令之后，彩色图像中每个像素的饱和度值被设置为 0，只保持亮度值不变；此时彩色图像将转变成灰度模式的图像
   B. "反相"命令可反转图像中每个像素点的颜色，该命令对图像的调整是不可逆的

C. "替换颜色"命令可以根据指定的颜色在图像的相关区域创建一个临时性的蒙版，然后通过调整色相、饱和度和亮度把蒙版区域的颜色替换掉

D. "阴影/高光"命令主要用于调整图像的明暗度，使整幅图像都变亮或变暗

5. 下面对调整层的说法错误的是_____。

A. 使用调整层可以达到同样的色彩调整效果，但不会破坏被调整图层的原始数据

B. 通过调整层对图像进行色彩调整，是 Photoshop 非破坏性编辑的重要手段

C. 可以为调整层创建剪贴蒙版，以控制其作用范围和作用强度

D. 【图像】|【调整】菜单下的每一条色彩调整命令，都有对应的调整层

6. 以下颜色调整命令中，_____可将灰度或彩色图像转换成高对比度的黑白图像，是制作黑白插画的有效方法。

　　A. 阈值　　　　　　　B. 反相　　　　　　　C. 黑白　　　　　　　D. 去色

7. 在 Photoshop 拾色器（ColorPicker）中，对颜色的描述有多种方式，以下正确的是_____。

　　A. HSB，RGB，Grayscale，CMYK　　　　B. HSB，IndexedColor，Lab，CMYK

　　C. HSB，RGB，Lab，CMYK　　　　　　　D. HSB，RGB，Lab，ColorTable

8. 在 Photoshop 的多种颜色模式中，印刷模式指的是_____。

　　A. RGB　　　　　　　B. Lab　　　　　　　C. HSB　　　　　　　D. CMYK

9. 在 RGB 颜色模式的彩色图像上执行【图像】|【调整】|【去色】命令后，可以在不改变图像颜色模式的情况下得到与_____模式的图像相似的效果。

　　A. 多通道　　　　　　B. 灰度　　　　　　　C. 双色调　　　　　　D. 位图

10. _____颜色模式是图像在不同颜色模式之间转换时使用的中间模式。

　　A. Lab　　　　　　　B. RGB　　　　　　　C. HSB　　　　　　　D. CMYK

11. 在输出透明背景的 GIF 图像时，对【存储为 Web 所用格式】对话框中的参数描述，不正确的是_____。

A. 【仿色算法】：用于选择仿色算法，以模拟颜色表中没有的颜色

B. 【透明度】：勾选该项，将保留图像中的透明区域；否则，使用杂边颜色或白色（无杂边时）填充透明区域

C. 【杂边】：在与透明区域相邻的像素周围生成一圈用于消除锯齿边缘的颜色

D. 【交错】：勾选该项，在浏览器中查看图像时，采用交错技术。这样会降低文件的存储空间

二、填空题

1. 自然界中的颜色可分为_____和_____两大类。

2. 光的三原色是_____、_____、_____；颜料的三原色是_____、_____、_____。

3. 颜色的三要素是指_____、_____和_____。

4. 颜色的对比是指从两种或两种以上的色彩中比较出明显的差别来。这种差别主要表现在_____差别、_____差别、_____差别、_____差别和_____差别等方面。差别的程度用对比度来表示。

5. 在将彩色图像（如 RGB 模式、CMYK 模式、Lab 模式的图像等）转换为位图图像或

双色调图像时，必须先转换为_____图像，然后才能做进一步的转换。

6. 在 Photoshop CC 中，支持透明色的文件格式有两种，分别是 _____ 格式和 _____ 格式；其中_____格式仅支持 256 色，_____ 格式支持真彩色。

7. 当灰度图像或双色调图像转换为位图图像时，Photoshop 提供了 "_____" "图案仿色" "扩散仿色" "半调网屏" "自定图案" 等 5 种转化算法。

三、操作题

1. 利用色彩调整命令将素材图像 "练习\第 4 章\老树 . jpg" （如图 4-98 所示）调整为如图 4-99 所示的黑白画效果。

图 4-98　素材图像　　　　　　　　图 4-99　黑白插画

2. 利用色彩调整命令将素材图像 "练习\第 4 章\硬笔书法（原稿）. jpg" （如图 4-100 所示）调整为如图 4-101 所示的效果。

图 4-100　素材图像　　　　　　　　图 4-101　调整后效果

操作提示：可使用反相、阈值等色彩调整命令进行调整。

3. 调整素材图像"练习\第 4 章\小树林 . jpg"（如图 4-102 所示）的颜色，使画面更明亮、更清晰，彩度更高，如图 4-103 所示。

操作提示：可综合使用色阶、曲线、色相/饱和度、可选颜色等进行调整。调整后的效果可参考"练习\第 4 章\小树林（调色）. jpg"。

图 4-102   素材图像   图 4-103   调整后效果（参考）

4. 对素材图像"练习\第 4 章\落日 . jpg"（如图 4-104 所示）进行色彩调整，处理成如图 4-105 所示的月夜美景（请参考"练习\第 4 章\落日（色彩调整 1）. jpg"）。

图 4-104   素材图像   图 4-105   月夜效果

操作提示：

（1）首先使用"黑白"命令将素材图像调整成暗蓝色调（在灰度图像上叠加暗蓝色，并适当提高"红"色和"黄"色对应区域的亮度）。参数设置如图 4-106 所示（其中色调颜色值为#3399ff）。

（2）使用"椭圆选框工具"选择图中的圆形区域。使用"曲线"命令调整选区内图像。参数设置如图 4-107 所示（选"蓝"色通道，将色调曲线右端点下移。这样可减少适量的蓝色成分，得到淡黄色月亮）。

（3）再次选择图中的圆形区域。使用"可选颜色"命令调整选区内的青色。参数设置如图 4-108 所示，这样可使月亮中的树枝剪影变得清楚一些。

　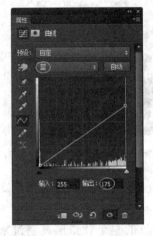　

图 4-106　设置"黑白"参数　　　图 4-107　设置"曲线"参数　　　图 4-108　设置"可选颜色"参数

5. 利用"练习\第 4 章"文件夹下的素材图像"江山如画 . jpg""书法 . jpg"和"印章 . jpg"合成如图 4-109 所示的效果（可参考"练习\第 4 章\江山如此多娇 . jpg"）。

图 4-109　图像合成效果

操作提示：

（1）打开素材图像"江山如画 . jpg"，使用快速选择工具（采用默认设置）选取近山，如图 4-110 所示。

（2）添加"选取颜色 1"调整层。在【属性】面板上设置"可选颜色"参数，如图 4-111所示。

图 4-110　选取近山　　　　　　　　　图 4-111　设置可选颜色参数

（3）在"选取颜色 1"调整层上面添加"选取颜色 2"调整层。参数设置如图 4-112 所示。

（4）将素材图像"书法.jpg"的整个背景层复制过来，结果在"选取颜色 2"调整层的上面产生图层 1。将图层 1 转换为智能图层，设置其图层混合模式为"变亮"。缩小图层 1 放置在如图 4-114 所示的位置。

（5）复制图层 1，结果在图层 1 的上面得到图层 1 拷贝。将图层 1 拷贝的图层混合模式为"变暗"。

（6）在图层 1 拷贝上面添加"反相 1"调整层，并创建剪贴蒙版。

（7）在"反相 1"调整层的上面添加"色阶 1"调整层，并创建剪贴蒙版。设置色阶参数如图 4-113 所示。

（8）将图层 1 拷贝层适当向左向上移动，以便与图层 1 上的白色文字错开位置，如图 4-114 所示。

图 4-112　再次调整青色　　　图 4-113　设置色阶参数　　　图 4-114　白边文字效果

（9）选择"色阶 1"调整层，将素材图像"印章.jpg"的整个背景层复制过来，结果在"色阶 1"调整层的上面产生图层 2。将图层 2 转换为智能图层，设置其图层混合模式为"正片叠底"。缩小图层 2 放置在如图 4-115 所示的位置。

图 4-115　图像最终效果及图层组成

第5章 滤 镜

滤镜是 Photoshop 的一种特效工具，种类繁多，功能强大。滤镜操作方便，却可以使图像瞬间产生各种令人惊叹的特殊效果。其工作原理是：以特定的方式使像素产生位移，数量发生变化，或改变颜色值等，从而使图像出现各种各样的神奇效果。

滤镜的一般操作过程如下。

（1）选择要应用滤镜的图层、蒙版或通道。局部使用滤镜时，需要创建选区。

（2）选择【滤镜】菜单下的有关滤镜命令。

（3）若弹出【滤镜】对话框，则需设置参数。单击【确定】按钮，将滤镜应用于图像。

（4）按 Ctrl+F 键，可重复使用上次滤镜（抽出、液化、消失点等除外）。

（5）选择【编辑】|【渐隐××】命令（××指的是刚刚执行过的滤镜名称），打开【渐隐】对话框，如图 5-1 所示。利用此对话框可以减弱滤镜效果，并设置滤镜效果与目标图像的混合模式。

举例说明如下。

步骤 1　打开素材图像"实例 05\水仙 01. psd"，选择背景层，如图 5-2 所示。

图 5-1　【渐隐】对话框　　　　　　　　　图 5-2　选择目标图像

步骤 2　选择菜单命令【滤镜】|【渲染】|【镜头光晕】，打开【镜头光晕】对话框，参数设置如图 5-3（a）所示（在对话框的图像预览区的任意位置单击，可确定镜头光晕的位置）。

步骤 3　单击【确定】按钮，关闭滤镜对话框。滤镜效果如图 5-3（b）所示。

步骤 4　按 Ctrl+F 键，或选择【滤镜】菜单顶部的命令，重复使用上一次的滤镜。滤镜效果得到加强，如图 5-4（a）所示。

步骤 5　选择【编辑】|【渐隐镜头光晕】命令，打开【渐隐】对话框。设置【不透明度】参数的值为 50%，以减弱光晕强度。设置【模式】参数为"叠加"，以改变光晕与图像的混合效果。单击【确定】按钮，此时的滤镜效果如图 5-4（b）所示。

（a）　　　　　　　　　　　　　　（b）

图 5-3　滤镜参数设置及滤镜效果

（a）　　　　　　　　　　　　　　（b）

图 5-4　进一步控制滤镜效果

5.1　Photoshop CC 常规滤镜

Photoshop CC 提供了风格化、模糊、扭曲、渲染、杂色、纹理、锐化、画笔描边、素描、艺术效果、像素化、视频和其他等多组常规滤镜。每个滤镜组都包含若干滤镜，共一百多个。

5.1.1　风格化滤镜组

风格化滤镜组通过置换像素、查找边缘、增加图像对比度等手段，创建印象派或其他画派风格的绘画效果。下面以"实例 05\水仙 02.jpg"为素材图像（如图 5-5 所示），介绍其中主要滤镜的用法。

1. 风

通过移动像素使图像在水平方向产生参差不齐的细小水平线，形成不同类型的风的效果。参数设置及滤镜效果如图 5-6 所示。

在【风】对话框中，当图像预览窗中不能显示全部图像内容时，在预览窗口中拖动光标（指针呈 🖐 状），可将隐藏的图像拖移出来。单击图像预览窗下面的 ➖ 或 ➕ 按钮，可放大或缩小预览图像。其他参数作用如下。

【方法】：用于选择风的类型，包括风、大风和飓风三种，强度依次增大。

【方向】：用于选择风向，包括从右（向左）和从左（向右）两种方向。

图 5-5   素材图像   图 5-6   风滤镜的参数设置及效果

2. 扩散

用于搅乱图像中的像素，产生在湿的画纸上绘画所形成的油墨扩散效果。参数设置及滤镜效果如图 5-7 所示。

图 5-7   扩散滤镜的参数设置及效果

【正常】：使图像中所有的像素都随机移动，形成扩散效果。

【变暗优先】：用较暗的像素替换较亮的像素。

【变亮优先】：用较亮的像素替换较暗的像素。

【各向异性】：图像中亮度不同的像素在各个方向上相互渗透，形成模糊效果。

3. 浮雕效果

用于将图像的填充色转换为灰色，并使用原填充色描绘图像中的边缘像素，产生在石板上雕刻的效果。参数设置及滤镜效果如图 5-8 所示。

【角度】：控制画面的受光方向。取值范围为-360°~360°。

【高度】：控制浮雕效果的凸凹程度，取值范围为 1~100。

【数量】：控制滤镜的作用范围及浮雕效果的颜色值变化。取值范围为 1%~500%。

除了风、扩散和浮雕效果滤镜外，风格化滤镜组还包括查找边缘、等高线、拼贴、曝光过度、凸出和照亮边缘等滤镜，其中照亮边缘滤镜是通过一个称为滤镜库的滤镜插件调用的。

图 5-8　浮雕效果滤镜的参数设置及效果

5.1.2　模糊滤镜组

模糊滤镜组通过降低对比度产生模糊效果，消除或减弱杂色，使图像显得比较柔和。

1. 动感模糊

按特定的方向和强度对图像进行模糊，产生类似于运动对象的残影效果。多用于为静态物体营造运动的速度感。

以素材图像"实例 05\白天鹅 . jpg"（如图 5-9 所示）为例，动感模糊滤镜的参数设置及滤镜效果如图 5-10 所示。

图 5-9　素材图像

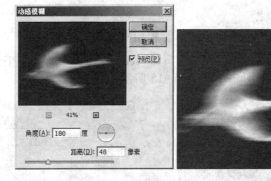

图 5-10　动感模糊滤镜的参数设置及效果

【角度】：设置动感模糊的方向，取值范围为-360°~360°。

【距离】：设置动感模糊的强度，取值范围为 1~999。数值越大越模糊。

2. 高斯模糊

通过设置半径参数，控制图像的模糊程度。模糊"半径"的取值范围为 0.1~250，数值越大，图像越模糊。

打开素材图像"实例 05\别墅 . psd"，选择背景层，如图 5-11 所示。

图 5-11　素材图像

添加高斯模糊滤镜，其参数设置及滤镜效果如图 5-12 所示。画面中的房屋模糊了，好像离我们远了一些。

图 5-12　高斯模糊滤镜的参数设置及效果

3. 径向模糊

径向模糊滤镜模仿拍照时旋转相机或前后移动相机所产生的模糊效果。

以素材图像"实例 05\大丽菊 . jpg"（如图 5-13 所示）为例，径向模糊滤镜的参数设置及滤镜效果如图 5-14、图 5-15 所示。

图 5-13　素材图像

图 5-14　径向模糊滤镜用法一（缩放）

径向模糊对话框参数如下。

【数量】：用于设置模糊的程度，取值范围是 1~100。数值越大越模糊。

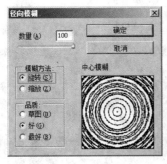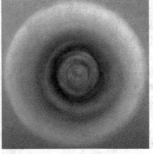

图 5-15　径向模糊滤镜用法二（旋转）

【模糊方法】：选择模糊类型，包括【旋转】和【缩放】两种。

【品质】：用于选择模糊效果的品质，包括【草图】、【好】和【最好】三种。

【中心模糊】：通过在模糊中心预览框内单击鼠标，改变模糊的中心位置。

除了动感模糊、高斯模糊和径向模糊滤镜外，模糊滤镜组还包括特殊模糊、镜头模糊、表面模糊、方框模糊、模糊、进一步模糊、平均和形状模糊等滤镜。

5.1.3　扭曲滤镜组

扭曲滤镜组通过对图像几何扭曲，创建各种变形效果。在该组滤镜中，玻璃、海洋波纹和扩散亮光滤镜是通过滤镜库插件来设置参数的。

1. 极坐标

极坐标滤镜通过在平面坐标系和极坐标系之间相互转换使图像产生变形。

打开素材图像"实例 05\礼物 . psd"，选择背景层，如图 5-16 所示。

图 5-16　素材图像

添加极坐标滤镜，其参数设置及滤镜效果如图 5-17 和图 5-18 所示。

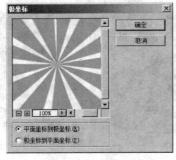

图 5-17　从平面坐标到极坐标

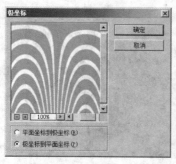

图 5-18　从极坐标到平面坐标

2. 水波

水波滤镜模仿水面上的环形水波效果，一般应用于图像局部。

打开素材图像"实例 05\水乡 . jpg"，创建如图 5-19 所示的矩形选区。设置水波滤镜的参数如图 5-20 所示，滤镜效果如图 5-21 所示（选区已取消）。

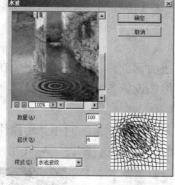

图 5-19　创建选区　　　　　图 5-20　参数设置　　　　　图 5-21　滤镜效果

水波滤镜的参数如下。

【数量】：设置波纹的数量。取值范围为-100～100。取负值时波纹的旋转方向相反。

【起伏】：设置水波的波长和振幅。

【样式】：选择水波的类型，包括围绕中心、从中心向外和水池波纹三种。

3. 波纹

波纹滤镜用于模仿水面上的波纹效果。以素材图像"实例 05\吊兰 . jpg"（如图 5-22 所示）为例，波纹滤镜的参数设置及滤镜效果如图 5-23 所示。

图 5-22　素材图像　　　　　图 5-23　波纹滤镜的参数设置及效果

【数量】：设置波纹的数量（–999～+999）。绝对值越大，波纹数量越多。

【大小】：选择波纹的大小类型，包括【小】、【中】和【大】三种。

4. 波浪

波浪滤镜用于模仿各种形式的波浪效果。仍以素材图像"实例05\吊兰.jpg"为例，波浪滤镜的参数设置及滤镜效果如图 5-24 所示。

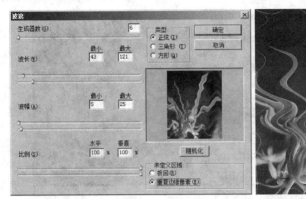

图 5-24 波浪滤镜的参数设置及效果

波浪滤镜的参数如下。

【类型】：用于选择波浪的形状，包括【正弦】、【三角形】和【方形】三种。

【生成器数】：设置波浪的数量。

【波长】：设置波长的最小值和最大值。

【波幅】：设置波浪振幅的最小值和最大值。

【比例】：设置图像在水平和竖直方向扭曲变形的缩放比例。

【随机化】：单击该按钮，将根据上述参数随机产生波浪效果。

【折回】：用图像的对边内容填充溢出图像的区域。

【未定义区域】：用扭曲边缘的像素填充溢出图像的区域。

5. 切变

切变滤镜使图像产生曲线效果的扭曲变形。以素材图像"实例05\建筑.jpg"（如图 5-25 所示）为例，切变滤镜的参数设置及滤镜效果如图 5-26 所示。

 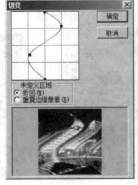 

图 5-25 素材图像   图 5-26 切变滤镜的参数设置及效果

在【切变】对话框的曲线方框内，直接拖动变形曲线；或先在曲线上单击增加节点，再拖动节点，都可以改变曲线的形状。【折回】与【重复边缘像素】参数的作用同波浪滤镜。

6. 球面化

球面化滤镜使图像产生类似球体或圆柱体的凸出或凹陷效果。仍以"实例 05\建筑.jpg"（如图 5-25 所示）为例，球面化滤镜的参数设置及滤镜效果如图 5-27 所示。

图 5-27　球面化滤镜的参数设置及效果

球面化滤镜的参数如下。

【数量】：控制球面变形的程度。取值范围为-100%~+100%。正值凸出，负值凹陷。绝对值越大，变形越明显。

【模式】：用于选择变形方式，包括【正常】、【水平优先】和【垂直优先】三种。

↺【正常】：从垂直和水平两个方向挤压对象，图像中央呈现球面隆起或凹陷效果。

↺【水平优先】：仅在水平方向挤压图像，图像呈现竖直圆柱形隆起或凹陷效果。

↺【垂直优先】：仅在垂直方向挤压图像，图像呈现水平圆柱形隆起或凹陷效果。

7. 置换

根据置换图上像素的明暗程度对所作用的目标图像实施变形。置换图上越暗的地方，使得目标图像上对应位置的像素向右下方的位移越大。置换图上越亮的地方，目标图像上对应位置的像素向左上方的位移越大。所谓"置换图"是指 ＊.psd 类型的图像文件。用法举例如下。

步骤 1　打开"实例 05\水果 01.jpg"，如图 5-28 所示。

步骤 2　选择菜单命令【滤镜】|【扭曲】|【置换】，打开【置换】对话框，设置参数如图 5-29 所示。

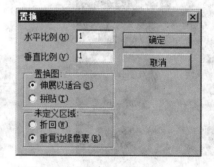

图 5-28　素材图像　　　　　　　　　　图 5-29　【置换】对话框

【置换】对话框中各参数如下。

【水平比例】：设置置换图在水平方向的缩放比例。

【垂直比例】：设置置换图在垂直方向的缩放比例。

【置换图】：当置换图与当前图像的大小不符时，选择置换图适合当前图像的方式。

↘【伸展以适合】：将置换图缩放以适合当前图像的大小。

↘【拼贴】：将置换图进行拼贴（置换图本身不缩放）以适合当前图像的大小。

【未定义区域】：选择图像中未变形区域的处理方法。包括【折回】和【重复边缘像素】两种，作用同波浪滤镜。

步骤 3　单击【确定】按钮，打开【选取一个置换图】对话框，选择"实例 05\黑白渐变 . PSD"（如图 5-30 所示）作为置换文件，单击【打开】按钮。

结果，水果图像被置换，如图 5-31 所示。

图 5-30　置换图　　　　　　　　　　图 5-31　置换结果

8. 玻璃

玻璃滤镜用于模仿透过不同类型的玻璃观看图像的效果。在 Photoshop CC 中，玻璃滤镜仅对 RGB 颜色、灰度和双色调模式的图像有效。

玻璃滤镜是通过滤镜库插件来调用的。选择菜单命令【滤镜】|【滤镜库】，打开【滤镜库】对话框，在滤镜列表区展开扭曲滤镜组，选择其中的玻璃滤镜，如图 5-32 所示。玻璃滤镜参数区的各参数如下。

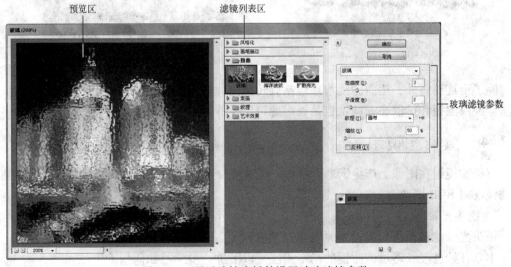

图 5-32　通过滤镜库插件设置玻璃滤镜参数

【扭曲度】：控制图像的变形程度。

【平滑度】：控制滤镜效果的平滑程度。

【纹理】：选择一种预设的纹理或载入自定义的纹理（＊.psd 类型的文件）。

【缩放】：控制纹理的缩放比例。

【反相】：使玻璃效果的凸部与凹部互换。

仍以"实例 05\建筑.jpg"（如图 5-25 所示）为例，预设纹理的玻璃滤镜效果如图 5-33、图 5-34、图 5-35 和图 5-36 所示。

   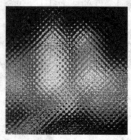

图 5-33　块状　　　　　图 5-34　画布　　　　　图 5-35　磨砂　　　　　图 5-36　小镜头

在【玻璃】滤镜对话框中，单击【纹理】下拉菜单右侧的按钮▼，从弹出的菜单中选择【载入纹理】命令，打开【载入纹理】对话框，选择素材图像"实例 05 \ 纹理.psd"（如图 5-37 所示），并适当设置其他参数（扭曲度 4，平滑度 2，缩放 100%，不反相），可得到如图 5-38 所示的效果。

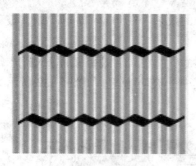 

图 5-37　纹理.psd　　　　　　　　　图 5-38　载入纹理的玻璃滤镜效果

除了上述滤镜外，扭曲滤镜组还包括旋转扭曲、海洋波纹、扩散亮光、挤压等滤镜。其中海洋波纹滤镜和扩散亮光滤镜也是通过滤镜库插件调用的。

5.1.4　渲染滤镜组

渲染滤镜组在图像上产生云彩、纤维、镜头光晕和光照等效果。其中镜头光晕和光照效果滤镜仅对 RGB 图像有效。

1.　镜头光晕

镜头光晕滤镜模仿相机拍摄时因亮光照射到镜头上而在相片中产生的折射效果。

本章开始已经领略过该滤镜的基本用法，以下进一步学习如何精确定位光晕。

步骤 1　打开素材图像"实例 05\小镇.jpg"，如图 5-39 所示。

步骤 2 显示【信息】面板，单击面板上的按钮╈，从弹出的下拉菜单中选择"像素"。这样可将光标坐标的标尺单位设置为"像素"，如图 5-40 所示。

步骤 3 光标移到素材图像上路灯最上面的灯泡中心位置。从【信息】面板上读取此时的光标位置坐标大致为（266，110），如图 5-40 所示。记下该数值。

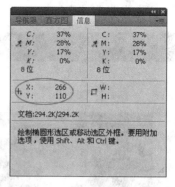

图 5-39 素材图像　　　　　　　　图 5-40 读取指定位置的坐标

步骤 4 选择菜单命令【滤镜】|【渲染】|【镜头光晕】，打开【镜头光晕】对话框，设置【亮度】和【镜头类型】参数如图 5-41 所示。

步骤 5 按 Alt 键在对话框的滤镜效果预览区单击，弹出【精确光晕中心】对话框，输入步骤 3 记下的坐标值（如图 5-42 所示）。单击【确定】按钮，返回【镜头光晕】对话框。

图 5-41 【镜头光晕】对话框　　　　图 5-42 输入光晕的精确坐标

步骤 6 单击【确定】按钮，关闭【镜头光晕】对话框。滤镜效果如图 5-43 所示。

步骤 7 用同样的方法为其他两只灯泡加上亮光，最终效果如图 5-44 所示。

图 5-43 添加滤镜后的图像　　　　图 5-44 图像最终效果

2. 光照效果

在 8 位 RGB 图像上模拟各种光照效果。以"实例 05\孔雀舞.jpg"为例，选择【滤镜】|【渲染】|【光照效果】命令，从选项栏、【属性】面板和【光源】面板可以对光照效果滤镜进行参数设置（如图 5-45 所示）。另外，通过在图像上拖动控制手柄还可以改变灯光的位置、方向和强度等属性。

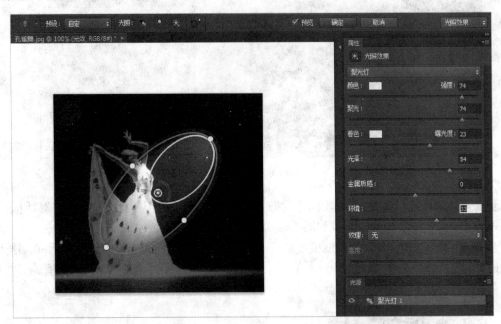

图 5-45 【光照效果】滤镜的参数设置及预览效果

选项栏主要参数如下。

【预设】：选择预设光照效果。可供选择的预设方案多达 17 种。

【光照】：单击 、 或 按钮可以向图像中添加聚光灯、点光或无限光（或称太阳光、全光源等）。

按钮：单击该按钮，可重置当前光源。

【属性】面板参数如下。

：用于选择不同的光照类型，包括"点光""聚光灯""无限光"3 种。

【颜色】：选择灯光颜色。

【强度】：调整光照强度，取值范围是-100~100。数值越大，光线越强。取负值时，光源不仅不发光，还吸收光。

【聚光】：控制主光区（内部小光圈，光线较强。大光圈表示衰减光区，光线较弱）的大小。数值越大，主光区面积越大。

【着色】：选择环境光的颜色。

【曝光度】：取值范围是-100~100。正值增强光照，负值减弱光照。

【光泽】：控制对象表面反射光的多少。数值越大，光照范围内的图像越明亮。

【金属质感】：确定光照和光照投射到的对象（即图像本身）哪个反射率更高。

【环境】：控制环境光的强弱，数值越大，环境光越强。环境光是照亮整个场景的常规光线，强度均匀，无方向感。

【纹理】：在指定的通道（颜色通道、Alpha 通道等）范围内产生立体浮雕效果。

【高度】：控制纹理的高度，数值越大，纹理越凸出。

在【光源】面板上选择一个光照，单击"删除"按钮，可将其删除（最后一个光照无法删除）。

设置好滤镜参数后，在选项栏右侧单击【确定】按钮，可将滤镜效果应用到图像上。

3. 云彩

从前景色和背景色之间随机获取像素的颜色值，生成柔和的云彩图案，将原图像取代。按 Alt 键选择云彩滤镜，可生成色彩分明的云彩图案。与其他滤镜不同的是，云彩滤镜可以作用在不包含任何像素的透明图层上。

4. 分层云彩

从前景色和背景色之间随机获取像素的颜色值，生成云彩图案，并将云彩图案和原图像混合。最终效果相当于将云彩滤镜产生的图案以差值混合模式叠加在原图像上。

5. 纤维

使用前景色和背景色创建编织纤维的外观效果，取代原图像。若选择合适的前景色和背景色，可制作木纹效果。【纤维】滤镜的参数设置及滤镜效果如图 5-46 所示。

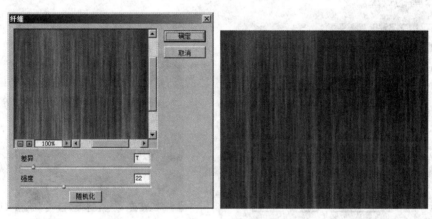

图 5-46 【纤维】滤镜的参数设置及效果

【差异】：控制纤维条纹的长短。值越小，对比度越小，条纹越长；值越大，对比度越大，条纹越短，且颜色分布变化越多。

【强度】：控制纤维的硬度。低强度产生展开的纤维；高强度产生拉紧的丝状纤维。

【随机化】：单击该按钮可随机更改纤维的外观；可多次单击直到获得满意的效果。

5.1.5 杂色滤镜组

杂色滤镜组可以在图像上添加杂色，创建颗粒状的纹理效果；还能够减弱或移除图像中的瑕疵，如杂点和划痕等。

1. 添加杂色

添加杂色滤镜将随机像素应用于图像，生成杂点效果，可以使模糊或经过明显修饰的图像看起来更真实。以下举例说明其用法。

步骤 1　打开素材图像"实例 05\兰花 . jpg"，如图 5-47 所示。

步骤 2　新建图层 1，填充黑色，如图 5-48 所示。

图 5-47　素材图像　　　　　　　　　　图 5-48　新建图层

步骤 3　在图层 1 上应用"添加杂色"滤镜，参数设置如图 5-49 所示。

步骤 4　将图层 1 的图层混合模式设置为颜色减淡。结果图像效果如图 5-50 所示，形成了类似下雪的效果。

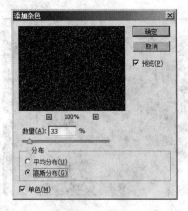

图 5-49　【添加杂色】对话框　　　　　　图 5-50　图像处理结果

【添加杂色】对话框的参数如下。

【数量】：控制杂点数量。数值越大，杂点越多。

【平均分布】：使用随机数值分布杂色的颜色值以获得细微效果。

【高斯分布】：沿高斯曲线分布杂色的颜色值以获得斑点状的效果。

【单色】：勾选该复选框，可生成单色杂点；否则，生成彩色杂点。

2. 蒙尘与划痕

与添加杂色滤镜相反，蒙尘与划痕滤镜通过更改相异的像素减少图像中的杂色。以下举例说明其用法。

步骤 1　打开素材图像"实例 05 \ 人物素材 03. jpg"，添加蒙尘与划痕滤镜，参数设置如图 5-51 所示。此时整个图像都受到滤镜效果的影响，如图 5-52 所示。

图 5-51　设置滤镜参数

图 5-52　滤镜效果

图 5-53　肌肤美容效果

步骤 2　使用历史记录画笔工具将人物的眉毛、眼睛、鼻子下边缘、嘴、头发等区域恢复到图像打开时的状态，结果如图 5-53 所示。这使得人物的肌肤看起来更光滑。

【蒙尘与划痕】对话框的参数如下。

【半径】：设置在其中搜索不同像素的区域大小。

【阈值】：设置像素值的差别达到何种程度时才将其消除。

除了添加杂色滤镜和蒙尘与划痕滤镜外，该滤镜组还有减少杂色、去斑和中间值等滤镜。

5.1.6　锐化滤镜组

锐化滤镜组通过增加相邻像素的对比度，特别是加强对画面边缘的定义，使图像更清晰。

1. USM 锐化

USM 锐化滤镜锐化图像时并不检测图像中的边缘，而是按指定的阈值查找值不同于周围像素的像素，并按指定的数量增加这些像素的对比度，以达到锐化图像的目的。

以"实例 05\水仙 02. jpg"（如图 5-54 所示）为例，【USM 锐化】滤镜的参数设置如图 5-55所示，滤镜效果如图 5-56 所示。

图 5-54　素材图像

图 5-55　USM 锐化滤镜对话框

图 5-56　USM 锐化滤镜效果

【数量】：设置边缘像素的对比度。数值越大，边缘像素的对比度越大，锐化越明显。

【半径】：设置边缘像素周围受锐化影响的像素的物理范围。取值范围为 0.1~250。数值越大，受影响的边缘越宽，锐化效果越明显。通常取 1~2 之间的数值时锐化效果比较理想。

【阈值】：用于确定要锐化的像素与周围像素的对比度至少相差多少时，才被锐化。取值范围为 0~255。阈值为 0 时将锐化图像中的所有像素，而阈值较高时仅锐化具有明显差异的边缘像素。通常可采用 2~20 之间的数值。

使用 USM 滤镜时，若导致图像中亮色过于饱和，可在锐化前将图像转换为 Lab 模式，然后仅对图像的 L 通道应用滤镜。这样既可锐化图像，又不至于改变图像的颜色。另外，在【USM 锐化】对话框的预览窗内，按下鼠标左键不放，可查看到图像未锐化时的效果。

2. 智能锐化

智能锐化滤镜可以根据特定的算法对图像进行锐化，还可以进一步调整阴影和高光区域的锐化量。仍以"实例 05\水仙 02. jpg"为例，【智能锐化】对话框如图 5-57 所示。

图 5-57　【智能锐化】滤镜对话框

【数量】：设置锐化强度。数值越大，效果越明显。

【半径】：设置边缘像素周围受锐化影响的像素的物理范围。数值越大，受影响的边缘越宽，锐化效果越明显。

【移去】：选择锐化算法，包括【高斯模糊】、【镜头模糊】和【动感模糊】三种。其中【高斯模糊】是 USM 锐化滤镜采用的算法。

【角度】：设置像素运动的方向（仅对"动感模糊"锐化算法有效）。

【减少杂色】：控制图像上因锐化产生的杂色数量，数值越大杂色越少。

在【智能锐化】滤镜对话框中，单击【阴影/高光】左侧的三角按钮，进一步展开【阴影】和【高光】参数栏，以控制阴影和高光区域的锐化量。本例设置【智能锐化】滤镜参数如图 5-58 所示，滤镜效果如图 5-59 所示。

【渐隐量】：调整阴影或高光区域的锐化量。数值越大，锐化程度越低。

【色调宽度】：控制阴影或高光区域的色调修改范围。数值越大，修改范围越大。

【半径】：定义阴影或高光区域的大小。通过半径的取值，可以确定某一像素是否属于阴影或高光区域的范围。

除了 USM 锐化滤镜和智能锐化滤镜外，锐化滤镜组还包括锐化、进一步锐化、锐化边缘和防抖等滤镜。

图 5-58　展开全部参数的【智能锐化】滤镜对话框　　　　图 5-59　智能锐化效果

5.1.7　纹理滤镜组

在图像表面形成多种纹理，使图像表面具有深度感或物质感，形成某种组织结构的外观效果。该组滤镜包括龟裂缝、颗粒、马赛克拼贴、拼缀图、染色玻璃和纹理化 6 种滤镜，都是通过滤镜库调用的。这里主要介绍纹理化滤镜的用法。

步骤 1　打开素材图像"实例 05\人物素材 06.jpg"，如图 5-60 所示。

步骤 2　选择菜单命令【滤镜】|【滤镜库】，打开滤镜库对话框。纹理化滤镜的参数区如图 5-61 所示。

图 5-60　素材图像

图 5-61　纹理化滤镜参数

各参数作用如下。

【纹理】：选择预设纹理或单击右侧的▪▪▪按钮载入自定义纹理（*.psd 类型的文件）。

【缩放】：控制纹理的缩放比例。

【凸现】：设置纹理的凸显程度。数值越大，纹理起伏越大。

【光照】：设置画面的受光方向。从下拉菜单中可以选择 8 种光源方向。

【反相】：勾选该复选框，将获得一个反向光照效果。

步骤 3　在【纹理】下拉菜单中选择不同的预设纹理类型，滤镜效果分别如图 5-62、图 5-63、图 5-64 和图 5-65 所示。

图 5-62　砖形纹理

图 5-63　粗麻布纹理

图 5-64　画布纹理

图 5-65　砂岩纹理

步骤 4　单击【确定】按钮，关闭滤镜库对话框。将纹理效果应用到图像上。

步骤 5　打开素材图像"实例 05\人体艺术 . jpg"，建立如图 5-66 所示的选区（选择人物上臂部分，可使用"快速选择工具"）。

步骤 6　添加纹理化滤镜。在滤镜库对话框中，单击【纹理】下拉菜单右侧的按钮 ，载入纹理"实例 05\图案 01.PSD"，适当设置参数，得到如图 5-67 所示的效果（已取消选区）。

图 5-66　创建选区

图 5-67　载入纹理

步骤 7　单击【确定】按钮，关闭滤镜库对话框。

5.1.8　画笔描边滤镜组

画笔描边滤镜组使用不同类型的画笔和油墨对图像进行描边，形成多种风格的绘画效果，包括成角的线条、墨水轮廓、喷溅、喷色描边、强化的边缘、深色线条、烟灰墨和阴影线共 8 种滤镜。该组所有滤镜都是通过滤镜库调用的。

以"实例 05\荷花 01.jpg"为例,各滤镜的效果如图 5-68 所示。

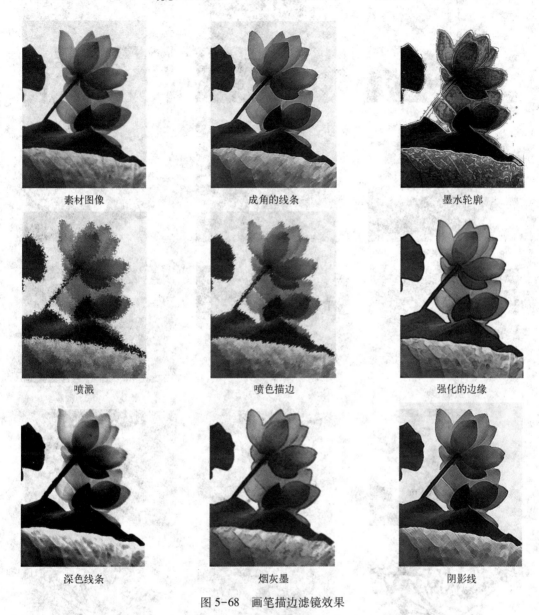

素材图像	成角的线条	墨水轮廓
喷溅	喷色描边	强化的边缘
深色线条	烟灰墨	阴影线

图 5-68　画笔描边滤镜效果

5.1.9　素描滤镜组

素描滤镜组用于创建速写等多种绘画效果。重绘图像时大多使用前景色和背景色。包括半调图案、便条纸、粉笔和炭笔、铬黄渐变、绘图笔、基底凸现、石膏效果、水彩画纸、撕边、炭笔、炭精笔、图章、网状和影印共 14 种。组内所有滤镜都是通过滤镜库调用的。

以"实例 05\睡莲.jpg"为例,各滤镜的效果如图 5-69 所示。

素材图像　　　　　　　　半调图案　　　　　　　　便条纸

粉笔和炭笔　　　　　　　铬黄渐变　　　　　　　　绘图笔

基底凸现　　　　　　　　石膏效果　　　　　　　　水彩画纸

撕边　　　　　　　　　　炭笔　　　　　　　　　　炭精笔

图章　　　　　　　　　　网状　　　　　　　　　　影印

图 5-69　素描滤镜效果

5.1.10　像素化滤镜组

像素化滤镜组使图像单位区域内颜色值相近的像素结成单色色块，形成点状、晶格、彩块等多种特效。该组滤镜包括彩块化、彩色半调、点状化、晶格化、马赛克、碎片和铜版雕刻共 7 种。

以"实例 05\荷花 02. jpg"为例，各滤镜的效果如图 5-70 所示。

图 5-70 像素化滤镜效果

5.1.11 艺术效果滤镜组

艺术效果滤镜组模仿在自然或传统的介质上进行绘画的效果，包括壁画、彩色铅笔、粗糙蜡笔、底纹效果、干画笔、海报边缘、海绵、绘画涂抹、胶片颗粒、木刻、霓虹灯光、水彩、塑料包装、调色刀和涂抹棒共 15 种。组内所有滤镜都是通过滤镜库调用的。将该组滤镜应用到数字相片上，可以创建多种类似绘画的艺术效果。

以"实例 05\油画 . jpg"为例，各滤镜的效果如图 5-71 所示。

素材图像　　壁画　　彩色铅笔　　粗糙蜡笔

底纹效果　　干画笔　　海报边缘　　海绵

绘画涂抹　　胶片颗粒　　木刻　　霓虹灯光

水彩　　塑料包装　　调色刀　　涂抹棒

图 5-71　艺术效果滤镜效果

5.1.12　其他滤镜组

其他滤镜组主要用于快速调整图像的色彩反差和色值，在图像中移位选区，自定义滤镜等。

1. 高反差保留

高反差保留滤镜用于在图像中有强烈颜色变化的地方按指定的半径保留边缘细节，并去除颜色变化平缓的其余部分，即过滤掉图像中的低频细节。其作用与高斯模糊滤镜恰好相反。

以下举例说明高反差保留滤镜的使用方法。

步骤 1 打开素材图像"实例 05\人物素材 08. jpg"，如图 5-72 所示。

步骤 2 选择菜单命令【滤镜】|【其他】|【高反差保留】，打开【高反差保留】对话框。参数设置及滤镜效果如图 5-73 所示。

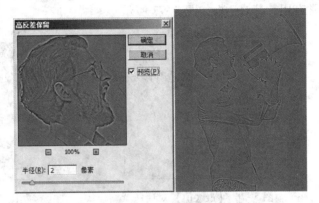

图 5-72 原图　　　　　　图 5-73 参数设置及滤镜效果

"高反差保留"滤镜在一定程度上突出了图像的边缘轮廓。其对话框参数作用如下。

【半径】：指定边缘附近要保留的边缘细节的范围。数值越大，范围越大；否则，范围越小。当半径值很小时，仅保留边缘像素。

步骤 3 单击【确定】按钮，将滤镜效果应用到图像上。

步骤 4 使用菜单命令【图像】|【调整】|【阈值】对滤镜作用后的图像继续处理，将"阈值色阶"设置为 122，得到如图 5-74 所示的线描画效果。

图 5-75 是将素材图像"实例 05\人物素材 08. jpg"直接使用"阈值"命令调色得到的效果。可见前者边缘细节更丰富。

图 5-74 线描画效果（一）　　　　　图 5-75 线描画效果（二）

2. 最大值

最大值滤镜用于扩展图像的亮部区域，缩小暗部区域。该滤镜对于修改蒙版非常有用，其对话框如图 5-76 所示。

【半径】：针对图像中的单个像素，在指定半径范围内，用周围像素的最大亮度值替换当前像素的亮度值。

【保留】：指定像素替换区域边缘的方正度或圆度（当【半径】较大时效果比较明显）。

3. 最小值

与最大值滤镜相反，该滤镜用于扩展图像的暗部区域，缩小亮部区域。对于修改蒙版同样非常有用，其对话框如图 5-77 所示。

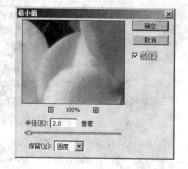

图 5-76　【最大值】对话框　　　　　　　图 5-77　【最小值】对话框

【半径】：针对图像中的单个像素，在指定半径范围内，用周围像素的最小亮度值替换当前像素的亮度值。

【保留】：指定像素替换区域边缘的方正度或圆度。

打开素材图像"实例 05\鸡蛋花 . psd"，选择"花朵"层的图层缩览图，如图 5-78 所示。应用最大值滤镜（【半径】设为 2）和最小值滤镜（【半径】设为 2）后的效果分别如图 5-79 和图 5-80 所示。

图 5-78　素材图像

图 5-79　"最大值"滤镜效果　　　　　　图 5-80　"最小值"滤镜效果

打开素材图像"实例 05\下雪了 . psd"，选择"雪花"层。应用最大值滤镜（【半径】设为 16），【保留】选择"圆度"和"方形"时的图像效果分别如图 5-81 和图 5-82 所示。

图 5-81　"最大值"滤镜效果（圆度）　　　　图 5-82　"最小值"滤镜效果（方形）

除了上述滤镜外，其他滤镜组还包括位移滤镜和自定滤镜，用于在图像中移位选区，自定义滤镜等。

5.2　Photoshop CC 滤镜插件

5.2.1　滤镜库

滤镜库插件整合了 Photoshop 常规滤镜中的画笔描边滤镜组、素描滤镜组、纹理滤镜组、艺术效果滤镜组，以及风格化滤镜组中的照亮边缘滤镜，扭曲滤镜组中的玻璃滤镜、海洋波纹滤镜和扩散亮光滤镜。它可以一次性地将上述滤镜中的多个滤镜添加到图像上，或者为图像多次重复应用同一滤镜。

打开图像素材，选择菜单命令【滤镜】|【滤镜库】，打开【滤镜库】对话框，如图 5-83 所示。

图 5-83　【滤镜库】对话框

　　预览区：查看当前设置下的滤镜效果。

　　滤镜列表区：列举了可以通过滤镜库调用的常规滤镜。单击滤镜列表区右上角的 ∧ 按钮，可将滤镜列表区隐藏。此时，按钮变成 ∨ 形状。单击 ∨ 按钮，可将滤镜列表区重新展开。

　　在滤镜列表区显示的情况下，展开某个滤镜组，单击其中要使用的滤镜效果的缩览图，即可在对话框的预览区预览到该滤镜在当前参数设置下的效果。

　　滤镜参数区：在滤镜列表区选择某个滤镜效果的缩览图，或在所用滤镜记录区选中某个滤镜记录，滤镜参数区即可显示该滤镜的参数供用户修改。

　　所用滤镜记录区：要添加在图像上的滤镜按照选择的先后顺序，自下而上记录在所用滤镜记录区。使用光标上下拖动各滤镜记录，可对选用的滤镜重新排序。通过单击滤镜记录左边的图标 👁，可在预览区隐藏或显示该滤镜的效果。被隐藏的滤镜不会添加到图像上。

　　在所用滤镜记录区底部，单击删除按钮 🗑，可将所选的滤镜从记录区删除；单击按钮 🔲，并在滤镜列表区选择某个滤镜效果的缩览图，可将该滤镜添加到所用滤镜记录区的顶部。

　　在【滤镜库】对话框中单击【确定】按钮，即可将所用滤镜记录区中所有显示的滤镜按自下而上的顺序一起添加到图像上。

5.2.2　自适应广角滤镜

　　自适应广角滤镜用来校正数码相片中由于使用广角镜头而造成的镜头扭曲。该滤镜可以检测相机和镜头型号，并使用镜头特性拉直图像。可以快速拉直在全景图或采用鱼眼镜头和广角镜头拍摄的照片中看起来弯曲的线条。

　　打开素材图像"实例 05\建筑 01.jpg"，这是使用广角镜头拍摄的看起来向内倾斜的建筑物。选择菜单命令【滤镜】|【自适应广角】，打开【自适应广角】对话框，如图 5-84 所示。

图 5-84　【自适应广角】对话框

1. 工具箱

"约束工具" ↖：用来添加直线约束（可以多个），以指示图像不同区域中的直线。使用该工具依次在两个不同位置单击可创建约束直线，按住 Shift 键单击可创建水平或垂直约束线。按住 Alt 键在约束上单击可删除约束。

"多边形约束工具" ◇：用来添加多边形约束。沿着对象依次单击可绘制多边形约束，按住 Alt 键在约束上单击可删除约束。

"移动工具" ▶+：用来移动对话框中的预览图像。

"缩放工具" 🔍 与 "抓手工具" ✋：用来缩放和平移对话框中的预览图像。

2. 选项栏

【校正】：选择校正类型，包括【鱼眼】【透视】【全景图】【完整球面】【自动】5 种类型。其中，【鱼眼】用来校正由鱼眼镜头所引起的极度弯度，【透视】用来校正由视角和相机倾斜角所引起的会聚线，【全景图】用来校正 Photomerge 全景图，【完整球面】用来校正 360 度全景图（全景图的长宽比必须为 2:1），【自动】用来自动检测合适的校正。

【缩放】：设置图像的缩放比例，以便最小化（应用滤镜之后）图像中出现的空白区域。

【焦距】：指定镜头的焦距。如果在照片中检测到镜头信息，则会自动填写此值。

【裁剪因子】：确定如何裁剪最终图像，与 "缩放" 配合使用可以补偿应用滤镜时引入的任何空白区域。

【原照设置】：勾选该项可以使用镜头配置文件中定义的值。如果没有找到镜头信息，则禁用该选项。

【细节】：显示预览图像中光标所在处的图像局部，可用来准确定位约束点。

针对本例中图像右上角明显的向内倾斜变形，添加如图 5-85 所示的垂直约束线，并在选项栏设置适当的参数，必要时用移动工具调整图像位置，就可以使素材图像得到极大的改观。

图 5-85　设置对话框参数

单击【确定】按钮关闭对话框，将滤镜效果应用到素材图像上。

5.2.3　镜头校正滤镜

镜头校正滤镜可修复常见的镜头瑕疵，如桶形和枕形失真、晕影和色差。还可以旋转图像，或修复由于相机垂直或水平倾斜而导致的图像透视变形。与【编辑】|【变换】命令组相比，该滤镜的图像网格使这些调整变得更加轻松而精确。以下举例说明镜头校正滤镜的用法。

打开素材图像"实例 05 \ 建筑 02.jpg"。选择菜单命令【滤镜】|【镜头校正】，打开【镜头校正】对话框，如图 5-86 所示。

在对话框右侧选项栏的【自动校正】选项卡，可以利用拍摄照片的相机制造商、相机型号、镜头型号，以及 Photoshop 提供的与之匹配的镜头配置文件，自动校正照片中出现的桶形或枕形失真、色差和晕影。

在【自定】选项卡，可以手动校正镜头瑕疵。【几何扭曲】选项栏用来校正桶形或枕形失真；【色差】和【晕影】选项栏分别用来校正照片中的色差和晕影；【变换】选项栏用来校正透视变形，还可以旋转图像。

在对话框左侧的工具箱中，"移去扭曲工具"可以通过在图像中拖移光标来校正桶形或枕形失真，"拉直工具"可以根据拖出的直线旋转图像，"移动网格工具"通过拖动光标来调整网格的位置（在对话框底部选择【显示网格】复选框），"缩放工具"与"抓手工具"分别用来缩放和平移图像。

图 5-86　【镜头校正】对话框

本例中，将【移去扭曲】参数设置为+50.00，就可以有效地校正素材图像中的桶形失真。

单击【确定】按钮关闭对话框，将滤镜效果应用到素材图像上。

5.2.4　液化滤镜

液化滤镜可以对图像进行推、拉、旋转、镜像、收缩和膨胀等随意变形，这种变形可以是细微的，也可以是非常剧烈的，这使得该滤镜成为 Photoshop 修饰图像和创建艺术效果的强大工具。

打开素材图像"实例 05\人物素材 11.jpg"。选择菜单命令【滤镜】|【液化】，打开【液化】对话框，勾选【高级模式】复选框，如图 5-87 所示。

图 5-87　【液化】对话框

1.　工具箱

"向前变形工具" ：拖动时向前推送像素。

"重建工具" ：以涂抹的方式恢复变形，或使用新的方法重新进行变形。

"平滑工具" ：以涂抹的方式对扭曲后的图像进行平滑处理。

"顺时针旋转扭曲工具" ：单击或拖动光标时，顺时针旋转像素。按住 Alt 键操作，可以使像素逆时针旋转。

"褶皱工具" ：单击或拖动光标使像素向画笔中心收缩。

"膨胀工具" ：单击或拖动光标使像素从画笔中心向外移动，形成膨胀效果。

"左推工具" ：使像素向垂直于光标拖动的方向移动挤压。具体来说，向上拖动光标像素向左移动；向下拖动光标像素向右移动；向左拖动光标像素向下移动；向右拖动光标像素向上移动；围绕对象顺时针拖动光标将使对象尺寸增大，围绕对象逆时针拖动光标将使对象尺寸减小。按住 Alt 键操作，像素移动方向相反。

"冻结蒙版工具" ：在需要保护的区域拖动光标，可冻结该区域图像（被蒙版遮盖），以免除或减弱对该区域图像的破坏。冻结程度取决于当前的画笔压力，压力越大，冻结程度越高。当画笔压力取最大值 100 时，表示完全冻结。

"解冻蒙版工具" ：可擦除冻结区域的蒙版，以解除冻结。画笔压力对该工具的影响与冻结蒙版工具类似。

2. 工具选项栏（主要参数）

【画笔大小】：设置工具箱中对应工具的画笔大小。

【画笔密度】：设置变形工具变形图像的速度。减小画笔压力更容易控制变形程度。

【画笔压力】：控制图像在画笔边界区域的变形程度。值越大，变形程度越明显。

【画笔速率】：控制变形的速度。值越大，变形速度越快。

【光笔压力】：勾选该复选框，可使用数位板的压力值调整图像变形程度。

使用上述变形工具，并设置工具选项栏参数，对图像中的人物进行如下处理。

（1）使用"顺时针旋转扭曲工具"，适当设置画笔大小，对头发进行顺时针或逆时针（按 Alt 键）弯曲变形。

（2）使用"向前变形工具"，适当设置画笔大小，向上拖移眉毛局部，使其更平滑。为了防止眼睛同时变形，事先应使用"冻结蒙版工具"将眼睛全部冻结。

（3）类似地，嘴的变形同样归功于"向前变形工具"。

（4）使用"褶皱工具"，适当设置画笔大小和画笔压力，分别在两只眼睛中心单击，稍微缩小眼睛。

操作完成后，单击【确定】按钮，关闭【液化】对话框。将变形效果应用到图像上，如图 5-88 所示。

图 5-88　液化变形前（左图）后（右图）的图像

5.2.5　油画滤镜

顾名思义，油画滤镜用来模仿油画效果。打开素材图像"实例 05\向日葵 . jpg"。选择菜单命令【滤镜】|【油画】，打开【油画】对话框，如图 5-89 所示。

图 5-89　【油画】对话框

【描边样式】：设置画笔笔刷的样式，以控制画面的皱褶度、笔画的流畅度及画面细节。

【描边清洁度】：设置笔画的边缘效果，以控制画笔描边的长度及画面柔和度。

【缩放】：设置画笔笔刷的大小，以控制画面纹理的大小。

【硬毛刷细节】：设置画笔笔刷的软硬程度，以控制画面纹理的清晰度。

【角方向】：设置光源的方向。

【闪亮】：设置光照强度，以控制画面的光影效果。

设置好对话框参数，单击【确定】按钮，将油画滤镜添加在素材图像上。

5.2.6　消失点滤镜

消失点滤镜可以帮助用户在编辑包含透视效果的图像时，保持正确的透视方向。以下举例说明。

步骤 1　打开素材图像"实例 05\油画 02. jpg"（如图 5-90 所示），按 Ctrl+A 键全选图像，按 Ctrl+C 键复制图像。

步骤 2　打开"实例 05\室内效果 . jpg"（如图 5-91 所示），新建图层 1。

步骤 3　选择菜单【滤镜】|【消失点】，打开【消失点】对话框，如图 5-92 所示。

步骤 4　选择"创建平面工具"。依次单击确定平面 4 个角上的点，在门左侧墙壁上创建如图 5-93 所示的平面。如果平面显示为红色或黄色，说明平面四个角的节点位置有问题，应使用"编辑平面工具"移动平面上的控制点进行调整（编辑平面工具用于选择、移动、缩放和编辑平面）。

图 5-90　油画

图 5-91　室内效果

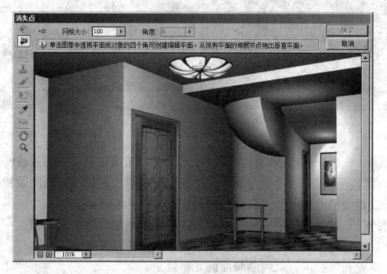

图 5-92　【消失点】对话框

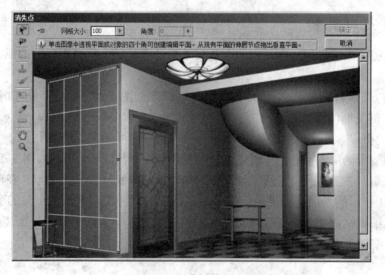

图 5-93　创建和编辑平面

步骤 5 按 Ctrl+V 键粘贴步骤 1 中复制的图像，形成浮动选区。使用"变换工具"
（类似"自由变换"命令，用于移动、缩放和旋转浮动选区内的图像）缩小图像，并将图像
移动到上述平面范围内，使其呈现出透视效果。适当调整图像的宽度与高度，如图 5-94
所示。

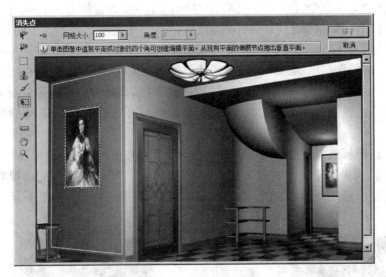

图 5-94 调整透视图像

步骤 6 单击【确定】按钮，关闭【消失点】对话框。将滤镜效果应用于图像。

步骤 7 使用同样的方法将素材图像"实例 05\油画 03. jpg"中的画面按透视效果置于
门右侧的墙壁上，如图 5-95 所示。

图 5-95 滤镜最终效果

5.3 智能滤镜

智能滤镜就是添加在智能图层上的滤镜，可以在不破坏图层原始数据的情况下获得相同

的滤镜特效，是 Photoshop 进行非破坏性编辑的重要手段。

5.3.1　添加智能滤镜

步骤1　选择要添加智能滤镜的图层。

步骤2　选择菜单命令【图层】|【智能对象】|【转换为智能对象】或【滤镜】|【转换为智能滤镜】命令（如果弹出 Photoshop 提示框，单击【确定】按钮），将所选图层转化为智能图层。

步骤3　为智能图层添加滤镜（与普通图层添加滤镜一样）。如图 5-96 所示。

在【图层】面板上，通过单击智能滤镜左侧的眼睛图标 👁，可隐藏或显示单个智能滤镜效果。通过单击滤镜效果蒙版左侧的眼睛图标 👁，可隐藏或显示该层的所有智能滤镜效果。

在【图层】面板上，通过单击智能图层右侧的三角按钮 ▲/▼ 可折叠或展开智能滤镜。

在【图层】面板上单击滤镜效果蒙版的缩览图 ▢，可切换到智能滤镜效果的蒙版编辑状态，利用蒙版控制智能滤镜的作用范围与作用强度，如图 5-97 所示（可参考第 6 章）。

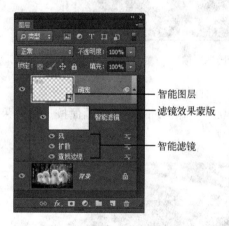

图 5-96　添加多个智能滤镜　　　　图 5-97　控制智能滤镜的作用范围与强度

5.3.2　设置智能滤镜参数

在【图层】面板上双击智能滤镜右端的 ≛ 按钮，可打开【混合选项】对话框，从中设置滤镜效果的模式和不透明度。双击智能滤镜的名称，可打开对应的滤镜对话框对参数进行重新设置。

5.3.3　重新排序智能滤镜

对图层添加多个智能滤镜后，在【图层】面板上对应图层的下面会显示智能滤镜的列表。Photoshop 将按照从下向上的顺序对智能图层应用滤镜。

与图层的排序操作类似，通过上下拖动智能滤镜可以对它们进行重新排序，这也会导致智能图层滤镜效果的改变。

5.3.4 删除智能滤镜

在【图层】面板上将智能滤镜拖动到删除图层按钮🗑上，可删除单个智能滤镜。拖动滤镜效果蒙版右侧的"智能滤镜"到删除图层按钮🗑上，可删除对应图层的所有智能滤镜。

5.4 综合案例

5.4.1 制作放射效果文字

主要技术看点：高斯模糊滤镜，极坐标滤镜，风滤镜；描边，对齐选区，旋转画布等。

步骤 1 新建一个 600 像素×300 像素，72 像素/英寸，RGB 模式的图像。将背景层填充为黑色。

步骤 2 使用横排蒙版文字工具书写文字"ecnu. edu. cn"，字体为 Arial Black（或其他笔画较粗的英文字体），大小 60pt，如图 5-98 所示。

图 5-98 创建文字选区

步骤 3 新建图层 1。将前景色设为白色。使用菜单命令【编辑】|【描边】在图层 1 上为文字选区描边，描边宽度为 2 个像素，位置居中，取消选区，如图 5-99 所示。

图 5-99 描边文字选区

步骤 4 按 Ctrl+A 键全选图像。确保图层 1 为当前层。依次选择菜单命令【图层】|【将图层与选区对齐】|【垂直居中】和【水平居中】，将图层 1 上的"描边文字"对齐到图像窗口的中央，如图 5-100 所示。

步骤 5 取消选区，合并所有图层。添加"高斯模糊"滤镜，【半径】设置为 1（模糊"描边文字"以便最终的放射效果更逼真）。

图 5-100　对齐描边文字

步骤 6　选择菜单命令【滤镜】|【扭曲】|【极坐标】，在【极坐标】对话框中选择【极坐标到平面坐标】选项。单击【确定】按钮。此时图像效果如图 5-101 所示。

图 5-101　添加极坐标滤镜

步骤 7　选择菜单命令【图像】|【图像旋转】|【90 度（逆时针）】。

步骤 8　选择菜单命令【滤镜】|【风格化】|【风】，弹出【风】对话框，参数设置如图 5-102 所示。单击【确定】按钮，图像效果如图 5-103 所示。

图 5-102　设置"风"滤镜参数

图 5-103　风滤镜效果

步骤 9　按 Ctrl+F 键重复使用"风"滤镜 1 次。这可以使最终的放射效果更强烈些。

步骤 10　选择菜单命令【图像】|【图像旋转】|【90 度（顺时针）】，如图 5-104 所示。

步骤 11 再次选择菜单命令【滤镜】|【扭曲】|【极坐标】，在【极坐标】对话框中选择【平面坐标到极坐标】选项。单击【确定】按钮。图像最终效果如图 5-105 所示。

图 5-104 使图像顺时针旋转 90 度　　　　　　图 5-105 文字放射效果

提示：本例的操作步骤可做下述调整，而最终效果保持不变：

↳ 在步骤 7 中，对画布进行顺时针 90 度旋转；

↳ 在步骤 8 中，【风】对话框的【方向】参数设置为【从右】；

↳ 在步骤 10 中，对画布进行逆时针 90 度旋转。

5.4.2 更换服饰

主要技术看点：智能滤镜，置换滤镜，选区的创建与修补，图层混合模式（正片叠底），色阶调整。

步骤 1 打开素材图像"实例 05\人物素材 12. jpg"。

步骤 2 使用"快速选择工具"选择人物的衣服。再用"套索工具"耐心修补选区，将要更换的衣服准确选中，如图 5-106 所示。

步骤 3 按 Ctrl+J 键，将选区内的图像复制到新生成的图层 1 上。同时选区自动取消，如图 5-107 所示。

图 5-106 选择要更换的衣服　　　　　　图 5-107 复制选区图像

步骤 4 打开素材图像"实例 05\方格布 . jpg"，按 Ctrl+A 键全选背景层图像。再按 Ctrl+C 键，复制选区内的图像。

步骤 5 切换到"人物素材 12"图像窗口。按 Ctrl+V 键，将方格布图像粘贴过来，生成图层 2。使用"移动工具"调整图层 2 的位置，如图 5-108 所示，使其完全遮盖住下面图层中要更换的衣服。

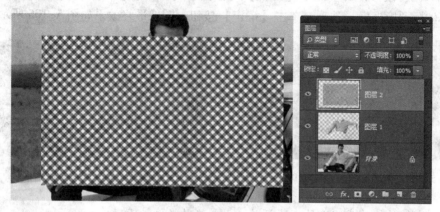

图 5-108　将方格布图像复制过来

步骤 6　按住 Ctrl 键，同时在【图层】面板上单击图层 1 的缩览图，选择该层的不透明区域。

步骤 7　选择图层 2。选择菜单命令【选择】|【反向】，将选区反转。按 Delete 键删除图层 2 选区内的像素。按 Ctrl+D 键取消选区，如图 5-109 所示。

图 5-109　删除多余的像素

图 5-110　设置色阶参数

步骤 8　将图层 2 的混合模式更改为"正片叠底"。结果原来衣服上的褶皱和阴影通过方格布显示出来，但不太明显。

步骤 9　为图层 1 添加色阶调整层，参数设置如图 5-110 所示（适当增加对比度），使得衣服上的褶皱和阴影更加明显。在选中色阶 1 调整层的情况下，按 Ctrl+Alt+G 键创建剪贴蒙版，使得色阶调整仅作用于图层 1，如图 5-111 所示。

步骤 10　同时选中图层 1 和色阶 1 调整层两个图层。从【图层】面板菜单中选择【复制图层】命令。弹出【复制图层】对话框，参数设置如图 5-112 所示。单击【确定】按钮，生成如图 5-113 所示的新文件。按 Ctrl+E 键合并图层，并将该文件以"衣服褶皱.psd"为名保存起来（注意是 PSD 格式）。

图 5-111　创建剪贴蒙版

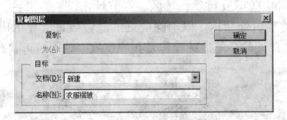

图 5-112　【复制图层】对话框

图 5-113　创建置换文件

　　步骤 11　切换到"人物素材 12"图像窗口。将图层 2 转化为智能图层，选择菜单命令【滤镜】|【扭曲】|【置换】为图层 2 添加智能滤镜。其中【置换】对话框参数设置如图 5-114 所示，置换图选择步骤 10 中保存的文件"衣服褶皱 . psd"。此时方格布上的花纹被扭曲，如图 5-115 所示。

　　步骤 12　仿照步骤 6 重新选择图层 1 的不透明区域，按 Shift+Ctrl+I 键反转选区。

　　步骤 13　在【图层】面板上单击图层 2 中滤镜效果蒙版的缩览图，以便切换到蒙版编辑状态。使用菜单命令【编辑】|【填充】在蒙版的选区内填充黑色，以便隐藏选区内的滤镜效果。

图 5-114   设置置换参数   图 5-115   使用置换滤镜后的图像

步骤 14   再次按 Shift+Ctrl+I 键反转选区。将前景色设置为黑色，使用画笔工具在左侧衣领因置换错位出现的空白处涂抹，以消除此处的滤镜效果，显示出原来的方格纹理。如图 5-116 所示（注意，此处的画笔涂抹操作是在滤镜效果蒙版编辑状态下进行的）。

图 5-116   进一步控制滤镜的作用范围

步骤 15   按 Ctrl+D 键取消选区。图像最终效果及图层组成如图 5-117 所示。

图 5-117   图像最终效果及图层组成

5.5　滤镜使用注意事项

在使用滤镜时，以下几点值得注意。

单击【确定】按钮，可根据上述参数设置弱化或改变滤镜效果。

（1）在文本层、形状层等包含矢量元素的图层上使用滤镜时，将弹出类似图 5-118 所示的提示框。单击【确定】按钮可栅格化图层，并在图层上应用滤镜。单击【取消】按钮，则撤销操作。

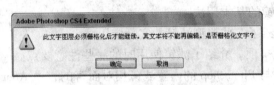

图 5-118　栅格化图层提示框

（2）有些滤镜要占用大量内存。比如，在高分辨率的大图像上应用滤镜时，计算机的反应比较慢。在这种情况下，采用以下方法可提高计算机的性能。

　♙先在小部分图像上试验滤镜效果，并记下最终参数设置，再将同样设置的滤镜应用到整个图像。

　♙在添加滤镜之前，运行【编辑】|【清理】菜单下的命令，可释放内存。

　♙退出其他应用程序，将更多的内存分配给 Photoshop。

（3）所有滤镜都不能应用于位图或索引颜色模式的图像。有些滤镜仅对 RGB 模式的图像起作用。上述因颜色模式问题不能使用滤镜时，可适当转换图像的颜色模式；添加滤镜后，再将颜色模式转换回来。

（4）所有滤镜都可以应用于 8 位图像。只有一部分滤镜能够应用于 16 位图像和 32 位图像。要在 16 位或 32 位图像上添加不能使用的滤镜，可将 16 位图像转为 8 位图像（这种转换可能会影响图像的实际色彩效果）。

（5）在对选区使用滤镜时，若事先将选区适当羽化，则应用滤镜后，滤镜效果可自然融入选区周围的图像中。

5.6　外挂滤镜简介

前面章节介绍的滤镜为 Photoshop 的自带滤镜，或称内置滤镜。还有一类滤镜，种类非常多，是由 Adobe 公司之外的第三方厂商开发的，称为外挂滤镜。这类滤镜安装好之后，出现在 Photoshop 滤镜菜单的底部，可以像内置滤镜一样使用。关于外挂滤镜的安装应注意以下几点。

　♙安装前一定要退出 Photoshop 程序窗口。

　♙大多 Photoshop 外挂滤镜软件都带有安装程序，运行安装程序，按提示进行安装即可。

　♙在安装过程中要求选择外挂滤镜的安装路径时，一定要选择 Photoshop 安装路径下的 Plug-Ins 文件夹，即外挂滤镜的安装路径为 "…Photoshop CC\Plug-Ins"。

↘有些外挂滤镜没有安装程序，而是一些扩展名为 8BF 的滤镜文件。对于这类外挂滤
镜，直接将滤镜文件复制到 "…Photoshop CC\Plug-Ins" 文件夹下即可使用。

5.7　小结

本章主要讲述了以下内容：

（1）Photoshop CC 常规滤镜。以典型应用为例，介绍了各主要常规滤镜的基本用法。

（2）Photoshop CC 滤镜插件。通过具体例子，介绍了滤镜库、自适应广角、镜头校正、
液化、油画和消失点滤镜的基本用法。

（3）综合实例。介绍了一些典型滤镜的实际应用。

（4）滤镜使用注意事项。介绍了滤镜使用时的一些注意要点。

（5）外挂滤镜。是与 Photoshop 的内置滤镜相对而言的，由 Adobe 公司之外的第三方厂
商开发的滤镜。注意外挂滤镜安装方法。

5.8　习题

一、选择题

1. 按快捷键_____，可以将上一次使用的滤镜快速应用到图像中，而无须再进行参
数设置（滤镜参数与上一次相同）。

　　A. Ctrl+F　　　　　　B. Ctrl+Alt+Z　　　　C. Ctrl+Y　　　　　D. Ctrl+Z

2. 滤镜命令执行完毕后，使用【编辑】菜单下的【_____】命令，可以调整滤镜效
果的作用程度及混合模式。

　　A. 撤销　　　　　　　B. 重复　　　　　　　C. 返回　　　　　　D. 渐隐

3. 外挂滤镜务必安装或复制在 Photoshop 安装路径下的_____文件夹下才能生效。

　　A. Required　　　　　B. Presets　　　　　　C. Plug-Ins　　　　D. Samples

4. 在应用某些滤镜时需要占用大量的内存，特别是将这些滤镜应用到高分辨率的图像
时。在这种情况下，为了提高计算机的性能，以下说法不正确的是_____。

　　A. 首先在一小部分图像上试验滤镜效果，记下参数设置，再将同样设置的滤镜应用
　　　　到整个图像上

　　B. 可分别在每个图层上应用滤镜

　　C. 在运行滤镜之前可首先使用菜单命令【编辑】|【清理】中的命令释放内存

　　D. 应尽量退出其他应用程序，以便将更多的内存分配给 Photoshop 使用

5. 以下不属于【液化】对话框中的工具的是_____。

　　A. 冻结蒙版工具　　　　　　　　　　　　　B. 向前变形工具

　　C. 边缘高光器工具　　　　　　　　　　　　D. 膨胀工具

6. 以下不属于滤镜作用对象的是_____。

　　A. 图层　　　　　　　B. 路径　　　　　　　C. 蒙版　　　　　　D. 通道

7. 以下关于外挂滤镜的说法错误的为_____。

　　A. 安装前一定要退出 Photoshop 程序窗口

B. Photoshop 的外挂滤镜都带有安装程序，运行安装程序，按提示进行安装

C. 外挂滤镜的安装路径为 "…Photoshop CC\Plug-Ins"

D. 外挂滤镜安装好之后，出现在 Photoshop 滤镜菜单的底部，可以像内置滤镜一样使用

8. 渲染滤镜组在图像上产生云彩、纤维、镜头光晕和光照等效果。其中_____和光照效果滤镜仅对 RGB 图像有效。

A. 镜头光晕　　　　B. 分层云彩　　　　C. 云彩　　　　D. 纤维

9. 在下图左边图像上添加以下_____滤镜能得到右边图像所示的效果。

A.【滤镜】|【像素化】|【晶格化】　　B.【滤镜】|【像素化】|【马赛克】

C.【滤镜】|【像素化】|【铜版雕刻】　　D.【滤镜】|【像素化】|【点状化】

10. 在下图左边图像上添加以下_____滤镜能得到右边图像所示的效果。

A.【滤镜】|【纹理】|【拼缀图】　　B.【滤镜】|【纹理】|【龟裂缝】

C.【滤镜】|【纹理】|【染色玻璃】　　D.【滤镜】|【纹理】|【马赛克拼贴】

二、填空题

1. 滤镜实际上是使图像中的_____产生位移或颜色值发生变化等，从而使图像产生各种各样的特效。

2. 在包含矢量元素的图层（如文本层、形状层等）上使用滤镜前，应首先对该层进行_____化。

3. 任何滤镜都不能应用于_____和_____颜色模式的图像。

4. Photoshop 自带滤镜，也称为内置滤镜。还有一类滤镜，种类非常多，是由 Adobe 公司之外的第三方厂商开发的，称为_____。

5. 智能滤镜就是添加在_____上的滤镜，可以在不破坏图层原始数据的情况下获得相同的滤镜特效，是 Photoshop 进行非破坏性编辑的重要手段。

三、操作题

1. 使用"练习\第 5 章\人物素材 E-01.jpg"（如图 5-119 所示）设计制作如图 5-120 所示的艺术镜框效果。

操作提示：

（1）打开素材图像，新建图层 1。

（2）创建矩形选区。在图层 1 的选区内填充白色。

（3）反转选区，填充黑色。

（4）取消选区。对图层 1 使用玻璃滤镜（纹理：小镜头）。

（5）新建图层 2，填充棕褐色（颜色值#e49b64）。

图 5-119　素材图像　　　　　　　　　　　　图 5-120　艺术镜框效果

（6）在图层 2 上添加杂色滤镜（数量 12，高斯分布，单色）。

（7）继续在图层 2 上添加动感模糊滤镜（角度 90，距离 999）。

（8）用魔棒工具（容差 20，不选"连续"）选择图层 1 上的白色区域。

（9）选择图层 2，按 Delete 键删除选区内像素。取消选区。添加斜面与浮雕样式。

（10）将图层 1 的混合模式改为"正片叠底"。

2. 利用"切变"滤镜对素材图像"练习\第 5 章\胶片效果 . psd"（如图 5-121 所示）中的"胶片"层进行扭曲变形，制作如图 5-122 所示的效果。

图 5-121　素材图像

图 5-122　弯曲效果

操作提示：

（1）打开素材图像，使用菜单命令【图像】|【图像旋转】|【90 度（顺时针）】旋转图像，如图 5-123 所示。

（2）确保选择"胶片"层。使用菜单命令【滤镜】|【扭曲】|【切变】对该图层进行扭曲变形。参数设置如图 5-124 所示。

图 5-123 旋转图像

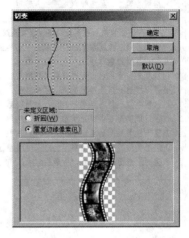

图 5-124 设置"切变"滤镜参数

（3）使用菜单命令【图像】|【图像旋转】|【90 度（逆时针）】旋转图像。

（4）在"胶片"层添加"投影"图层样式，并适当设置参数。

3. 使用素材图像"练习\第 5 章\人物素材 02.jpg"设计制作如图 5-125 所示的效果（效果参考"练习\第 5 章\流年.jpg"）。

操作提示：

（1）打开素材图像，新建图层，填充任意颜色。

（2）将前景色和背景色分别设置为黑色与白色。通过滤镜库为新建图层添加素描滤镜组中的半调图案滤镜，并将新建图层的图层混合模式设置为"滤色"，得到白色网点效果。

（3）创建文本"流年"（华文彩云，110 点，白色），为文本层添加投影样式。

4. 将素材图像"练习\第 5 章\故乡.jpg"（如图 5-126 所示）处理成如图 5-127 所示的折皱纸效果（效果参考"练习\第 5 章\故乡（置换滤镜）.jpg"）。

操作提示：

（1）打开素材图像，将背景层转换为普通层（图层 0）。

（2）新建图层 1。将前景色和背景色分别设置为黑色与白色。

图 5-125 图像合成效果

（3）在图层 1 上添加云彩滤镜 1 次，分层云彩滤镜 2 次。

（4）继续在图层 1 上添加浮雕效果滤镜（角度-45，高度 1，数量 200）。

（5）继续在图层 1 上添加高斯模糊滤镜（半径为 3）。

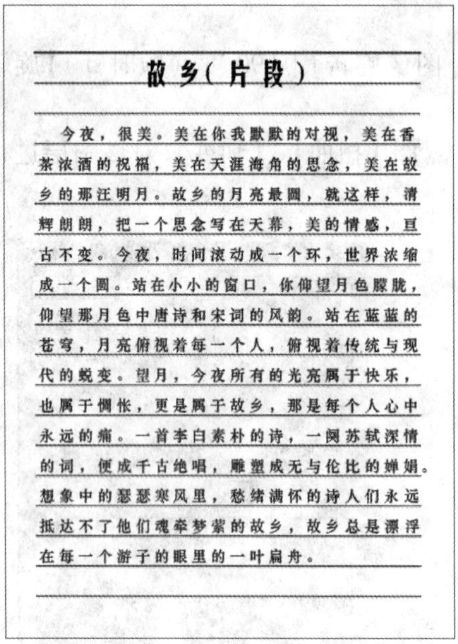

图 5-126　素材图像 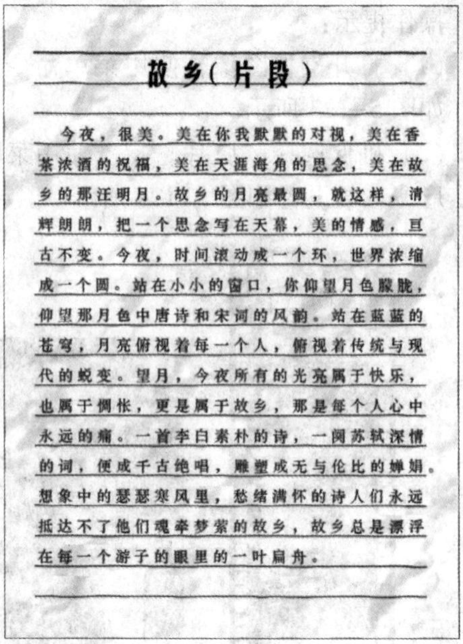　　　　　　　　　　　　图 5-127　折皱的信纸

（6）使用"复制图层"命令将图层 1 上的图像保存为 PSD 格式的文件。

（7）在【图层】面板上将图层 1 拖移到图层 0 的下面。

（8）将图层 0 的混合模式设置为叠加。

（9）在图层 0 上添加置换滤镜（置换图文件即步骤 6 中存储的 PSD 文件）。

5. 利用素材图像"练习\第 5 章\书法 . jpg"设计制作如图 5-128 所示的书法装饰效果（效果参考"练习\第 5 章\书法装饰 . jpg"）。

操作提示：

（1）打开素材图像，新建图层 1，使用铅笔工具绘制 1 像素粗细的红色（#FF0000）竖直线（位于图层 1 书法文字的左侧）。将图层 1 复制 4 次，将其中一个副本层的竖直线水平向右移动到书法文字的右侧。对 5 个竖直线层进行水平分布，得到如图 5-129 所示的效果。

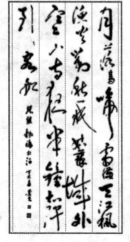

图 5-128　书法装饰效果

图 5-129　分布竖直线层

（2）将所有竖直线层合并到图层 1。复制图层 1，得到"图层 1 拷贝"层。将"图层 1 拷贝"层向左移动 2 个像素，图层不透明度设置为 30%。

（3）新建图层 2。绘制矩形选区，利用菜单命令【编辑】|【描边】在图层 2 上对选区进行 5 个像素的红色（#FF0000）内部描边。将图层 2 的图层混合模式设置为"溶解"，不透明度设置为 95% 左右，如图 5-130 所示。

（4）复制背景层，在背景层上面得到"背景 拷贝"层。使用高斯模糊滤镜将"背景拷贝"层模糊 2 个像素左右，设置"背景 拷贝"层的图层混合模式为"变暗"，得到书法晕影效果，如图 5-131 所示。

图 5-130　制作印刷不太清楚的红色方框

图 5-131　制作书法晕影效果

（5）将背景层和"背景 拷贝"层左下角的两个黑色方块印章都调整为红色（可使用【色相/饱和度】命令）。

第6章 蒙 版

"蒙版"一词来源于传统的绘画和摄影领域。为了对画面的局部区域进行修改,画家常常使用硬纸片或塑料板制作一个遮罩,按需要挖空遮罩的部分区域,然后将遮罩覆盖在画面上,描绘和修改显示的画面,同时保护被遮罩覆盖的其他区域。同样,为了对照片底片进行局部曝光,摄影师在冲洗底片之前,将遮罩按需要进行部分挖空,然后将遮罩放在底片与感光纸之间,结果只有对应遮罩挖空部分的底片被感光。上述提到的遮罩概念,引入Photoshop 领域就称为蒙版(Mask)。其实,用"蒙板"这个概念更形象合理,只是在 Adobe Photoshop 官方的中文文献中,一直翻译为"蒙版"。本书也这样沿用,不是关键。

实际上,使用选择工具创建的选区就是一个临时性的蒙版,用户只能对选区内的图像进行编辑,选区外的图像被保护起来,禁止修改。只是选区一旦取消,蒙版也就不存在了。

蒙版是 Photoshop 的重要工具,主要作用是创建和编辑选区、控制图层的显示范围和显示程度。

值得注意的是,不仅 Photoshop,其他计算机设计软件,比如 Flash、Illustrator、Corel-DRAW、Premiere 和 3DS MAX 等都含有蒙版工具或在某些工具中使用了蒙版的原理。可见,蒙版的应用领域是比较广泛的。

根据用途和存在形式的不同,Photoshop 的蒙版分为快速蒙版、图层蒙版、剪贴蒙版和矢量蒙版等几种。

6.1 快速蒙版

6.1.1 使用快速蒙版创建和编辑复杂选区

快速蒙版主要用于创建和编辑选区,基本用法如下。

步骤 1 打开素材图像"实例 06\小狗 . jpg",如图 6-1 所示。

步骤 2 单击工具箱底部的"以快速蒙版模式编辑"按钮◙,进入快速蒙版编辑模式。

步骤 3 适当放大图像(200%左右)。选择画笔工具,选择合适的画笔大小,硬度和不透明度都设置为 100%。将前景色设置为黑色。

步骤 4 用画笔工具在小狗身上涂抹(尽量不要涂到边缘和边缘外部)。默认设置下,涂抹出来的是 50%透明度的红色,表示被蒙版遮盖的区域(默认设置下,这种用不透明的黑色创建的快速蒙版表示完全未被选中的区域)。

步骤 5 如果不小心涂到小狗的边缘或边缘外部,可以改用白色画笔将超出范围的红色涂抹掉(用不透明的白色涂抹可以清除蒙版)。

步骤 6 (西文输入法状态下)不断按键盘上的"["或"]"键,根据需要改变画笔的大小(在范围较小的区域内涂抹时,应适当减小画笔),最终将小狗除了毛茸茸的边缘以外的部分全部用红色蒙版覆盖住（包括鼻子和嘴巴），如图6-2所示。

图6-1　素材图像

图6-2　用蒙版覆盖小狗的边缘内部

步骤7　选择柔边画笔（硬度为0%），设置合适的画笔大小，不透明度设置为100%。将前景色设置为黑色。

步骤8　使用画笔工具涂抹小狗边缘毛茸茸的区域（如果涂抹到边缘外部，改用白色画笔涂抹掉），必要时可以进一步放大图像，也可以适当减小画笔的大小。最终将小狗的边缘也用蒙版全部覆盖（用灰色或半透明的黑色创建的快速蒙版表示半透明的选区，所以此处用柔边画笔的模糊边缘涂抹创建的选区是半透明的），如图6-3所示。

步骤9　对于小狗的胡须、睫毛等边缘伸出来的一根根毛发，可用小的（2像素）黑色柔边画笔进行涂抹覆盖。涂抹比较模糊的毛发时可适当降低画笔的不透明度，如图6-4所示。

图6-3　用蒙版进一步覆盖小狗边缘

图6-4　用小画笔涂抹一根根的毛发

步骤10　小狗被快速蒙版全部覆盖后，单击工具箱底部的"以标准模式编辑"按钮，返回标准编辑模式。结果在默认设置下，快速蒙版以外的区域转化为选区，如图6-5所示。

步骤11　执行菜单命令【选择】|【反向】将选区反转。按Ctrl+C键复制选区内的图像。

步骤12　打开素材图像"实例06\草原.jpg"，按Ctrl+V键将小狗粘贴过来，如图6-6所示。结果发现，小狗的边缘还带着少许绿色杂色。

步骤13　按住Ctrl键同时单击图层1的缩览图，载入小狗选区。将前景色设置为白色。选择合适大小的柔边画笔（25像素左右），设置画笔的【不透明度】为20%左右，设置画笔的【模式】为"变亮"。在包含绿色杂色的小狗边缘涂抹，使之变亮，直到融入草原背景为止。

步骤 14　取消选区，如果发现局部边缘还有绿色杂色，按步骤 13 的方法重新载入选区进行处理。

步骤 15　经步骤 13 和步骤 14 处理后，若发现小狗的胡须、睫毛等边缘伸出的单根毛发太粗了，可放大局部图像后使用橡皮擦工具（硬边画笔，1 个像素大小）将其擦除得细一些。

提示：对于上述修补小狗边缘杂色的处理过程，如果借助即将学习到的图层蒙版工具会更方便。

步骤 16　以"草原上的小狗.psd"为名保存图像（本例最终处理效果可参考"实例06\草原上的小狗.psd"，如图 6-7 所示）。

图 6-5　返回标准编辑模式　　　　图 6-6　更换背景　　　　图 6-7　快速蒙版抠图最终效果

快速蒙版能够以涂抹描绘的方式选择精度要求较高的物体，是创建复杂选区的重要工具。在快速蒙版编辑模式下，用黑色绘制蒙版可以创建不透明的选区，用白色绘制蒙版可以减小或清除选区，用灰色绘制蒙版可以创建半透明的选区（比如选择昆虫的翅膀），灰度越深，选区越不透明。

6.1.2　修改快速蒙版选项

双击工具箱底部的"以快速蒙版模式编辑"按钮⬚ 或"以标准模式编辑"按钮⬚，打开【快速蒙版选项】对话框，如图 6-8 所示。

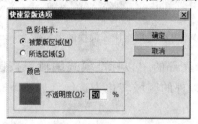

图 6-8　【快速蒙版选项】对话框

该对话框中各参数作用如下。

↪【被蒙版区域】：选择该项，在图像中用黑色描绘的蒙版区域表示选区外部，而用白色描绘的区域表示选区。

↪【所选区域】：选择该项，在图像中用黑色描绘的蒙版区域表示选区，而用白色描绘的区域表示选区外部。

↪ 颜色按钮■：用于选择快速蒙版在图像中的指示颜色（默认红色）。

↪【不透明度】：设置快速蒙版指示颜色的不透明度，取值范围为 0%～100%。

快速蒙版的指示颜色和不透明度的设置仅仅影响快速蒙版的外观，对其作用不产生任何影响。设置的目的一般是使快速蒙版与图像的颜色对比更加分明，以方便快速蒙版的创建与编辑。比如在 6.1.1 节，快速蒙版使用默认的红色就不太合适，因为小狗伸出来的舌头是红色的，因此在编辑过程中就不容易确认红色的舌头到底有没有被红色的蒙版完全覆盖。此时应改用其他颜色的快速蒙版（如蓝色等）。

6.2 图层蒙版

图层蒙版是创建图层特效的重要工具，其作用是在不破坏图层的情况下，控制图层的显示区域和显隐程度。图层蒙版覆盖在对应的图层上，其本身是灰度图像，其中黑色表示图层的对应区域完全透明，白色表示完全不透明，灰色表示半透明，透明程度由灰度的深浅来确定（灰度越深越透明）。Photoshop 允许使用所有的绘画与填充工具、图像修整工具以及滤镜等相关的菜单命令对图层蒙版进行编辑和修改。

6.2.1 图层蒙版基本操作

本节的操作素材请参考"实例 06\梦想 . psd"。

1. 添加图层蒙版

选择要添加蒙版的图层（全部锁定的图层除外），采用下述方法之一添加图层蒙版。

（1）在【图层】面板上单击"添加图层蒙版"按钮◙，或选择菜单命令【图层】|【图层蒙版】|【显示全部】，可以为当前图层创建一个白色的蒙版（图层缩览图右边的附加缩览图表示图层蒙版），如图 6-9 所示。白色蒙版表示显示对应图层的全部内容。

（2）按住 Alt 键单击【图层】面板上的"添加图层蒙版"按钮◙，或选择菜单命令【图层】|【图层蒙版】|【隐藏全部】，可以为当前图层创建一个黑色的蒙版，如图 6-10 所示。黑色蒙版表示隐藏对应图层的全部内容。

图 6-9　显示全部的蒙版　　　　　　　　图 6-10　隐藏全部的蒙版

（3）在存在选区的情况下（如图 6-11 所示，选择人物），单击【图层】面板上的"添加图层蒙版"按钮◙，或选择菜单命令【图层】|【图层蒙版】|【显示选区】，将基于当前选区创建图层蒙版，如图 6-12 所示；此时，选区内的蒙版填充白色，选区外的蒙版填充黑色。按 Alt 键单击【图层】面板上的"添加图层蒙版"按钮◙，或选择菜单命令【图层】|【图层蒙版】|【隐藏选区】，所产生的图层蒙版恰恰相反。

2. 删除图层蒙版

在【图层】面板上，单击图层蒙版的缩览图将其选中，执行下列操作之一删除图层蒙版。

（1）单击【图层】面板上的"删除图层"按钮🗑，弹出如图 6-13 所示的提示框。单击【应用】按钮，将删除图层蒙版，同时蒙版效果被应用在图层上（图层被破坏）。单击【删除】按钮，则在删除图层蒙版后，蒙版效果不会应用到到图层上，图层保持完好无损。

图 6-11　存在选区的图像

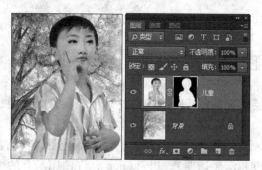

图 6-12　显示选区的蒙版

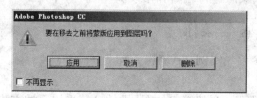

图 6-13　删除蒙版提示框

（2）选择菜单命令【图层】|【图层蒙版】|【删除】，直接将图层蒙版删除，蒙版效果不会应用到图层上。

（3）选择菜单命令【图层】|【图层蒙版】|【应用】，直接将图层蒙版删除，同时蒙版效果应用到图层上。

3. 在蒙版编辑状态与图层编辑状态之间切换

在【图层】面板上选择添加了图层蒙版的图层后，若图层蒙版缩览图的周围显示有白色亮边框（如图 6-14 所示），表示当前层处于蒙版编辑状态，所有的编辑操作都是作用在图层蒙版上。此时，若单击图层缩览图可切换到图层编辑状态。

若图层缩览图的周围显示有白色亮边框（如图 6-15 所示），表示当前层处于图层编辑状态，所有的编辑操作都是作用在图层上，对蒙版没有任何影响。此时，若单击图层蒙版缩览图可切换到蒙版编辑状态。

图 6-14　图层蒙版编辑状态

图 6-15　图层编辑状态

还有一种辨别的方法是，在默认设置下，当图层处于蒙版编辑状态时，工具箱上的"前景色/背景色"选色按钮仅显示所选颜色的灰度值。

4. 蒙版与图层的链接

默认设置下，图层蒙版与对应的图层是链接的（图层缩览图和图层蒙版缩览图之间存在链接图标 ），如图 6-16 所示。变换（移动、缩放、旋转、扭曲等）其中的一方，另一方会产生相应的变动。

单击图层缩览图和图层蒙版缩览图之间的链接图标 ，取消链接关系（ 图标消失），此时变换其中的任何一方，另一方均不会受影响，如图 6-17 所示。再次在图层缩览图和图层蒙版缩览图之间单击，可恢复链接关系。

图 6-16 和图 6-17 所示的分别是链接状态下和取消链接关系后，在图层编辑状态下，对人物图层进行移动和缩放后的效果。

图 6-16　链接状态下变换图层　　　　　　　　图 6-17　取消链接后变换图层

5. 启用和停用图层蒙版

按住 Shift 键，在【图层】面板上单击图层蒙版的缩览图，可停用图层蒙版（图层蒙版的缩览图上出现红色"×"号标志）。此时，图层蒙版对图层不再有任何作用，就像根本不存在一样，如图 6-18 所示。

按住 Shift 键，在已经停用的图层蒙版的缩览图上单击，红色"×"号标志消失，图层蒙版重新被启用。

也可以在选择图层蒙版后，通过选择菜单【图层】|【图层蒙版】下的【停用】和【应用】命令，来停用和启用图层蒙版。

6. 在图像窗口查看图层蒙版

有时为了确切了解图层蒙版中遮罩区域的颜色分布及边缘的羽化程度，可以按住 Alt 键在【图层】面板上单击图层蒙版的缩览图，这时图像窗口中显示的就是图层蒙版的灰度图像，如图 6-19 所示。要在图像窗口中恢复显示图层图像，可以按住 Alt 键再次单击图层蒙版的缩览图。

7. 将图层蒙版转换为选区

实际上，图层蒙版中所承载的就是一个固化的（或者说永久的）选区。其中白色表示选区，灰色表示透明的选区（透明程度与灰度的深浅有关）。该选区控制着对应图层的显示区域和透明程度。

在【图层】面板上，通过以下操作，随时可以将图层蒙版中的选区显示在图像窗口中，并与图像中现有的选区进行运算。

（1）按住 Ctrl 键，单击图层蒙版的缩览图，可以在图像窗口中载入蒙版选区，该选区将取代图像中的原有选区。

图 6-18　停用图层蒙版　　　　　　　　　图 6-19　查看蒙版灰度图

（2）按 Shift+Ctrl 键，单击图层蒙版的缩览图；或从图层蒙版的右键快捷菜单中选择【添加蒙版到选区】命令，可将载入的蒙版选区与图像中的原有选区进行并集运算。

（3）按 Ctrl+Alt 键，单击图层蒙版的缩览图；或从图层蒙版的右键快捷菜单中选择【从选区中减去蒙版】命令，可从图像的原有选区中减去载入的蒙版选区。

（4）按 Shift+Ctrl+Alt 键，单击图层蒙版的缩览图；或从图层蒙版的右键快捷菜单中选择【蒙版与选区交叉】命令，可将载入的蒙版选区与图像中的原有选区进行交集运算。

8. 解除图层蒙版对图层样式的影响

虽然图层蒙版仅仅从外观上影响对应图层的内容显示，但在带有图层蒙版的图层上添加图层样式时，所产生的效果也受到了蒙版的影响，就好像图层上被遮罩的内容根本不存在一样，如图 6-20 所示。有时，这种影响是负面的。要解除图层蒙版对图层样式的影响，可选择菜单命令【图层】|【图层样式】|【混合选项】，打开【图层样式-混合选项】对话框，在【高级混合】栏中勾选【图层蒙版隐藏效果】即可，如图 6-21 所示。

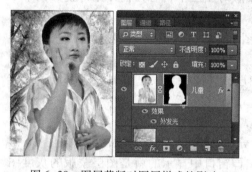

图 6-20　图层蒙版对图层样式的影响　　　　图 6-21　解除蒙版的影响

6.2.2　图层蒙版应用实例 1——图像自然对接

主要技术看点：图层蒙版，黑白线性渐变，图层复制，图层对齐，载入图层选区，变换选区等。

步骤 1　打开素材图像"实例 06 \瀑布 . jpg"。使用菜单命令【图像】|【画布大小】将画布由原来的 400 像素×300 像素扩大到 400 像素×454 像素，扩充区域出现在新图像的顶部（扩充区域的颜色任选），如图 6-22 所示。

步骤 2　打开素材图像"实例 06 \云雾 . jpg"。按 Ctrl+A 键全选图像，按 Ctrl+C 键复制图像。

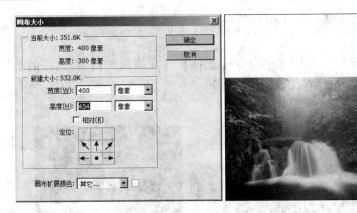

图 6-22　调整"瀑布"的画布大小

步骤 3　切换到"瀑布"图像窗口，按 Ctrl+V 键粘贴图像，如图 6-23 所示。

图 6-23　在不同图像间复制图层

步骤 4　将图层 1 与背景层链接起来，并选中背景层。选择"移动工具"，单击选项栏上的"顶对齐"按钮▔▏，将图层 1 对齐到图像窗口的顶部，如图 6-24 所示。

步骤 5　取消图层 1 与背景层的链接关系，并选择图层 1。添加显示全部的图层蒙版，如图 6-25 所示。

图 6-24　对齐图层

图 6-25　添加图层蒙版

步骤 6   按住 Ctrl 键，在【图层】面板上单击图层 1 的缩览图，载入该层中像素的选区。

步骤 7   隐藏图层 1，使用菜单命令【选择】│【变换选区】，将选区的上边界调整到如图 6-26 所示的位置（原瀑布图像的上边界）。

图 6-26   创建选区

步骤 8   重新显示图层 1，并确保图层 1 为当前层并处于蒙版编辑状态。

步骤 9   按住 Shift 键，使用"线性渐变工具"（采用默认设置），沿垂直方向从选区的上边界到选区的下边界做一个由白色到黑色的直线渐变（切记渐变的起点与终点不要超出选区的上下边界）。

步骤 10   取消选区并保存图像。图像最终效果及【图层】面板如图 6-27 所示。

图 6-27   在蒙版的选区内创建直线渐变

6.2.3   图层蒙版应用实例 2——创意绿化

主要技术看点：图层蒙版，图层复制，智能图层的创建与变换，选区的创建与编辑等。

步骤 1   打开"实例 06"文件夹下的素材图像"草坪 . jpg""大缸 . psd""雏菊 . jpg"，如图 6-28 所示。

步骤 2   将大缸图像中的"缸"图层复制到草坪图像中，得到图层 1。将图层 1 转化为智能图层后缩小放在如图 6-29 所示的位置。

草坪 .jpg

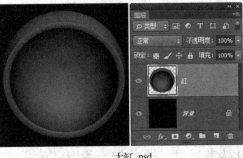
大缸 .psd

雏菊 .jpg

图 6-28　素材图像

步骤 3　在图层 1 的上面新建图层 2。使用"椭圆选框工具"创建如图 6-30 所示的椭圆选区（刚好覆盖缸口），并在图层 2 的选区内填充黑色。取消选区。

图 6-29　复制并变换图层

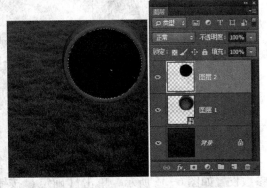
图 6-30　创建覆盖缸口的黑色椭圆

步骤 4　将雏菊图像中的背景层复制到草坪图像的最上层，得到图层 3。为图层 3 添加显示全部的图层蒙版，如图 6-31 所示。

步骤 5　确保图层 3 处于图层蒙版编辑状态。使用黑色画笔（适当设置画笔直径与硬度）在图像窗口涂抹以隐藏图像。如果不小心隐藏了不该隐藏的像素，可改用白色画笔涂抹以恢复显示。最终效果如图 6-32 所示。

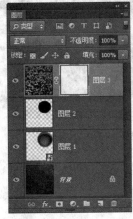
图 6-31　添加图层蒙版

图 6-32　图像最终效果及图层结构

步骤 6　以"创意绿化.psd"为文件名保存图像。

6.2.4　图层蒙版应用实例 3——使用图层蒙版抠选图像

主要技术看点：图层蒙版，图层样式，复制图层，自由变换，照片滤镜等。

步骤 1　打开素材图像"实例 06 \小提琴手.jpg"和"树林.jpg"。

步骤 2　使用"快速选择工具"或其他选择工具选择"小提琴手"图像中的人物（不必太精确），如图 6-33 所示。

步骤 3　将背景层转化为普通层（图层 0），为图层 0 添加显示选区的图层蒙版，如图 6-34 所示。

图 6-33　创建人物选区　　　　　　　　图 6-34　添加图层蒙版

步骤 4　在【图层】面板菜单中选择【复制图层】命令，打开【复制图层】对话框，参数设置如图 6-35 所示，单击【确定】按钮（将图层 0 连同对应的图层蒙版一起复制到"树林.jpg"图像中）。

步骤 5　切换到"树林"的图像窗口，使用【编辑】|【自由变换】命令将人物图层适当成比例缩小并调整位置和角度，如图 6-36 所示。

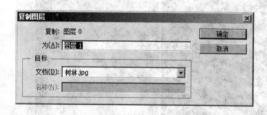

图 6-35　复制图层　　　　　　　　　　图 6-36　调整人物的大小和位置

仔细观察不难发现，人物周围有一些从原图像携带过来的浅色毛边，还有的地方选择不完整，大大影响了图像的合成效果。

步骤 6　将前景色设置为黑色，背景色设置为白色。确保图层 1 处于蒙版编辑状态。选择画笔工具，设置合适大小的软边画笔（5 像素左右），用画笔将人物周围的浅色毛边涂抹掉，如图 6-37 所示。

图 6-37　清除多选的浅色杂边

步骤 7　如果不小心"擦除"了不该"擦除"的像素，可将前景色与背景色对调，然后使用白色画笔涂抹，将多"擦除"的部分恢复。对于选择不完整的地方，同样可以通过白色画笔涂抹恢复。

步骤 8　使用 1 像素大小的黑色硬边画笔在皮鞋底部沿垂直方向一笔一笔涂抹，将绿色显示出来（使得看上去好像皮鞋踩在草丛里一样），如图 6-38 所示。

步骤 9　对于头发右侧几根散乱的发丝，可以使用 1 像素大小的黑色硬边画笔，并适当降低画笔的不透明度，将发丝间的背景色擦除或减弱。全部修补好的图像如图 6-39 所示。

图 6-38　将皮鞋处的小草显示出来

图 6-39　修补后的图像

步骤 10　在【图层】面板上单击图层 1 的图层缩览图，切换到图层编辑状态。选择菜单命令【图像】|【调整】|【照片滤镜】，打开【照片滤镜】对话框，参数设置如图 6-40 所示（其中自定义颜色的颜色值为#66cc33）。单击【确定】按钮。此时人物蒙上了一层绿色，与背景更协调了。

步骤 11　为图层 1 添加投影样式，参数设置如图 6-41 所示。图像最终合成效果如图 6-42 所示。

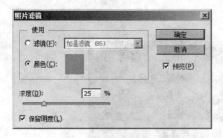

图 6-40 【照片滤镜】对话框 　　　　　　　图 6-41 添加投影样式

图 6-42 图像最终合成效果

6.3 剪贴蒙版

剪贴蒙版可以通过一个称为基底图层的图层控制其上面一个或多个内容图层的显示区域和显隐程度。剪贴蒙版不仅是 Photoshop 合成图像的主要技术之一，还常用于遮罩动画的制作。

6.3.1 创建和释放剪贴蒙版

以下举例说明剪贴蒙版的基本用法。

步骤 1 打开素材图像"实例 06\村落 . jpg"，按 Ctrl+A 键全选图像，按 Ctrl+C 键复制图像。

步骤 2 打开素材图像"实例 06\水墨鲤鱼 . psd"，如图 6-43 所示。选择"水墨"层，按 Ctrl+V 键，结果将"村落"图像粘贴在"水墨"层上面的图层 1 中，如图 6-44 所示。

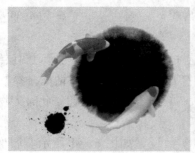

图 6-43 素材图像"水墨鲤鱼"

图 6-44 粘贴图层

步骤 3 采用下述方法之一为图层 1 创建剪贴蒙版。

（1）按住 Alt 键，在【图层】面板上将光标定位于图层 1 与"水墨"层的分隔线上（此时光标显示为形状↓□）单击。

（2）选择图层 1，选择菜单命令【图层】|【创建剪贴蒙版】（或按 Alt+Ctrl+G 键）。

采用类似的方法为"鲤鱼"层创建剪贴蒙版，结果如图 6-45 所示。

图 6-45 创建剪贴蒙版

剪贴蒙版创建完成后，带有↓图标并向右缩进的图层（图层 1 与"鲤鱼"层）称为内容图层，内容图层可以有多个（创建方法类似，但必须是连续的）。与所有内容图层下面相邻的一个图层（本例中的"水墨"层），称为基底图层（图层名称上带有下划线）。基底图层充当了内容图层的剪贴蒙版，其中像素的颜色对剪贴蒙版的效果无任何影响，而像素的不透明度却控制着内容图层的显示程度。不透明度越高，显示程度越高。本例中水墨的边缘是半透明的，结果从这儿看到的内容图层的图像也是半透明的。

步骤 4 采用下述方法之一将"鲤鱼"图层从剪贴蒙版中释放出来，转化为普通图层，如图 6-46 所示。

（1）按住 Alt 键，在【图层】面板上将光标移到"鲤鱼"图层与图层 1 的分隔线上（此时光标显示为形状↓□），单击。

（2）选择"鲤鱼"图层，选择菜单命令【图层】|【释放剪贴蒙版】（或按 Ctrl+Alt+G 键）。

如果被释放的内容图层的上面还有其他内容图层，这些图层也同时被释放。若选择剪贴蒙版中的基底图层，选择菜单命令【图层】|【释放剪贴蒙版】（或按 Ctrl+Alt+G 键），可释放该基底图层的所有内容图层。

图 6-46　释放剪贴蒙版

6.3.2　剪贴蒙版应用案例——设计航空信封

主要技术看点：剪贴蒙版，图层复制，智能图层的创建与变换，选区等。

步骤1　新建一个 800 像素×480 像素，72 像素/英寸，RGB 颜色模式，白色背景的图像。将背景层填充为黑色。

步骤2　使用形状工具组中的矩形工具（工具模式设置为"形状"）创建如图 6-47 所示白色矩形（作为信封），得到"矩形 1"形状层。通过【属性】面板设置矩形大小为 700 像素×380 像素。

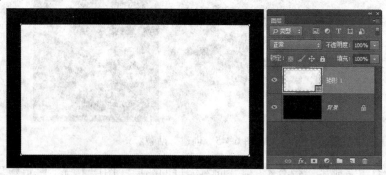

图 6-47　创建白色矩形

步骤3　选择"路径选择工具" ，利用键盘方向键调整白色矩形的位置，使其大致居于图像窗口中央。然后在矩形之外的空白处单击，取消矩形的选择状态。

步骤4　在信封的左上角，使用矩形工具（工具模式设置为"形状"）继续创建红色矩形，得到"矩形 2"形状层。通过【属性】面板设置红色矩形大小为 27 像素×27 像素。如图 6-48 所示。

图 6-48　创建红色矩形

步骤 5　使用"直接选择工具"▶框选红色矩形左下角上的点，按向左方向键一次，在弹出的对话框中单击【确定】按钮，将实时形状转化为常规路径（以便下面能够对其进行斜切变换）。再按向右方向键一次，使矩形恢复原状。

步骤 6　再次选择"路径选择工具"▶，选择菜单命令【编辑】|【变换路径】|【斜切】，在选项栏上将水平方向的倾斜度设置为-45 度（ H: -45.00 度 ）。单击选项栏右侧的 ✓ 按钮提交变换。

步骤 7　按 Ctrl+Alt+T 键，显示"自由变换和复制"控制框。按向右方向键→移动复制红色图形到如图 6-49 所示的位置。按 Enter 键确认变换。连续按 Shift+Ctrl+Alt+T 键，执行变换和复制操作多次，得到如图 6-50 所示的效果。

图 6-49　变换复制红色图形　　　　　　图 6-50　变换复制的最终结果

步骤 8　按 Ctrl+Alt+G 键创建剪贴蒙版，如图 6-51 所示。

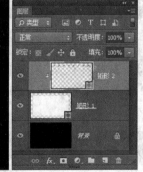

图 6-51　创建剪贴蒙版

步骤 9　复制"矩形 2"层，得到"矩形 2 拷贝"层。选择"移动工具"，使用向右方向键移动"矩形 2 拷贝"层，得到如图 6-52 所示的效果。

步骤 10　通过双击"矩形 2 拷贝"层的图层缩览图将其中图形的颜色更改为蓝色 #0c2977。

步骤 11　同时选中"矩形 2"层和"矩形 2 拷贝"层。使用【复制图层】命令复制出"矩形 2 拷贝 2"层和"矩形 2 拷贝 3"层。

步骤 12　确保"矩形 2 拷贝 2"层和"矩形 2 拷贝 3"层都被选中。选择"移动工具"，使用键盘方向键移动这两个图层到如图 6-53 所示的位置。这样航空信封的上下两个花边就做好了。

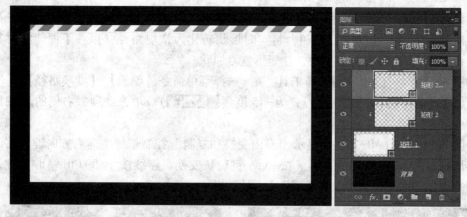

图 6-52　复制并移动内容图层

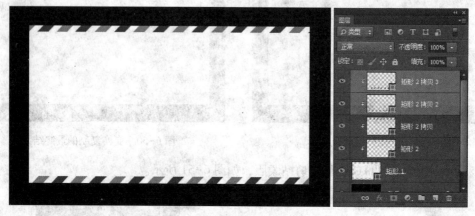

图 6-53　完成上下两个花边的设计

步骤 13　左右两个垂直花边的制作方法与前面类似，请读者自己完成（垂直花边与水平花边不要重叠。多余的形状可使用"路径选择工具" ▶ 选中，按 Delete 键删除）。如图 6-54 所示。

图 6-54　完成垂直花边的设计

步骤 14 打开素材图像"实例 06\logo.jpg",将其中的背景层复制到航空信封图像的最上层,转化为智能对象,缩小放置到信封左下角。在信封右上角书写文字"VIA AIR MAIL"（Times New Roman,Bold,18 点,蓝色#0c2977）,如图 6-55 所示。

图 6-55 航空信封最终效果及图层组成

6.4 矢量蒙版

矢量蒙版的作用是在图层上创建边界清晰的图形。这种图形便于修改和维护,特别是不管缩放多少倍都依然能够保持清晰平滑的边界,克服了位图缩放后模糊变形的缺点,对于作品的打印输出至关重要。以下举例说明矢量蒙版的基本用法。

1. 添加矢量蒙版

步骤 1 打开素材图像"实例 06\镜框.psd",选择要添加矢量蒙版的"木纹"层。

步骤 2 采用下述方法之一为"木纹"层添加矢量蒙版。

(1) 按住 Ctrl 键,在【图层】面板上单击"添加图层蒙版"按钮 ▢;或者选择菜单命令【图层】|【矢量蒙版】|【显示全部】,可以为当前图层创建显示全部内容的白色矢量蒙版,如图 6-56 所示。

图 6-56 创建显示全部的矢量蒙版

（2）按 Ctrl+Alt 键，在【图层】面板上单击"添加图层蒙版"按钮◻；或者选择菜单命令【图层】|【矢量蒙版】|【隐藏全部】，可以为当前图层创建隐藏全部内容的灰色矢量蒙版，如图 6-57 所示。

图 6-57 创建隐藏全部的矢量蒙版

（3）在【路径】面板上单击选择某个路径（本例选择"镜框"路径，如图 6-58（a）所示），按 Ctrl 键，在【图层】面板上单击"添加图层蒙版"按钮◻；或者选择菜单命令【图层】|【矢量蒙版】|【当前路径】，可以为当前图层创建基于路径的矢量蒙版，如图 6-58（b）所示。

（a）　　　　　　　　　　　　　　　　　　（b）

图 6-58 创建基于路径的矢量蒙版

与图层蒙版类似，全部锁定的图层不能添加矢量蒙版。

2. 编辑矢量蒙版

对矢量蒙版的编辑实际上就是对矢量蒙版中路径的编辑。在【图层】面板上选择带有矢量蒙版的图层后，即可在图像窗口中对矢量蒙版中的路径进行编辑（关于路径的创建与编辑，可参阅第 8 章）。

3. 删除矢量蒙版

与"删除图层蒙版"类似。可参考 6.2.1 节中的对应内容。

4. 停用或启用矢量蒙版

与"停用和启用图层蒙版"类似。可参阅 6.2.1 节中的对应内容。

5. 将矢量蒙版转化为图层蒙版

选择包含矢量蒙版的图层，选择菜单命令【图层】|【栅格化】|【矢量蒙版】，即可将矢量蒙版转化为图层蒙版。

6.5　几种与蒙版相关的图层

6.5.1　调整层

　　调整层是一种带有图层蒙版或矢量蒙版的特殊图层，可以在不破坏图像原始数据的情况下对其下面的图层进行颜色调整，属于典型的非破坏性编辑方式。使用调整层的另一个好处是，在任何时候都可以修改颜色调整的参数。

　　调整层像一层透明的纸一样，它本身不包含任何像素，不会遮盖其下面图层中的图像，却承载着对其下面图层的颜色调整参数。通过调整层上的蒙版还能够控制颜色调整的作用范围和强弱。调整层的使用范围很广；但美中不足的是，仍有少数几个颜色调整命令不能借助调整层来实现。

　　以下举例说明调整层的基本用法。

　　步骤1　打开"实例06\中国画册.psd"，选择"国画梅花"层，如图6-59所示。

图6-59　打开素材图像

　　步骤2　选择菜单命令【图层】|【新建调整图层】|【可选颜色】，打开【新建图层】对话框，参数设置如图6-60所示。

图6-60　【新建图层】对话框

该对话框各选项功能如下。

　　↜【使用前一图层创建剪贴蒙版】：将下一图层作为基底图层创建剪贴蒙版，使得颜色调整的作用范围仅限于下一图层（即基底图层）的像素区域，否则，将作用于调整层下面的所有图层。

　　↜【模式】：为调整层选择图层混合模式，以获得不同的颜色调整效果。也可以在调整层创建完毕后直接在【图层】面板上为其选择混合模式。

　　↜【不透明度】：设置调整层的不透明度，以控制颜色调整的作用强度。也可以在调整层创建完毕后直接在【图层】面板上设置。

步骤 3　单击【确定】按钮，打开【属性】面板。参数设置如图 6-61 所示（分别对"洋红"和"红色"进行设置）。

图 6-61　设置【属性】面板参数

提示：也可以直接在【图层】面板上单击"创建新的填充或调整图层"按钮，从弹出菜单中选择颜色调整命令。

步骤 4　参数设置完成后，关闭【属性】面板。此时，在【图层】面板上已经创建好一个带有图层蒙版的调整层（本来有些粉红色的梅花变成大红色了），如图 6-62 所示。

图 6-62　创建调整层之后的图像

步骤 5　选择调整层，按 Ctrl+Alt+G 键为"可选颜色"层添加剪贴蒙版。这样可将调色作用限制在"国画梅花"层的像素区域，避免对背景层造成不必要的影响。

步骤 6　确保调整层处于蒙版编辑状态。将前景色设为黑色。使用画笔工具在梅花花瓣上涂抹，结果画笔经过之处的梅花又变成粉红色了（如图 6-63 所示）。如果使用灰色涂抹，则可以减弱梅花上的大红色。

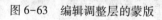
图 6-63　编辑调整层的蒙版

提示：在调整层的图层蒙版上，黑色表示调整层对下面图层无调整效果；白色表示调整效果最强；灰色区域的调整程度由灰色的深浅决定，灰度越深，调整强度越大。

步骤 7　在【图层】面板上，双击调整层的缩览图，可以打开【属性】面板，重新设置调整参数。

提示：若在创建调整层前选择了某个路径，则基于所选路径创建带有矢量蒙版的调整层。其对下面图层的调色作用被限制在路径的封闭区域内。

6.5.2　填充层

默认设置下，填充层是一种带有图层蒙版的特殊图层，填充的内容包括纯色、渐变色和图案三种。通过填充层的不透明度设置和图层蒙版可控制填充效果的强弱和范围。

与调整层类似，也可以创建基于路径的填充层，填充内容被限制在相应路径的封闭区域内。但在 Photoshop CC 中，基于路径的填充层不带蒙版。

下面以"图案填充"为例介绍填充层的基本用法。

步骤 1　打开素材图像"实例 06\古书封面.psd"，选择"封面"层，如图 6-64 所示。

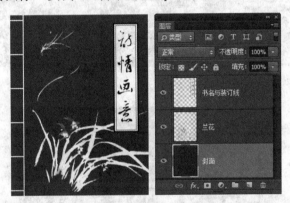

图 6-64　素材图像

步骤 2　在【图层】面板上单击"创建新的填充或调整图层"按钮，从弹出的菜单中选择【图案】（或调用菜单命令【图层】|【新建填充图层】|【图案】），打开【图案填充】对话框。单击左侧的图案选择按钮，弹出图案选取器，如图 6-65 所示。

步骤 3　单击图案选取器右上角的按钮，打开面板菜单。从中载入【自然图案】，并取代原来的默认图案。

步骤 4　选择"自然图案"中的最后一个图案（多刺的灌木），如图 6-66 所示。单击【确定】按钮。

步骤 5　结果在"封面"层的上面生成了"图案填充 1"层。将"图案填充 1"层的混合模式设置为"明度"，如图 6-67 所示。

步骤 6　创建如图 6-68 所示的矩形选区（羽化值 0）。单击"图案填充 1"层的图层蒙版，使该层处于蒙版编辑状态。

步骤 7　在蒙版的选区内填充灰色#999999；反转选区，填充浅一点的灰色#cccccc，取消选区，结果如图 6-69 所示。

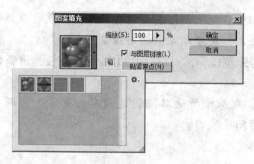 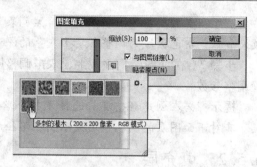

图 6-65　打开图案选取器　　　　　　　　　　图 6-66　选择"自然图案"

图 6-67　设置填充层参数　　　　　　　　　　图 6-68　建立选区

图 6-69　使用图层蒙版控制不同区域的填充强度

步骤 8　如果对上面的填充图案不满意，可以选择填充层，选择菜单命令【图层】|【图层内容选项】（或直接在【图层】面板上双击填充层的图层缩览图），重新打开【图案填充】对话框。选择新的填充图案。

由此可见，填充层比图层样式中的"图案叠加"功能更强大，它可以通过图层蒙版控制不同区域的图案填充强度。

6.5.3　形状层

形状层是由形状工具、钢笔工具或自由钢笔工具创建的一种特殊的图层（创建时应在选项栏上设置工具模式为"形状"），实质上是基于路径的填充层。如图 6-70 所示，形状层由矢量边框和填充两部分组成。使用路径工具可以对矢量边框进行调整。双击图层缩览图可以打开拾色器选择填充色。通过【属性】面板还可以调整【浓度】和【羽化】等参数，如图 6-71 所示。

图 6-70　形状图层的组成　　　　　　　图 6-71　设置【属性】面板参数

6.5.4　矢量蒙版和填充层、调整层综合实例

利用素材图像"实例 06\古装人物 . psd"和"砖 . jpg"设计制作如图 6-72 所示的效果（最终效果请参考"实例 06\笛韵 . jpg"）。

图 6-72　笛韵图

主要技术看点：矢量蒙版，剪贴蒙版，填充层，调整层，定义图案，图层样式（图案叠加、斜面和浮雕）等。

步骤 1　打开素材图像"实例 06\砖 . jpg"。创建如图 6-73 所示的矩形选区（羽化值 0）。

步骤 2　使用菜单命令【编辑】|【定义图案】将选区内图像定义为图案，命名为"砖"。关闭图像"砖 . jpg"。

步骤 3　打开素材图像"实例 06\古装人物 . psd"。选择"自定形状工具" ，在选项栏左侧将工具模式设置为"路径"。打开默认的形状面板，单击选择"窄边圆形边框"形状 ，如图 6-74 所示。

步骤 4　按住 Shift 键同时拖移光标在图像窗口创建如图 6-75 所示的"双环"路径。显示【路径】面板，如图 6-76 所示。

图 6-73　创建矩形选区

图 6-74　选择形状

图 6-75　创建路径

图 6-76　路径面板

步骤 5　从【路径】面板菜单中选择【存储路径】命令，打开【存储路径】对话框，输入路径名称"圆环"，单击【确定】按钮。

步骤 6　从【路径】面板菜单中选择【复制路径】命令，打开【复制路径】对话框，输入路径名称"圆"，单击【确定】按钮。此时的【路径】面板如图 6-77 所示。

步骤 7　在【路径】面板上选择路径"圆"，此时该路径显示在图像窗口中。选择"直接选择工具"，首先在图像窗口的路径外单击，隐藏路径上的锚点。再在路径上单击，显示锚点。单击外环上的某个锚点，按 Delete 键 2 次，将外环删除，如图 6-78 所示。

图 6-77　存储并复制路径

图 6-78　删除外环

步骤 8　在【路径】面板上选择路径"圆"。显示【图层】面板，选择"古装人物"层。

步骤 9　按 Ctrl 键，在【图层】面板上单击"添加图层蒙版"按钮，为"古装人物"层创建基于路径的矢量蒙版，如图 6-79 所示。

步骤 10　新建图层，命名为"砖墙"，并填充白色，置于图层面板的最底部。

图 6-79　创建矢量蒙版

步骤 11　为"砖墙"层添加图层样式"图案叠加"（选择前面定义的"砖"图案，将
【缩放】参数设置为 20%）。此时的图像效果和【图层】面板如图 6-80 所示。

图 6-80　添加图案叠加样式后的图像

步骤 12　在【路径】面板上选择路径"圆环"。显示【图层】面板，选择"古装人物"
层。在【图层】面板上单击"创建新的填充或调整图层"按钮 ⊘ ，从弹出的菜单中选择
【纯色】，在打开的拾色器中选择颜色 # bbc3d7。单击【确定】按钮，结果生成"颜色填充
1"层，如图 6-81 所示。

图 6-81　创建单色填充层

步骤 13　为"颜色填充 1"层添加图层样式"斜面和浮雕"，参数设置如图 6-82 所示。

步骤 14　在【图层】面板上选择"竹子芭蕉"层。单击"创建新的填充或调整图层"
按钮 ⊘ ，从弹出的菜单中选择【曲线】，在打开的【属性】面板中设置参数，如图 6-83 所

示（绿色通道，曲线上扬）。关闭对话框，结果生成"曲线 1"层。

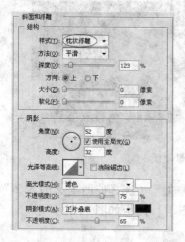

图 6-82 设置斜面和浮雕样式参数

图 6-83 设置调整层参数

步骤 15 选择"曲线 1"层。按 Ctrl+Alt+G 键，添加剪贴蒙版，使"曲线 1"层的颜色调整作用限制在"竹子芭蕉"层的像素范围内。图像最终效果及图层结构如图 6-84 所示。

图 6-84 图像最终效果及图层面板组成

步骤 16 存储文件。

6.6 小结

本章主要讲述了以下内容。

（1）快速蒙版。主要用于创建和编辑选区，是 Photoshop 抠图的重要工具。

（2）图层蒙版。用于控制图层显示范围和显隐程度，并保护相应的图层免遭破坏。

（3）剪贴蒙版。以不同于图层蒙版的方式控制图层的显示范围和显隐程度，或控制调整层和填充层的作用范围、作用强度。

（4）矢量蒙版。用于在图层上创建边界清晰的图形。

（5）几种与蒙版有关的图层。包括调整层、填充层和形状层等。

↘ 调整层是一种带有图层蒙版或矢量蒙版的特殊图层，可以在不破坏图像原始数据的情况下进行颜色调整，而且任何时候都可以修改颜色调整参数。通过调整层上的蒙版可以控制调整层的作用范围和强度。

ॻ 填充层是一种带有图层蒙版或矢量蒙版的特殊图层，填充的内容包括纯色、渐变色和图案三种。

ॻ 形状层实际上是一种基于路径的填充层。

6.7　习题

一、选择题

1. 以下关于蒙版的说法，不正确的是_____。

　　A. 剪贴蒙版用于控制图层的显示范围和显示程度，或控制调整层和填充层的作用范围、作用强度

　　B. 快速蒙版主要用来创建和编辑选区

　　C. 图层蒙版用来控制图层中不同区域的图像的显隐状况

　　D. 要想使图层蒙版不起作用，唯一的办法就是将其删除

2. 以下关于蒙版的说法，不正确的是_____。

　　A. 在 Photoshop 中，图层蒙版是以彩色图像形式存储的

　　B. 在 Photoshop 中，可以使用所有的绘画与填充工具、图像修整工具以及相关的菜单命令对图层蒙版进行编辑和修改

　　C. 可使用相关的菜单命令将选区作为蒙版存储在 Alpha 通道中

　　D. 选区实际上就是一个临时性的蒙版

3. 将图层蒙版与图层建立链接的作用是_____。

　　A. 可将蒙版与图层进行对齐

　　B. 可将蒙版与图层同时进行编辑

　　C. 可将蒙版与图层一起移动和变换

　　D. 可将蒙版与图层一起删除

4. 以下关于矢量蒙版的说法，不正确的是_____。

　　A. 使用矢量蒙版可以在图层上创建边界清晰的图形

　　B. 图层蒙版不能转换为矢量蒙版；同样，矢量蒙版也不能转换为图层蒙版

　　C. 对矢量蒙版的编辑实际上是对矢量蒙版中路径的编辑

　　D. 使用矢量蒙版创建的图形易于修改，特别是缩放后图形的边界依然保持清晰平滑

5. 填充层不包括_____。

　　A. 图案填充层　　　　B. 快照填充层　　　　C. 渐变填充层　　　　D. 纯色填充层

6. 以下色彩调整命令不能建立调整层的是_____。

　　A. 色阶　　　　　　　B. 可选颜色　　　　　C. 替换颜色　　　　　D. 曲线

7. 下列关于蒙版的描述不正确的是_____。

　　A. 当图像处于蒙版编辑状态时，在【通道】面板上可看到与蒙版对应的临时 Alpha 通道

　　B. 图层蒙版可转化为选区

C. 图层蒙版和图层矢量蒙版是不同的类型的蒙版，二者之间是无法转换的

D. 快速蒙版的作用主要是用来创建和编辑选区

8. 图层蒙版不能添加在_____上。

　　A. 图层组　　　　　　B. 文字图层　　　　　C. 透明图层　　　　　D. 全部锁定的图层

9. 对于一个已具有图层蒙版的图层而言，如果再次单击"添加蒙版"按钮，则下列描述正确的是_____。

A. 无任何结果

B. 将为当前图层增加一个矢量蒙版

C. 为当前图层增加一个与第一个蒙版相同的蒙版，从而使当前图层具有两个蒙版

D. 删除当前图层蒙版

10. 以下对填充层的操作不能改变填充效果强弱或填充范围的是_____。

　　A. 改变图层不透明度　　　　　　　　　B. 编辑图层蒙版或矢量蒙版

　　C. 添加剪贴蒙版　　　　　　　　　　　D. 移动图层

二、填空题

1. 根据用途和存在形式的不同，蒙版可分为_____、_____、_____和矢量蒙版等多种。

2. 在图层蒙版上，_____表示透明；_____表示不透明；灰色表示_____，透明的程度由灰色的深浅决定。

3. 在编辑带有图层蒙版的图层时，存在_____编辑状态和_____编辑状态两种情况。

4. 调整层是一种特殊的图层，通过它可以对图像进行_____调整，但不会破坏原始图像数据。

5. 默认设置下，填充层也是一种带有蒙版的图层。填充层上的内容可以是_____、_____或_____。

三、操作题

1. 利用蒙版技术将素材图像"练习\第 6 章\草原上的小狗 .psd"处理成如图 6-85 所示的景深效果。

图 6-85　在蒙版上添加线性渐变

操作提示：

（1）打开素材图像。复制背景层。在背景副本层上添加高斯模糊滤镜（模糊半径

1.5）。

（2）为背景副本层添加显示全部的图层蒙版。在蒙版上自下而上做黑色到白色的线性渐变。渐变的起点在图像的底边上，终点控制在大树主干的上下中点附近（小狗鼻子以下）。

2. 使用蒙版工具选择素材图像"练习\第 6 章\昆虫 .jpg"（如图 6-86 所示）中的小虫，与素材图像"练习\第 6 章\菊花 .jpg"（如图 6-87 所示）合成如图 6-88 所示的效果。

图 6-86　素材图像"昆虫"　　　　图 6-87　素材图像"菊花"　　　　图 6-88　合成图像

操作提示：

（1）使用磁性套索等工具选择昆虫除触角和腿之外的部位。

（2）进入快速蒙版编辑模式，使用画笔涂抹加选昆虫的触角和腿。

（3）将背景层转化为普通层。添加显示选区的图层蒙版，并利用图层蒙版修整选区。

（4）将整个图层（连同图层蒙版）复制到"菊花"图像中。

（5）缩放、旋转小虫，调整小虫的位置。

3. 设计制作银色双环效果

（1）新建图像（600 像素×450 像素，RGB 颜色模式，72 像素/英寸，白色背景）。

（2）新建图层 1。创建如图 6-89 所示的圆形选区（羽化值 0），并在图层 1 的选区内填充黑色（或白色之外的其他任何颜色）。

（3）使用【变换选区】命令（中心不变成比例）缩小选区。按 Delete 键删除选区内像素，并取消选区，如图 6-90 所示。

（4）复制图层 1。将图层 1 副本水平向右移动到如图 6-91 所示的位置。

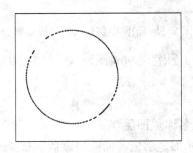

图 6-89　创建圆形选区　　　　图 6-90　创建平面圆环效果　　　　图 6-91　创建圆环副本

（5）在【样式】面板上载入"Web 样式"（取代默认样式）。为图层 1 添加"光面铬黄"样式（第 20 个样式），为图层 1 副本添加"水银"样式（第 21 个样式），如图 6-92 所示。结果图像如图 6-93 所示。

图 6-92　Web 样式　　　　　　　　　　图 6-93　在圆环上添加 Web 样式

（6）为图层 1 副本添加图层蒙版。按住 Ctrl 键单击图层 1 的缩览图，载入左侧圆环的选区（注意此时选择的还是图层 1 副本的蒙版）。

（7）使用黑色硬边画笔在两个圆环的上方交叉处涂抹，直到上面的圆环（右侧圆环）在此交叉处的颜色全部消失为止。取消选区，如图 6-94 所示。右侧圆环被"擦除"处的边缘出现了图层效果，这是我们不希望看到的。

（8）双击图层 1 副本的缩览图，打开【图层样式 - 混合选项】对话框。勾选其中的【图层蒙版隐藏效果】选项，单击【确定】按钮。此时，右侧圆环被擦除部分边缘的图层效果消失，如图 6-95 所示。

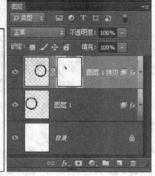

图 6-94　使用图层蒙版隐藏图层 1 副本的像素　　　　　图 6-95　消除图层样式的负面影响

4. 利用蒙版技术和素材图像"练习 \ 第 6 章 \ 人物 . jpg"（如图 6-96 所示）设计制作如图 6-97 所示的倒影效果。

操作提示：

（1）打开素材图像，将背景层转普通层（这里采用默认名称"图层 0"）。

（2）建立人物选区（可使用魔棒选黑色背景再反选），添加显示选区的图层蒙版，如果选区不太准确，可借助图层蒙版修复选区。

（3）新建图层，将背景色设置为黑色，然后使用【图层】|【新建】|【图层背景】命令将新图层转换为背景层。

（4）复制图层 0，得到图层 0 副本。将图层 0 向左下角方向移动一定距离，并将图层 0

的不透明度设置为 50% 左右。

图 6-96　人物素材

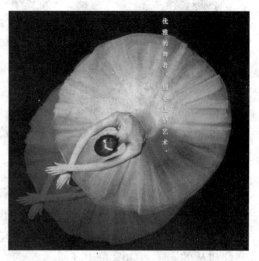

图 6-97　倒影效果

（5）在图层 0 的蒙版上做透明到黑色的线性渐变（方向：从右上向左下。注意起点与终点的选择）。如图 6-98 所示。

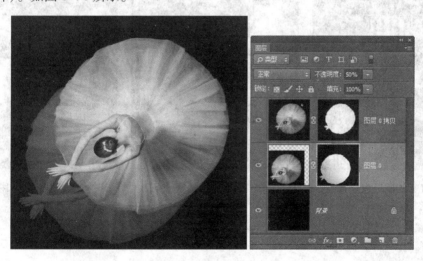

图 6-98　制作人物倒影效果

（6）创建文本"优雅的舞者，脚尖上的艺术。"（华文中宋，10 点，白色），添加投影样式。

5. 利用蒙版技术和素材图像"练习\第 6 章\麦田 . jpg"（如图 6-99 所示）设计制作如图 6-100 所示的效果。

操作提示：

（1）打开素材图像，复制背景层。在背景副本层上面添加"可选颜色"调整层，通过调整"绿色"和"中性色"将麦田调成绿色。

（2）使用画笔工具在调整层的蒙版上绘制黑色竖直线（注意控制画笔的粗细和硬度），如图 6-101 所示。

　　　　图 6-99　麦田素材

　　　　图 6-100　神奇麦田效果

　　（3）对调整层进行透视变换，如图 6-102 所示。

　　（4）使用画笔工具在调整层蒙版上对应天空和树丛的区域涂抹黑色，以消除调整层对天空和树丛的影响。如图 6-103 所示。

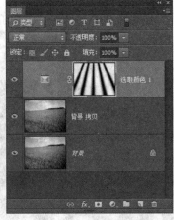

　图 6-101　绘制黑色竖直线　　　图 6-102　进行透视变换　　　图 6-103　恢复天空和树丛的颜色

第7章 通 道

通道是 Photoshop 的核心技术，也是 Photoshop 最难理解和把握的内容。只有攻克了这道难关，才能真正掌握 Photoshop 技术的精髓。

7.1 通道概述

简而言之，通道就是存储图像颜色信息或选区信息的一种载体。用户可以将选区存放在通道的灰度图像中；并可以对这种灰度图像做进一步处理，创建更加复杂的选区。

Photoshop 的通道包括颜色通道、Alpha 通道、专色通道和蒙版通道等多种类型。其中使用频率最高的是颜色通道和 Alpha 通道。

打开图像时，Photoshop 根据图像的颜色模式和颜色分布等信息，自动创建颜色通道。在 RGB、CMYK 和 Lab 模式的图像中，不同的颜色分量分别存放于不同的颜色通道。在通道面板顶部列出的是复合通道，由各颜色分量通道混合而成，其中的彩色图像就是在图像窗口中显示的图像。如图 7-1 所示是某个 RGB 图像的颜色通道。

图 7-1 RGB 图像的颜色通道

图像的颜色模式决定了颜色通道的数量。比如，RGB 模式的图像包含红（R）、绿（G）、蓝（B）三个单色通道和一个 RGB 复合通道；CMYK 图像包含青色（C）、洋红（M）、黄色（Y）、黑色（K）四个单色通道和一个 CMYK 复合通道；Lab 图像包含明度通道、a 颜色通道、b 颜色通道和一个 Lab 复合通道；而灰度、位图、双色调和索引颜色模式的图像都只有一个颜色通道。

除了 Photoshop 自动生成的颜色通道外，用户还可以根据需要，在图像中自主创建 Alpha 通道和专色通道。其中，Alpha 通道用于存放和编辑选区，专色通道则用于存放印刷中的专色。例如，在 RGB 图像中，最多可添加 53 个 Alpha 通道或专色通道。只有位图模式的图像例外，不能额外添加通道。

本章内容重点介绍颜色通道和 Alpha 通道的原理和实际应用。

7.2　认识颜色通道与 Alpha 通道

7.2.1　颜色通道

颜色通道用于存储图像中的颜色信息——颜色的含量与分布情况。以下以 RGB 图像为例进行说明。

步骤 1　打开素材图像"实例 07\百合 . JPG"，如图 7-2 所示。显示【通道】面板，单击选择蓝色通道，如图 7-3 所示。

图 7-2　素材图像　　　　　　　　图 7-3　蓝色通道的灰度图像

从图像窗口中查看蓝色通道的灰度图像。亮度越高，表示彩色图像对应区域的蓝色含量越高；亮度越低的区域表示蓝色含量越低；黑色区域表示不含蓝色成分，白色区域表示蓝色含量最高，达到饱和。由此可知，修改颜色通道的亮度将势必改变图像的颜色。

步骤 2　在【通道】面板上单击选择红色通道，同时单击复合通道（RGB 通道）左侧的灰色方框　，显示眼睛图标　，如图 7-4 所示。这样可以在编辑红色通道的同时，从图像窗口查看彩色图像的变化情况。

步骤 3　选择菜单命令【图像】|【调整】|【亮度/对比度】，参数设置如图 7-5 所示，单击【确定】按钮。

 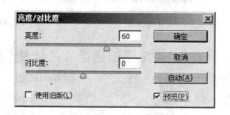

图 7-4　选择红色通道　　　　　　图 7-5　提高亮度

提高红色通道的亮度，等于在彩色图像中增加红色的混入量，图像变化如图 7-6 所示。

步骤 4　将前景色设为黑色。在【通道】面板上单击选择蓝色通道，按 Alt+Backspace 键，在蓝色通道上填充黑色。这相当于将彩色图像中的蓝色成分全部清除，整个图像仅由红色和绿色混合而成，如图 7-7 所示。

由此可见，通过调整颜色通道的亮度，可校正色偏，或制作具有特殊色调效果的图像。

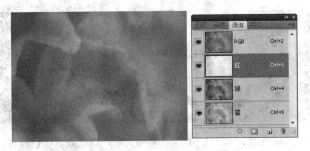

图 7-6 提高图像中的红色含量

图 7-7 全部清除图像中的蓝色成分

步骤 5 选择绿色通道，添加【纹理化】滤镜，参数设置如图 7-8 所示，单击【确定】按钮。图像变化如图 7-9 所示。

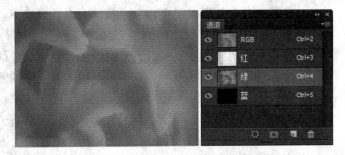

图 7-8 设置纹理滤镜参数　　　　　　　图 7-9 在绿色通道上添加滤镜

如果将滤镜效果添加在其他单色通道或复合通道上，图像的变化肯定是不同的。

步骤 6 在【通道】面板上单击选择复合通道，返回图像的正常编辑状态。

上述对颜色通道的分析是针对 RGB 颜色模式的图像而言的。对于其他颜色模式的图像，情况就不同了。

步骤 7 打开 CMYK 模式的素材图像"实例 07\向日葵.jpg"（如图 7-10 所示）。在【通道】面板上单击选择黄色通道，如图 7-11 所示。

对应于黄色成分含量比较高的向日葵花朵区域，黄色通道的灰度图像所显示的信息却恰恰相反，亮度反而较低。

步骤 8 将前景色设为黑色。按 Alt+Backspace 键，在黄色通道上填充黑色。结果图像变化如图 7-12 所示，整个图像上的黄色含量更高了。

图 7-10　素材图像

图 7-11　查看黄色通道

图 7-12　将黄色通道填充黑色

实际上，对于 CMYK 模式的图像来说，降低黄色通道的亮度，等于在彩色图像中提高黄色的混入量。其他颜色通道也是如此。这与 RGB 模式的图像正好相反。

步骤 9　在【通道】面板上单击选择复合通道，返回图像的正常编辑状态。

总之，对于颜色通道，可以得出如下结论：

↷ 颜色通道是存储图像颜色信息的载体，默认设置下以灰度图像的形式存储在【通道】面板上；

↷ 调整颜色通道的亮度，可以改变图像中各原色成分的含量，使图像色彩产生变化；

↷ 在单色通道上添加滤镜，与在整个彩色图像上添加滤镜，图像变化一般是不同的。

7.2.2　Alpha 通道

Alpha 通道用于将选区存储在灰度图像中。在默认设置下，Alpha 通道中的白色代表选区，黑色表示未被选择的区域；灰色表示部分被选择的区域，即半透明选区。以下举例说明。

步骤 1　打开素材图像"实例 07\夜幕降临 . psd"，如图 7-13 所示。

步骤 2　显示【通道】面板。单击选择 Alpha1 通道（如图 7-14 所示）。在图像窗口中查看 Alpha1 通道的灰度图。

图 7-13　素材图像

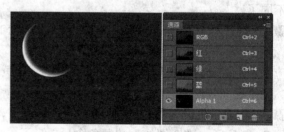

图 7-14　查看 Alpha 通道

步骤 3 按住 Ctrl 键，在【通道】面板上单击 Alpha 1 通道的缩览图，载入 Alpha 1 通道中存储的选区。单击选择复合通道，并显示【图层】面板，如图 7-15 所示。

步骤 4 将前景色设置为浅黄色 # ffffcc；新建图层 1。按 Alt+Backspace 键，填充图层 1 的选区。取消选区；如图 7-16 所示。

用白色涂抹 Alpha 通道，或增加 Alpha 通道的亮度，可扩展或增强选区；用黑色涂抹或降低亮度，则缩小或减弱选区。Alpha 通道也是编辑选区的重要场所。

图 7-15　载入 Alpha 通道选区

图 7-16　应用 Alpha 通道选区

7.3　通道基本操作

7.3.1　选择通道

在【通道】面板上，采用鼠标单击的方式可以选择任何一个通道。按 Shift 键单击可以加选多个通道。

按 Ctrl+数字键可快速选择通道。以 RGB 图像为例，在 Photoshop CC 中，按 Ctrl+3 键选择红色通道，按 Ctrl+4 键选择绿色通道，按 Ctrl+5 键选择蓝色通道，按 Ctrl+6 键选择蓝色通道下面第一个 Alpha 通道或专色通道，按 Ctrl+7 键选择第二个 Alpha 通道或专色通道，依次类推；按 Ctrl+2 键则选择复合通道。因此，不必切换到【通道】面板即可选择所需的通道。

7.3.2　显示与隐藏通道

在【通道】面板上，通过单击通道缩览图左侧的眼睛图标◉可以隐藏或显示通道。在查看多个颜色通道时，图像窗口显示这些通道的色彩混合效果，如图 7-17 所示。

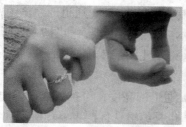

图 7-17　查看多个单色通道的混合效果

在显示复合通道时，所有单色通道或分量通道自动显示。另外，只要显示了所有的单色通道和分量通道，复合通道也将自动显示。

7.3.3　创建 Alpha 通道

根据不同的需要，创建 Alpha 通道的方式有多种。

1. 创建空白 Alpha 通道

采用下列方法之一可创建空白 Alpha 通道。

① 在【通道】面板上单击"创建新通道"按钮，使用默认设置创建一个 Alpha 通道。

② 按住 Alt 键单击"创建新通道"按钮，或在【通道】面板菜单中选择【新建通道】命令，打开【新建通道】对话框，如图 7-18 所示。输入通道名称，设置其他参数，单击【确定】按钮。

新建的空白 Alpha 通道如图 7-19 所示。

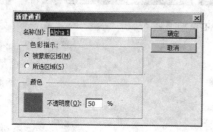

图 7-18　【新建通道】对话框　　　　图 7-19　新建的空白 Alpha 通道

2. 从颜色通道创建 Alpha 通道

在【通道】面板上，将单色通道拖移到"创建新通道"按钮上，可以得到颜色通道的副本。此类通道虽然是颜色通道的副本，但二者之间除了灰度图像相同外，没有任何其他的联系，也属于 Alpha 通道，其中一般包含着比较复杂的选区。

此类 Alpha 通道多用于通道抠图，一般做法是：首先寻找一个合适的颜色通道；然后复制颜色通道得到副本通道；最后对副本通道中的灰度图像做进一步修改，以获得精确的选区。由于直接修改颜色通道会影响整个图像的颜色，因此不宜直接对颜色通道进行编辑修改。

3. 从选区创建 Alpha 通道

使用菜单命令【选择】|【存储选区】可以将图像中的现有选区存储在新生成的 Alpha

通道中，以备后用。

4. 从蒙版创建 Alpha 通道

当图像处于快速蒙版编辑模式，或选择了带有图层蒙版的图层时，【通道】面板上会增加一个对应名称的临时蒙版通道。一旦退出快速蒙版编辑模式或转而选择其他没有图层蒙版的图层后，这种临时显示的蒙版通道也就消失了。若将蒙版通道拖移到"创建新通道"按钮 上，可以得到一个相应名称的"蒙版 副本"通道，"永久"储存在【通道】面板上。这类"蒙版 副本"通道也属于 Alpha 通道。以下举例说明。

步骤 1　打开素材图像"实例 07 \ 中国画册（调整层）. psd"，选择包含图层蒙版的调整层，如图 7-20 所示。

图 7-20　选择包含图层蒙版的调整层

步骤 2　显示【通道】面板，如图 7-21 所示。

步骤 3　将"黑白 1 蒙版"临时通道拖移到"创建新通道"按钮 上，得到"黑白 1 蒙版拷贝"Alpha 通道，如图 7-22 所示。

图 7-21　查看临时蒙版通道

图 7-22　复制临时蒙版通道

7.3.4　复制通道

复制通道（复合通道除外）的常用方法有以下几种。

① 在【通道】面板上，将要复制的通道拖移到"创建新通道"按钮 上，得到该通道的副本通道。

② 选择要复制的通道，从【通道】面板菜单中选择【复制通道】命令，打开【复制通道】对话框，如图 7-23 所示。在【为】文本框内输入通道名称，在【文档】下拉列表中选择目标文件，单击【确定】按钮。

在【文档】下拉列表中若选择其他文件（已经打开并且与当前文件具有相同的像素尺寸的文件），可将通道复制到其他文件。若选择"新建"，可将通道复制到新建文件（一个仅包含单个通道的多通道图像）。

图 7-23 【复制通道】对话框

③ 在浮动方式的图像窗口布局下，将当前图像的通道拖移到其他图像的窗口中，也可以实现通道在不同图像间的复制。在这种方式下，参与操作的两个图像的像素尺寸可以不相同。

7.3.5 存储选区

"存储选区"命令用于将现有选区存储在 Alpha 通道中，以实现选区的多次重复利用；还可以在通道中以更加灵活的方式编辑选区。存储选区的常用方法有以下几种。

① 在【通道】面板上单击"将选区存储为通道"按钮 ⬛，以默认设置将选区存储于新建 Alpha 通道中。

② 按住 Alt 键，在【通道】面板上单击"将选区存储为通道"按钮 ⬛，打开【新建通道】对话框，如图 7-24 所示。修改通道的默认设置，单击【确定】按钮，将选区存储于新建 Alpha 通道中。

③ 选择菜单命令【选择】|【存储选区】，打开【存储选区】对话框，如图 7-25 所示。

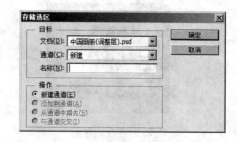

图 7-24 【新建通道】对话框   图 7-25 【存储选区】对话框

【文档】：选择要存储选区的目标文档。其中列出的都是已经打开，且与当前图像具有相同的像素尺寸的文档。若选择"新建"，可将选区存储在新文档的 Alpha 通道中。

【通道】：选择要存储选区的目标通道。默认选项为"新建"，可将选区存储在新建 Alpha 通道中。若选择目标文档的 Alpha 通道、专色通道或蒙版通道，则可将现有选区存储于上述通道中，并与其中的原有选区进行运算。

【名称】：在"通道"下拉列表中选择"新建"选项时，输入新通道的名称。

【操作】：将选区存储于已有 Alpha 通道、专色通道或蒙版通道时，选择现有选区与通道中原有选区的运算关系，包括以下四种运算。

↪【替换通道】：用当前选区替换通道中的原有选区。

↺【添加到通道】：将当前选区添加到通道的原有选区。

↺【从通道中减去】：从通道的原有选区减去当前选区。

↺【与通道交叉】：将当前选区与通道的原有选区进行交叉运算。

参数设置完成后，单击【确定】按钮。

7.3.6　载入选区

载入选区与存储选区的作用相反。可采用下述方法之一，载入存储于通道中的选区。

① 在【通道】面板上，选择要载入选区的通道，单击"将通道作为选区载入"按钮 ◌。若操作前图像中存在选区，则载入的选区将取代原有选区。

② 在【通道】面板上，按住 Ctrl 键，单击要载入选区的通道的缩览图。若操作前图像中存在选区，则载入的选区将取代原有选区。

③ 在图像中存在选区时，按住 Shift+Ctrl 键，单击要载入选区的通道的缩览图，载入的选区将添加到原有选区中；按住 Ctrl+Alt 键，单击要载入选区的通道的缩览图，可从原有选区中减去载入的选区；按住 Shift+Ctrl+Alt 键，单击要载入选区的通道的缩览图，可将载入的选区与原有选区进行交集运算。

④ 使用菜单命令【选择】|【载入选区】也可以载入通道中的选区。如果当前图像中已存在选区，则载入的选区还可以与现有选区进行并集、差集或交集运算。

7.3.7　修改 Alpha 通道选项

选择要更改选项的 Alpha 通道，在【通道】面板菜单中选择【通道选项】命令；或直接双击 Alpha 通道的缩览图，打开【通道选项】对话框，如图 7-26 所示。

图 7-26　【通道选项】对话框

【名称】：设置当前 Alpha 通道的名称。

【色彩指示】：设置当前 Alpha 通道中选区的颜色表示方式。"被蒙版区域"以白色表示选区，黑色表示未被选择的区域。"所选区域"的表示方式正好相反。

【专色】：将 Alpha 通道转换为专色通道。

【颜色】：设置当前 Alpha 通道在图像窗口中的指示颜色。

【不透明度】：设置当前 Alpha 通道在图像窗口中指示颜色的不透明度。

设置好对话框参数，单击【确定】按钮。

7.3.8　重命名 Alpha 通道

在【通道】面板上双击 Alpha 通道的名称，进入名称编辑状态，输入新的名称，按

Enter 键或在【名称】文本框外单击。

利用【通道选项】对话框也可以更改 Alpha 通道的名称。

Photoshop 禁止对颜色通道重新命名。

7.3.9   删除通道

在【通道】面板上，可采用下述方法之一删除通道。

① 将要删除的通道拖移到"删除当前通道"按钮 🗑️ 上。

② 选择要删除的通道，在【通道】面板菜单中选择【删除通道】命令。

③ 选择要删除的通道，单击"删除当前通道"按钮 🗑️，打开如图 7-27 所示的提示信息，单击【是】按钮。

图 7-27   删除通道提示信息框

如果删除的是颜色通道，图像将自动转换为多通道模式。由于多通道模式不支持图层，图像中所有的可见图层将合并为一个图层（隐藏层被丢弃）。

7.3.10   分离与合并通道

分离与合并通道操作有着重要的应用。例如，存储图像时，许多文件格式不支持 Alpha 通道和专色通道，这时可将 Alpha 通道和专色通道从图像中分离出来，单独存储为灰度图像。在必要的时候，再将它们合并到原有图像中。另外，将图像的各个通道分离出来单独保存，也可以有效地减少单个文件所占用的磁盘空间，便于移动存储。

1. 合并通道

合并通道操作可以将多个灰度图像分别作为各个单色通道合并成彩色图像。参与合并操作的图像必须具有相同的像素大小，且为灰度模式。以下举例说明。

步骤 1   打开素材文件夹"实例 07"下的灰度图像"遐思 . jpg""赛车 . jpg""肥皂泡 . jpg"，如图 7-28 所示。

遐思   赛车   肥皂泡

图 7-28   打开参与合并的灰度图像

步骤 2   在【通道】面板菜单中选择【合并通道】命令，打开【合并通道】对话框。从【模式】下拉列表中选择合并后图像的颜色模式；在【通道】文本框中输入所需通道的数目。本例参数设置如图 7-29 所示。

步骤 3 单击【确定】按钮，弹出【合并 RGB 通道】对话框，要求为新图像的每个单色通道选择灰度图像。本例参数设置如图 7-30 所示。

图 7-29 【合并通道】对话框   图 7-30 为单色通道选择灰度图像

步骤 4 单击【确定】按钮，合并成彩色图像，同时三个灰度图像自动关闭。合并后的 RGB 图像如图 7-31 所示。

图 7-31 合成图像效果

2. 分离通道

分离通道操作就是将图像的各个单色通道、Alpha 通道和专色通道依次从文档中分离出来，形成各自独立的灰度图像（每个灰度图像代表原图像的一个单色通道、Alpha 通道或专色通道）。通道分离后，原图像自动关闭。在每个灰度图像名称的后面标有原图像通道的英文缩写。分离通道的操作举例如下。

步骤 1 打开素材图像"实例 07 \ 需要救助的孩子 . jpg"，如图 7-32 所示。

图 7-32 素材图像

步骤 2 在【通道】面板菜单中选择【分离通道】命令，将该图像的 3 个单色通道分离出来，如图 7-33 所示。

不难理解的是，如果将彩色图像分离出来的代表各单色通道的灰度图像重新进行通道合并，依旧合成同样颜色模式的图像，当改变灰度图像的合并顺序时，会得到效果不同的合并结果。

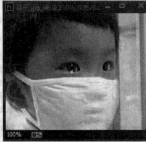

图 7-33　代表各单色通道的灰度图像

例如，将图像"需要救助的孩子.jpg"分离出来的 3 个灰度图像重新合并为 RGB 模式的图像，若将通道合并顺序设置为如图 7-34 所示（将绿色通道与蓝色通道互换），则合并结果如图 7-35 所示。

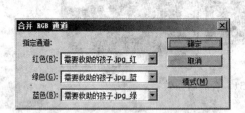

图 7-34　【合并 RGB 通道】对话框　　　　　图 7-35　通道合成结果

7.4　通道应用综合实例

7.4.1　通道抠选白云

主要技术看点：复制通道，编辑通道，载入通道选区，图层蒙版，色阶等。

步骤 1　打开素材图像"实例 07\舞蹈.psd"，选择"人物"层。按 Ctrl+A 键全选图像，按 Ctrl+C 键复制图像。

步骤 2　打开素材图像"实例 07\ 仙境.jpg"。按 Ctrl+V 键粘贴图像，生成图层 1。将图层 1 改名为"仙女"。

步骤 3　使用【编辑】|【自由变换】命令适当缩小"仙女"层中的人物；使用移动工具调整人物的位置。结果如图 7-36 所示。

步骤 4　打开素材图像"实例 07\白云.jpg"。显示【通道】面板，查看各个单色通道，发现红色通道中的白云与周围蓝天背景的明暗对比度最高。

步骤 5　复制红色通道，得到"红 拷贝"通道（如图 7-37 所示）。选择菜单命令【图像】|【调整】|【色阶】，打开【色阶】对话框，对"红 拷贝"通道中的灰度图像进行调整。参数设置如图 7-38 所示。单击【确定】按钮。

图 7-36 变换图层

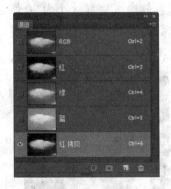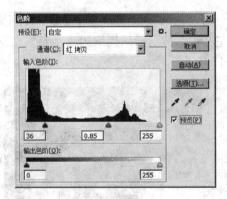

图 7-37 复制通道　　　　图 7-38 【色阶】对话框

步骤 6 使用黑色软边画笔将"红 拷贝"通道右下角的白色涂抹掉（对通道的编辑修改也是在图像窗口中进行的）。"红 拷贝"通道的最终编辑效果如图 7-39 所示。

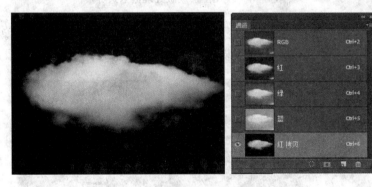

图 7-39 "红 拷贝"通道的最终效果

步骤 7 按 Ctrl 键，在【通道】面板上单击"红 拷贝"通道的缩览图，载入通道选区。按 Ctrl+2 键选择复合通道。

步骤 8 按 Ctrl+C 键复制背景层选区内的白云。切换到"仙境"图像，按 Ctrl+V 键粘贴图像，生成图层 1，改名为"白云"，并将白云移动到如图 7-40 所示的位置。

步骤 9 "白云"层太透明。复制"白云"层，得到"白云 拷贝"层。将"白云 拷贝"层向下合并到"白云"层。

图 7-40　粘贴和移动图层

步骤 10　为"白云"层添加图层蒙版。使用黑色软边画笔（大小为 70 像素左右，不透明度为 10% 左右）涂抹白云的周围边缘（特别是顶部边缘），使深色适当变浅，并有透明效果，如图 7-41 所示。

图 7-41　使用图层蒙版处理白云边界

步骤 11　为"仙女"层添加图层蒙版。使用黑色软边画笔（大小为 70 像素左右，不透明度为 100%）涂抹（白云中）人物服装的下边缘，使其隐藏，如图 7-42 所示。

图 7-42　使用图层蒙版隐藏白云中的服装下边缘

步骤 12　将最终合成图像以"仙女下凡 . jpg"为文件名进行保存（可参考"实例 07\ 仙女下凡 . psd"）。

7.4.2　通道抠选毛发

主要技术看点：复制通道，编辑通道，载入通道选区，图层蒙版修补选区，色阶调整等。

步骤 1　打开素材图像"实例 07\素材人物 01. jpg"。

步骤 2　依次按 Ctrl+3、Ctrl+4 和 Ctrl+5 键，观察图像的红、绿、蓝三个颜色通道，发现蓝色通道中人物与背景的对比度较大。

步骤 3　显示【通道】面板，复制蓝色通道，得到"蓝 拷贝"通道。

步骤 4　选择菜单命令【图像】|【调整】|【色阶】，打开【色阶】对话框，对"蓝 拷贝"通道中的灰度图像进行调整。参数设置如图 7-43 所示。单击【确定】按钮。

步骤 5　将前景色设为黑色。选择画笔工具，选用合适的画笔大小，将人物周围背景上的亮色区域全部涂抹成黑色（尽量不要涂抹到衣帽外围的绒毛），如图 7-44 所示。

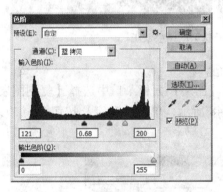

图 7-43　【色阶】对话框　　　　图 7-44　将背景涂抹成黑色

步骤 6　同样将人物上的暗色区域全部涂抹成白色（尽量不要涂抹到衣帽外围的绒毛），如图 7-45 所示。

步骤 7　按 Ctrl+2 键选择复合通道。使用套锁工具选择人物头顶上的衣帽和雉鸡翎，如图 7-46 所示。

图 7-45　用白色涂抹待选对象内部　　　　图 7-46　选择头顶上的衣帽

步骤 8　按住 Shift+Ctrl 键的同时在【通道】面板上单击"蓝 拷贝"通道的缩览图，将通道选区添加到当前选区。

　　步骤 9　显示【图层】面板，将背景层转化为普通层，命名为"人物"。

　　步骤 10　为"人物"层添加显示选区的图层蒙版，如图 7-47 所示。

图 7-47　添加显示选区的图层蒙版

　　步骤 11　打开素材图像"实例 07\田野 . jpg"。

　　步骤 12　切换到"素材人物 01. jpg"。在【图层】面板菜单中选择【复制图层】命令，打开【复制图层】对话框。参数设置如图 7-48 所示，单击【确定】按钮（将"人物"层连同图层蒙版一起复制到"田野"图像中）。

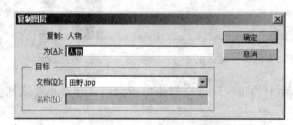

图 7-48　【复制图层】对话框

　　步骤 13　切换到"田野 . jpg"的图像窗口。调整人物的位置，如图 7-49 所示。

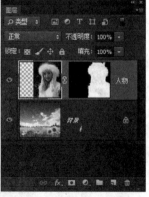

图 7-49　调整人物的位置

步骤 14　将前景色设置为黑色，背景色设置为白色。确保"人物"层处于蒙版编辑状态。选择画笔工具，设置合适大小的软边画笔，适当降低画笔的不透明度（10%左右）。用黑色在人物周围的深色边缘上涂抹，使其渐渐变得透明，最大限度地融入到田野背景中。

步骤 15　如果不小心"擦除"了不该"擦除"的像素，可将前景色与背景色对调，然后使用白色画笔涂抹，将多"擦除"的部分恢复。对于选择不完整的地方，同样可以使用白色画笔恢复。图像最终效果如图 7-50 所示（可参考"实例 07 \ 抠选毛发 . PSD"）。

图 7-50　最终抠图效果

7.4.3　通道抠选婚纱

主要技术看点：创建选区，存储选区，编辑通道，复制通道，载入通道选区，快速蒙版修补选区，色阶调整，曲线调整，图层复制等。

步骤 1　打开素材图像"实例 07 \ 新娘 . jpg"。使用磁性套索工具选择除透明婚纱和下垂的两绺弯曲的头发外的整个人物。若局部选区不精确，可适当放大图像后使用套索工具等进行修补，如图 7-51 所示。

步骤 2　将前景色和背景色分别设置为黑色与白色。进入快速蒙版编辑模式。使用画笔工具修补选区，并将两绺弯曲的头发也加选进来（必要时可适当放大图像到 600% 左右，减小画笔大小到 1~2 个像素），如图 7-52 所示。

图 7-51　建立选区　　　　　　　　　　图 7-52　修补选区

步骤 3　退出快速蒙版编辑模式。修补后的选区如图 7-53 所示。

步骤 4　在【通道】面板上单击"将选区存储为通道"按钮 ，将选区存储于 Alpha 1 通道，如图 7-54 所示。按 Ctrl+D 键取消选区。

图 7-53　修补后的选区　　　　　　　　　图 7-54　存储选区

步骤 5　用磁性套索等工具选择透明婚纱。其中与背景接触的边界应尽量精确选取，与人物接触的边界可以粗略选取（但要包括透明婚纱的所有部分），如图 7-55 所示。

步骤 6　使用快速蒙版修补与背景接触的婚纱选区边界。

步骤 7　按住 Ctrl+Alt 键的同时在【通道】面板上单击 Alpha 1 通道的缩览图，将当前选区减去与 Alpha 1 通道选区相交叉的部分。计算后的选区如图 7-56 所示。

步骤 8　复制蓝色通道，得到"蓝 拷贝"通道。选择菜单命令【选择】|【反向】，将婚纱选区反转。

步骤 9　将背景色设置为黑色，确保"蓝 拷贝"通道处于选择状态，按 Alt+Delete 键将选区填充黑色，再次反转选区，如图 7-57 所示。

步骤 10　确保"蓝 拷贝"通道处于选择状态。选择菜单命令【图像】|【调整】|【色阶】，打开【色阶】对话框，对"蓝 拷贝"通道中的灰度图像进行调整。参数设置如图 7-58 所示。单击【确定】按钮。取消选区。

图 7-55　初步选取婚纱　　　　　　　　　图 7-56　进行选区运算

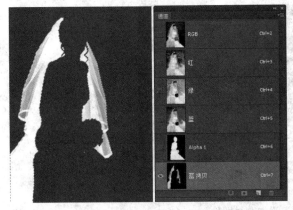
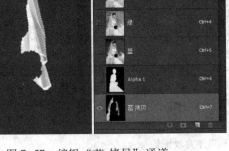

图 7-57 编辑"蓝 拷贝"通道   图 7-58 【色阶】对话框

步骤 11 按住 Ctrl 键单击"蓝 拷贝"通道的缩览图,载入选区。再按住 Shift+Ctrl 键单击 Alpha 1 通道的缩览图,得到上述两个通道的选区的并集,如图 7-59 所示。

步骤 12 按 Ctrl+2 键选择复合通道。显示【图层】面板。按 Ctrl+J 键将背景层选区内的图像复制到图层 1,如图 7-60 所示。

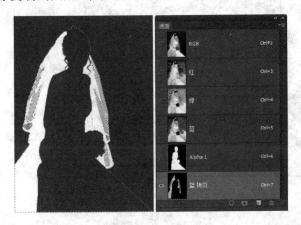

图 7-59 载入通道选区   图 7-60 分离选区图像

步骤 13 打开素材图像"实例 07\绿树 . jpg"。按 Ctrl+A 键全选图像,按 Ctrl+C 键复制图像。

步骤 14 切换到"新娘"图像,按 Ctrl+V 键粘贴图像,得到图层 2,将图层 2 拖移到背景层与图层 1 的之间,如图 7-61 所示。结果发现婚纱比较暗淡,并且将原图像上的暗红色带过来一些。

步骤 15 切换到【通道】面板。按住 Ctrl 键单击"蓝 拷贝"通道的缩览图,重新载入婚纱选区。

步骤 16 切换到【图层】面板,选择图层 1。选择菜单命令【图像】|【调整】|【曲线】,打开【曲线】对话框,参数设置如图 7-62 所示。单击【确定】按钮。

步骤 17 取消选区。图像最终效果如图 7-63 所示。

步骤 18 保存图像。

图 7-61　添加背景图像

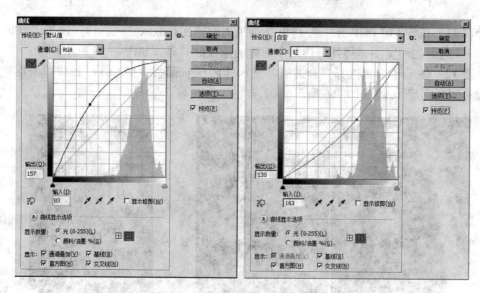

图 7-62　调整混合通道与红色通道

图 7-63　图像最终合成效果

7.5　通道高级应用

7.5.1　应用图像

　　"应用图像"命令可以将源图像和目标图像的通道与图层、通道与通道进行混合,通过一定的混合模式,制作特殊的合成效果。参与合成的两个图像文件必须同时打开,并具有相同的像素大小。以下举例说明。

　　步骤 1　打开素材图像"实例 07\玫瑰 . jpg"和"聆听 . jpg",如图 7-64 所示。

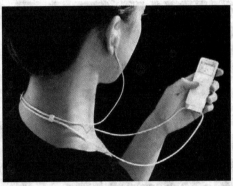

图 7-64　素材图像"玫瑰"(左)与"聆听"(右)

　　步骤 2　选择图像"聆听 . jpg"。选择菜单命令【图像】|【应用图像】,打开【应用图像】对话框,如图 7-65 所示。对话框各参数如下。

　　◌【源】:选择参与混合的源图像。默认选项为当前图像(目标图像)。在该下拉列表中列出的都是已经打开,且与当前图像具有相同的像素大小的文档。

　　◌【图层】:选择参与混合的源图像的某一图层(源图层)。当源图像存在多个图层时,可选择其中某个图层与目标图像的当前图层进行混合;若要使用源图像的所有图层进行混合,可在列表中选择"合并图层"(当源图像只有一个背景层时,该选项不出现)。

　　◌【通道】:选择参与混合的源图层的某个颜色通道或 Alpha 通道(源通道)。若选择 Alpha 通道,则在上面的【图层】列表中选择哪个图层就无关紧要了。勾选右侧的【反相】,可使用源通道的负片进行混合。

　　◌【混合】:设置源通道与目标图层(或通道)的混合方式(在选择"应用图像"命令前,也可以选择目标图像的某个单色通道或 Alpha 通道与源图像进行混合)。

　　◌【不透明度】:设置混合的强度。数值越大,混合效果越强。

　　◌【保留透明区域】:勾选该项,混合效果仅应用到目标图层(即当前图像的被选图层)的不透明区域。若目标对象为背景层或通道,该选项无法使用。

　　步骤 3　在本例中,将对话框的上述参数设置如图 7-66 所示。此时的图像效果如图 7-67 所示。若将如图 7-66 所示的对话框中的混合模式设置为"减去"(其他参数不变),则图像合成效果如图 7-68 所示。

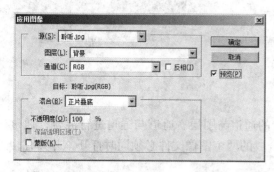

图 7-65　【应用图像】对话框

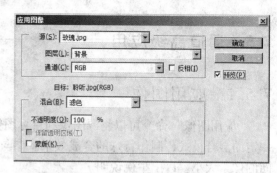

图 7-66　设置对话框参数

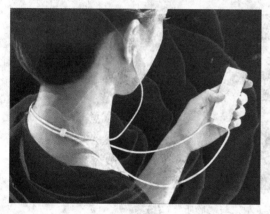

图 7-67　以滤色模式混合

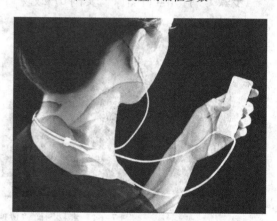

图 7-68　以减去模式混合

步骤 4　在【应用图像】对话框中勾选【蒙版】复选框，展开对话框全部参数。扩展参数包括三个下拉列表和一个复选框，用于在当前的混合效果上添加一个蒙版，以控制混合效果的显隐区域。若勾选后面的【反相】复选框，则使用所选通道的负片作为蒙版。

步骤 5　设置扩展对话框参数，如图 7-69 所示。图像合成效果如图 7-70 所示。

步骤 6　单击【确定】按钮，关闭对话框。

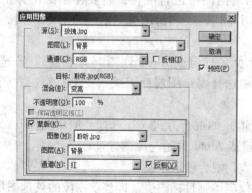

图 7-69　设置对话框扩展参数

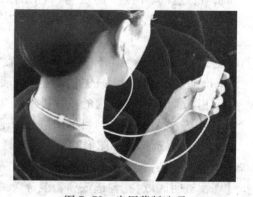

图 7-70　启用蒙版选项

7.5.2　计算

"计算"命令可以将来自不同图像的两个通道进行混合，并将混合的结果存储到新文档、新通道或直接转换为当前图像的选区。参与"计算"的各源图像文件必须同时打开，并具有相同的像素大小。以下举例说明。

步骤1 打开素材图像"实例 07\百合 . jpg"与"素材人物 02.jpg"，如图 7-71 所示。

图 7-71 素材图像"百合"（左）与"人物"（右）

步骤2 选择菜单命令【图像】|【计算】，打开【计算】对话框，如图 7-72 所示。

步骤3 在【源 1】栏选择第一个源图像及其图层和通道。

↺ 要使用源图像的所有图层进行混合，可在【图层】下拉列表中选择"合并图层"。

↺ 在【通道】列表中选择"灰色"，将使用所选图层的灰度图像作为要混合的通道。

步骤4 在【源 2】栏选择第二个源图像及其图层和通道。

步骤5 在【混合】栏指定混合模式、混合强度及蒙版。

步骤6 在【结果】下拉列表中指定混合结果的存放途径（创建新图像、新通道还是直接在当前图像中生成选区）。

↺【新建文档】：将计算结果存放到多通道颜色模式的新图像。

↺【新建通道】：将计算结果存放到当前图像的一个新建 Alpha 通道中。

↺【选区】：将计算结果直接转换为当前图像的选区。

在本例中，对话框参数设置如图 7-72 所示，单击【确定】按钮，生成多通道模式的新图像，如图 7-73 所示。

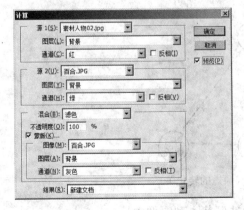 

图 7-72 【计算】对话框   图 7-73 "计算"结果

至此，"计算"命令的使用方法介绍完毕。以下再将本例拓展一下。

步骤7 将多通道模式的新图像先转化为灰度模式，再转化为双色调模式，可得到如

图 7-74 所示的蓝色调和紫色调图像效果。

步骤 8 将色调图像转化为 RGB 模式，并以 JPG 格式进行保存。

单色调（# 3333FF）　　　　　　　　　　　　　　单色调（# CC33FF）

图 7-74　进一步制作色调图像

7.6　小结

本章主要讲述了以下内容。

（1）通道的基本概念。通道是存储图像的颜色信息或选区信息的灰度图像。分为颜色通道、Alpha 通道、蒙版通道和专色通道等。

（2）通道基本操作。主要包括选择通道、显示与隐藏通道、新建通道、复制通道、存储选区、载入选区、重命名通道、删除通道、修改通道选项、分离与合并通道等。

（3）通道的应用。介绍了使用通道抠选毛发等细微对象和白云、婚纱、玻璃器皿等半透明对象的基本方法。

（4）通道的高级应用。介绍了"应用图像"和"计算"命令的使用方法。

通过本章和前面相关章节的学习不难得出结论：选区、蒙版和 Alpha 通道三者的关系非常密切，其相互转化关系如图 7-75 所示。

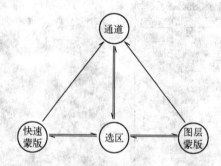

图 7-75　选区、蒙版与通道的转化关系

① Alpha 通道是选区的载体，可以将其中的选区载入到图像中。

② 快速蒙版用于创建和编辑选区，图层蒙版用于控制图层的显示。按 Ctrl 键，单击图层蒙版的缩览图可载入其中的选区。另外，通过复制快速蒙版通道和图层蒙版通道，可将快速蒙版和图层蒙版转化为 Alpha 通道。

③ 选区可以看作是一种临时性的蒙版，用户只能修改选区内的像素，选区外的像素被保护起来；一旦取消选区，这种所谓的临时蒙版也就不存在了。要实现选区的多次重复使用，可以将选区存储在 Alpha 通道中。另外，可以基于选区创建图层蒙版。

7.7　习题

一、选择题

1. 图像中颜色通道的多少由图像的_____决定。

    A. 图层个数　　　　　B. 颜色模式　　　　　C. 图像大小　　　　　D. 色彩种类

2. 对于 RGB、CMYK 和 Lab 等模式的图像，当图像满足下列_____条件时才能进行通道分离。

    A. 没有 Alpha 通道　　　　　　　　B. 有背景层

    C. 除背景层之外无其他图层　　　　D. 仅有一个图层

3. 以下对通道叙述错误的是_____。

    A. 通道用于存储颜色信息和选区信息

    B. 可以在【通道】面板上创建颜色通道、Alpha 通道和专色通道

    C. Alpha 通道一般用于存储选区和编辑选区

    D. Alpha 通道与蒙版和选区有着密切的关系

4. 以下从 Alpha 通道载入选区的叙述错误的是_____。

    A. 按 Shift+Ctrl 快捷键，单击通道缩览图，可将载入的选区添加到图像的原有选区

    B. 按 Ctrl+Alt 快捷键，单击通道缩览图，可从图像的原有选区减去载入的通道选区

    C. 按 Shift+Ctrl+Alt 快捷键，单击通道缩览图，可将载入的选区与原有选区进行交集运算

    D. 按 Ctrl 键单击通道缩览图，可将载入的选区添加到图像的原有选区

5. 在 Photoshop CC 中，按住_____键，同时在【通道】面板上单击"删除当前通道"按钮，可直接将选中的通道删除。

    A. Ctrl　　　　　　　B. Shift　　　　　　　C. Alt　　　　　　　D. Shift+Ctrl

6. 在【通道】面板上按住_____键可以加选或减选通道。

    A. Tab　　　　　　　B. Shift　　　　　　　C. Ctrl　　　　　　　D. Alt

7. 关于【运算】命令与【应用图像】命令，以下说法不正确的是_____。

    A. "应用图像"命令可以使用图像的复合通道做运算，而"运算"命令只能使用图像的单一通道

    B. "应用图像"命令的源文件只有一个，而"运算"命令可以有两个源文件

    C. "应用图像"的结果会被添加到图像的图层上，"运算"的结果将存储到新文档、新通道或直接转换为当前图像的选区

    D. "应用图像"命令和"运算"命令都需要有相同的像素尺寸及色彩模式的图像才能进行运算

8. 双色调模式的图像可以设置为单色调、双色调、三色调和四色调，在【通道】面板中，它们包含的通道数分别为_____。

A. 1、2、2、2　　　　B. 1、2、3、4　　　　C. 均为 1 个通道　　D. 均为 2 个通道

9. 以下关于通道的说法不正确的是＿＿＿＿＿＿。

　　A. 通道可以存储选择区域

　　B. 通道中白色部分表示被选择的区域，黑色部分表示未被选择的区域

　　C. Alpha 通道可以删除，颜色通道和专色通道不可以删除

　　D. 快速蒙版是一种临时的 Alpha 通道

10. 以下操作不能将 Alpha 通道转换为选区的是＿＿＿＿＿＿。

　　A. 执行【选择】|【载入选区】命令

　　B. 在【通道】面板上选中要载入选区的 Alpha 通道，单击"将通道作为选区载入"
　　　按钮

　　C. 按住 Ctrl 键，在【通道】面板上单击要载入选区的 Alpha 通道的缩览图

　　D. 在【通道】面板上双击要载入选区的 Alpha 通道的缩览图

二、填空题

1. 通道是存储不同类型信息的灰度图像。它分为＿＿＿＿＿＿通道、＿＿＿＿＿＿通道、蒙版通道和专色通道等多种，分别用来存放图像中的＿＿＿＿＿＿信息、＿＿＿＿＿＿信息和专色信息。

2. RGB 图像的颜色通道包括＿＿＿＿＿＿通道、＿＿＿＿＿＿通道、＿＿＿＿＿＿通道和复合通道。

3. 使用【图像】菜单下的【＿＿＿＿＿＿】命令可以将其他图像的图层和通道（源）与当前图像的图层和通道（目标）进行混合，制作特殊效果的图像。

4. 使用【图像】菜单下的【＿＿＿＿＿＿】命令可以将来自相同或不同源图像的两个通道进行混合，并将混合的结果存储到新文档、新通道或直接转换为当前图像的选区。

5. 通过【选择】菜单下的【＿＿＿＿＿＿】命令，可以将现有选区存储到 Alpha 通道中，从而实现选区的多次复用。

第8章 路　　径

8.1　路径的基本概念

　　Photoshop 的路径造型功能非常强大，几乎可以与 CorelDRAW 等矢量绘图大师相媲美。在 Photoshop 中，路径是由钢笔工具、自由钢笔工具或形状工具创建的矢量图形，是用数学方式定义的直线和曲线。路径所占用的存储空间较小，可以作为图像信息的一部分，保存在 PSD、JPEG、DCS、EPS、PDF 和 TIFF 等格式的文件中。

　　路径是 Photoshop 用来创建和选择对象的重要工具之一，适合创建和选择边界弯曲且平滑的对象，比如人物的脸部侧面曲线、花瓣、树叶、心形等。路径的组成及各部分名称如图 8-1 所示。

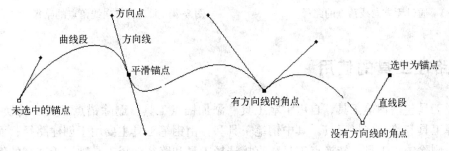

图 8-1　路径的组成图

　　连接路径上各线段的点称为锚点。锚点分两类：平滑锚点和角点（或称拐点、尖突点）。角点又分为含方向线的角点和不含方向线的角点两种。与其他相关软件（CorelDRAW、3DS MAX 等）类似，Photoshop 通过调整方向线（或称控制线）的长度与方向来进行曲线造型。

1. 平滑锚点

　　不论锚点两侧的方向线的长度和方向如何改变，平滑锚点两侧的方向线始终保持在同一方向上。通过这类锚点的路径是光滑的，但平滑锚点两侧的方向线的长度却不一定相等，如图 8-2 所示。

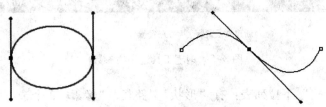

图 8-2　通过平滑锚点的路径

与 CorelDRAW、3DS MAX 等矢量软件不同的是，Photoshop 中没有对称平滑点的概念。这类点两侧的方向线不仅保持在同一方向上，而且长度相等。

2. 不含方向线的角点

此类锚点不含方向线，所以不能通过调整方向线来改变通过此类锚点的路径的形状。如果路径上与这类锚点相邻的锚点也是没有方向线的锚点，则二者之间的连线为直线路径；否则大多为曲线路径，如图 8-3 左边的两个锚点所示。

3. 含方向线的角点

此类角点含方向线，但两侧方向线不在同一方向上，或者只含一条方向线。可以通过调整该类锚点单侧的方向线，来改变同一侧路径的形状。路径在该类锚点处形成尖突或拐角，如图 8-4 所示。

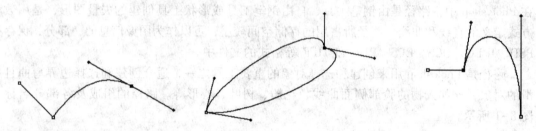

图 8-3   通过无方向线角点的路径   图 8-4   通过含方向线角点的路径

8.2   路径工具的使用

路径工具包括钢笔工具、自由钢笔工具、添加锚点工具、删除锚点工具、转换点工具、直接选择工具和路径选择工具。其中钢笔工具和自由钢笔工具主要用于创建路径；而添加锚点工具、删除锚点工具、转换点工具、直接选择工具和路径选择工具则用于路径的编辑与调整。另外，形状工具组也是创建路径的重要工具，第 2 章已经提到过。

8.2.1   钢笔工具

钢笔工具 ✐ 主要用于创建路径。在工具箱上选择"钢笔工具"，其选项栏参数如图 8-5 所示。

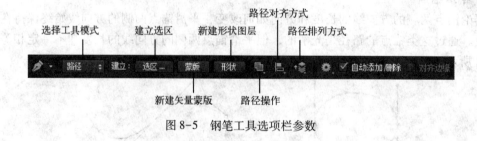

图 8-5   钢笔工具选项栏参数

↻ "选择工具模式"下拉列表：有"形状""路径""像素"3 个选项可供选择。用来确定创建对象的类型。其中"像素"对钢笔工具是无效的。

﹖ "建立选区"按钮：将当前路径转换为选区。

﹖ "新建矢量蒙版"按钮：基于所选路径为当前图层添加矢量蒙版。

﹖ "新建形状图层"按钮：基于所选路径创建形状图层。

﹖ "路径操作"下拉菜单：设置路径的操作方式。

﹖ "路径对齐方式"按钮：设置路径的对齐方式。只有选中两个或两个以上的子路径时该按钮才有效。

﹖ "路径排列方式"按钮：设置路径的排序。

﹖ ✿▾按钮：单击该按钮显示【橡皮带】复选框。勾选【橡皮带】复选框，则在使用钢笔工具创建路径时，在最后生成的锚点和光标所在位置之间会出现一条临时连线，以协助确定下一个锚点。

﹖ 【自动添加/删除】复选框：勾选该项，将钢笔工具移到（显示锚点的）路径上，钢笔工具临时转换为增加锚点工具📝⁺，在路径上单击可增加一个锚点。将钢笔工具移到路径的锚点上，钢笔工具临时转换为删除锚点工具📝⁻，单击可删除该锚点。

使用钢笔工具创建路径的方法如下。

步骤 1 在工具箱上选择钢笔工具，在选项栏上将工具模式设置为"路径"。

步骤 2 创建直线路径的步骤要点如下。

﹖ 在图像中单击，生成第一个锚点；移动光标再次单击，生成第二个锚点，同时前后两个锚点之间由直线路径连接起来。依此下去，形成折线路径。

﹖ 要结束路径，可按住 Ctrl 键在路径外单击，形成开放路径，如图 8-6 所示。要创建闭合路径，只要将光标定位在第一个锚点上（此时光标指针旁出现一个小圆圈）单击，如图 8-7 所示。

﹖ 在创建直线路径时，按住 Shift 键，可沿水平、竖直或 45°角倍数的方向绘制路径。

﹖ 构成直线路径的锚点不含方向线，又称直线角点。

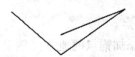 

图 8-6 开放的折线路径 　　　　图 8-7 闭合的折线路径

步骤 3 创建曲线路径的要点如下。

﹖ 在确定路径的锚点时，若单击并拖动光标，则前后两个锚点之间由曲线路径连接。若前后两个锚点的拖移方向相同，则形成 S 形曲线（又称双弧曲线，如图 8-8 所示）；若拖移方向相反，则形成 U 形曲线（又称 C 形曲线或单弧曲线，如图 8-9 所示）。

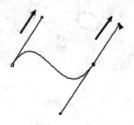 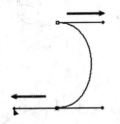

图 8-8 S 形路径 　　　　图 8-9 U 形路径

结束创建曲线路径的方法与直线路径相同。

实际上，平滑锚点与角点锚点往往同时使用，以达到路径造型的目的。如图 8-10 所示。

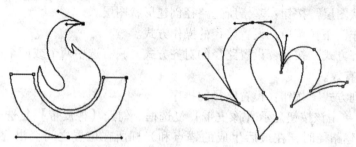

图 8-10   实际应用中路径上的锚点

8.2.2　自由钢笔工具

自由钢笔工具 与铅笔工具的操作方式类似，可以用手绘的方式创建路径。Photoshop 将根据所绘路径的形状在路径的适当位置自动添加锚点。

自由钢笔工具的用法如下。

步骤 1　选择"自由钢笔工具"，在选项栏上将工具模式设置为"路径"。

步骤 2　在图像中单击并拖动光标，路径尾随着光标自动生成。释放鼠标按键，可结束路径的绘制。

步骤 3　若要继续在现有路径上绘制路径，可将指针定位在路径的端点上并拖动光标。

步骤 4　要创建封闭的路径，只要拖动光标回到路径的初始点（此时光标旁出现一个小圆圈；若绘制路径时中间间断过，则出现连接标志 ），松开鼠标按键。

8.2.3　添加锚点工具

添加锚点工具 用于在已创建的路径上添加锚点。

选择"添加锚点工具"，将光标移到路径上要添加锚点的地方（钢笔图标的尖部在路径上），单击可添加一个锚点。使用这种方式添加锚点不会改变路径的形状。

如果在选择添加锚点工具后，将光标移到路径上按下左键拖动，则不仅可以添加锚点，还可以将所添加锚点的方向线拖出来，从而改变路径局部的形状（如图 8-11（b）所示）。

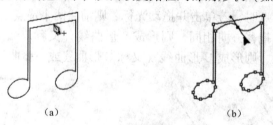

（a）   （b）

图 8-11   在路径上添加锚点

8.2.4　删除锚点工具

删除锚点工具 用于在已创建的路径上删除锚点。

选择"删除锚点工具"，将光标移到路径上要删除的锚点上（如图 8-12（a）所示），单击即可将锚点删除。删除锚点后，路径的形状将重新调整以适合其余的锚点（如图 8-12（b）所示）。

（a）　　　　　　　　　　　　　　　　（b）

图 8-12　在路径上删除锚点

使用直接选择工具▷在锚点上单击将其选中后（此时锚点显示为实心小方块），按 Delete 键也可以删除锚点。但使用这种方式删除锚点后，锚点两侧的路径线段也会被删除。

8.2.5　转换点工具

使用转换点工具▶可以转换锚点的类型，从而改变通过该锚点的局部路径的形状。其使用要点如下。

  ↘ 使用转换点工具单击平滑锚点或有方向线的角点，可将锚点转化为不含方向线的角点，如图 8-13 和图 8-14 所示。

图 8-13　将平滑锚点转化为不含方向线的角点

图 8-14　将含方向线的角点转化为不含方向线的角点

  ↘ 使用转换点工具拖移不含方向线的角点，可将锚点转化为平滑锚点。再次拖移方向点，又将平滑锚点转化为有方向线的角点（如图 8-15 所示）。此时，通过改变单侧方向线的长度和方向，可以调整同侧路径的形状。

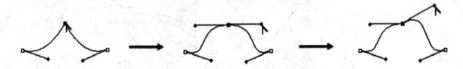

图 8-15　将不含方向线的角点转化为平滑点和含方向线的角点

  ↘ 按住 Alt 键，使用转换点工具在含双侧方向线的锚点上单击，可去除锚点在路径正方向一侧的方向线。按住 Alt 键，使用转换点工具在该锚点上拖移，可将路径正方向一侧的方向线重新拖移出来。如图 8-16 所示。其中，按住 Alt 键从锚点拖移出方向线的操作对于不含方向线的角点同样适用。

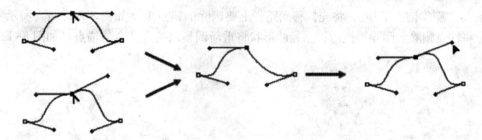

图 8-16   控制锚点的单侧方向线

8.2.6   直接选择工具

直接选择工具 的作用有：显示和隐藏锚点，选择和移动锚点，显示锚点上的方向线，调整方向线以改变路径形状，选择和移动部分路径，选择和移动整个路径等。

1. 显示和隐藏锚点

当路径上的锚点被隐藏时，使用直接选择工具在路径上单击，可以显示该路径上的所有锚点（如图 8-17（a）所示）；反之，使用直接选择工具在路径外单击，可以隐藏路径上的所有锚点（如图 8-17（b）所示）。

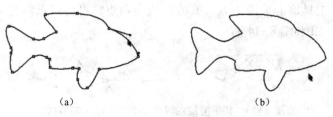

（a）   （b）

图 8-17   显示和隐藏锚点

2. 选择和移动锚点

锚点显示后，使用直接选择工具在锚点上单击，可以选中该锚点（锚点由空心变成实心）。如果选中的锚点含有方向线，则锚点上的方向线会同时显示出来，如图 8-18（a）所示。使用直接选择工具拖动锚点，可改变锚点的位置，如图 8-18（b）所示。

（a）   （b）

图 8-18   选择和移动锚点

3. 调整方向线

锚点的方向线显示后，使用直接选择工具拖动方向点可改变方向线的长度和方向，从而改变通过该锚点的路径局部的形状。但是，无论是使用直接选择工具移动锚点，还是移动方向点，都不会改变锚点的类型。这一点与转换点工具不同。

4. 选择和移动多个锚点

按住 Shift 键，使用直接选择工具单击要选择的锚点，可选择多个锚点；另外，也可以使用直接选择工具框选多个锚点。如图 8-19（a）所示。此时，拖移选中的锚点，通过这些锚点的相关路径会随着一起移动。

若选择了路径上的所有锚点，也就选中了整个路径。如图 8-19（b）所示。此时，使用直接选择工具可拖动整个路径。

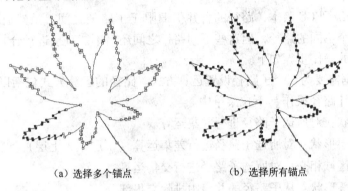

（a）选择多个锚点　　　　　　　（b）选择所有锚点

图 8-19　选择多个锚点

8.2.7　路径选择工具

在介绍路径选择工具之前，先介绍与该工具密切相关的子路径（或称路径组件）的概念。一个路径如果有多个组成部分，各部分相互独立（每个组成部分都能由路径选择工具单独选中），则每一个组成部分都称为该路径的一个子路径。通常情况下，路径由多个子路径组成。但也有一些场合，一个路径中只有一个子路径，如图 8-20 所示。

（a）由7个子路径组成的路径　　　　　　　（b）只有1个子路径组成的路径

图 8-20　路径组成

路径选择工具 的作用有：选择路径、移动路径、合并路径、对齐路径、分布路径等。

1. 选择和移动路径

使用路径选择工具在路径上单击可选择路径的一条子路径（该子路径的所有锚点都被选中，显示为实心小方块）。按住 Shift 键可单击加选其他子路径。也可以采用框选的方式，选择多个子路径（如图 8-21 所示）。使用路径选择工具拖动已选择的子路径，可改变子路径的位置。

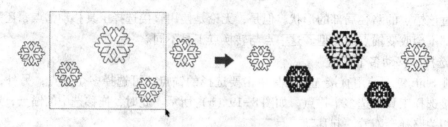

图 8-21　框选多个子路径

2. 合并子路径

Photoshop 升级到 CC 版本，路径的合并仍旧限于子路径之间。虽然通过【路径】面板可以同时选择多个不同的路径，但这些不同路径之间还是不能直接进行合并运算。

合并子路径的操作步骤如下。

步骤 1　根据需要为每个子路径设置运算方式。路径的运算方式包括以下 4 种，位于路径工具选项栏的【路径操作】下拉菜单中。

 ↳ 合并形状：对所选子路径进行并集运算。

 ↳ 减去顶层形状：对所选子路径进行差集运算（下层减去上层）。

 ↳ 与形状区域相交：对所选子路径进行交集运算。

 ↳ 排除重叠形状：从子路径的并集中排除交集部分。

步骤 2　使用路径选择工具选择参与合并运算的所有子路径，并从【路径操作】下拉菜单中选择"合并形状组件"选项。

子路径合并的实质是：将多个子路径合并为 1 个子路径。

以下举例说明合并子路径的操作方法。

步骤 1　使用形状工具创建路径（先绘制一个圆形子路径，再绘制一个方形子路径，且圆形与方形子路径有重叠区域）。注意后绘制的子路径在排列顺序中位于上层。

步骤 2　选择"路径选择工具"，单击选择圆形子路径。在选项栏上单击"路径操作"按钮，从弹出的下拉菜单中选择"合并形状"选项（如图 8-22 所示）。

步骤 3　选择方形子路径。从"路径操作"下拉菜单中选择一种运算（"合并形状""减去顶层形状""与形状区域相交"或"排除重叠形状"）。

步骤 4　同时选中圆形子路径与方形子路径。从"路径操作"下拉菜单中选择"合并形状组件"选项，弹出 Photoshop 信息提示框，如图 8-23 所示。

图 8-22　选择路径操作方式　　　　　　　图 8-23　Photoshop 信息提示框

步骤 5　单击【是】按钮，运算结果如图 8-24 所示。

3. 对齐与分布子路径

"子路径的对齐与分布"和"图层的对齐与分布"类似。举例说明如下。

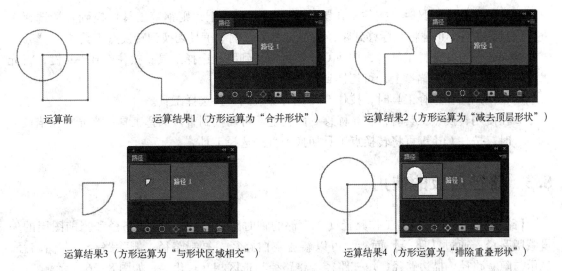

运算前　　　　运算结果1（方形运算为"合并形状"）　　　　运算结果2（方形运算为"减去顶层形状"）

运算结果3（方形运算为"与形状区域相交"）　　　　运算结果4（方形运算为"排除重叠形状"）

图 8-24　子路径的合并运算

步骤 1　选择"路径选择工具" ，选择要参与对齐或分布操作的子路径。

步骤 2　在选项栏上单击"路径对齐方式"按钮，从弹出的下拉菜单中选择一种对齐或分布方式（如图 8-25 所示）。

上述操作前，若在"路径对齐方式"下拉菜单底部选择的是"对齐到选区"，则操作结果仅仅为子路径间的对齐与分布。若操作前选择的是"对齐到画布"，则上述操作为相对于图像窗口的对齐与分布操作。

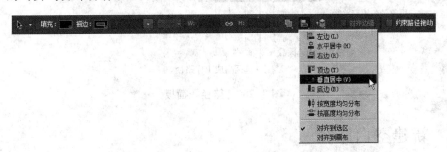

图 8-25　"路径对齐方式"下拉菜单

在 Photoshop CC 中，虽然可以像图层一样，在【路径】面板上同时选择多个不同的路径，但还不能对它们进行对齐和分布操作。只有同一路径中的子路径之间才可以进行对齐和分布操作。

4. 变换路径

路径的变换与图层或选区的变换类似。操作方法如下。

步骤 1　选择"路径选择工具" ，选择要进行变换的路径或子路径（如果不选择子路径，就是对包含所有子路径的整个路径进行变换）。

步骤 2　使用【编辑】|【自由变换路径】菜单命令或【编辑】|【变换路径】菜单组进行变换（注意选项栏参数）。

在路径工具的使用中，还有一些可以提高操作效率的技巧值得注意。

↳ 在使用钢笔工具时，按住 Ctrl 键将光标移到路径上，则钢笔工具切换到直接选择工具；按住 Alt 键将光标移到路径的锚点上，则钢笔工具切换到转换点工具。

↳ 在使用直接选择工具时，按住 Ctrl 键可切换到路径选择工具；按住 Ctrl+Alt 键，将光标移到路径的锚点上，可切换到转换点工具。

↳ 在使用路径选择工具时，按住 Ctrl 键可切换到直接选择工具。

↳ 在使用转换点工具时，将光标移到路径上，可切换到直接选择工具；当光标在锚点上时，按住 Ctrl 键可将转换点工具切换到直接选择工具。

8.3　路径面板的使用

【路径】面板上存放着工作路径（未存储的临时路径）、已存储的路径和当前图层的矢量蒙版路径。通过【路径】面板，可以新建空白路径、复制路径、删除路径、存储路径、显示与隐藏路径、描边路径、填充路径、将路径与选区相互转化等，如图 8-26 所示。

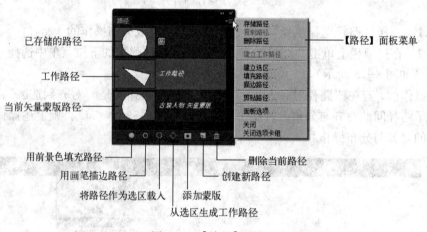

图 8-26　【路径】面板

8.3.1　新建空白路径

可以使用下述方法之一创建空白路径。

① 在【路径】面板上单击"创建新路径"按钮，可按默认名称创建一个新空白路径。

② 在【路径】面板上，确保没有选择工作路径。从【路径】面板菜单中选择【新建路径】命令，弹出【新建路径】对话框，输入路径名称，单击【确定】按钮，可按指定的名称创建一个新的空白路径。

在绘制路径前，如果【路径】面板上未选择任何路径，则生成新的工作路径。如果在【路径】面板上选择了某个路径，在图像中创建的新路径会作为一个子路径添加到原有路径中。

8.3.2　存储路径

工作路径是一种临时路径，在任何情况下，最多只可能有一个工作路径存在。在【路径】面板上没选择任何路径的情况下，使用钢笔工具、自由钢笔工具或形状工具等创建路径时，新生成的工作路径会取代原有的工作路径。所以，为了防止工作路径丢失，必须存储工作路径。

在【路径】面板上，可采用下列方法之一存储工作路径。

① 将工作路径拖动到"创建新路径"按扭 上，当 按扭反白显示时，松开左键，即可以默认名称存储工作路径。

② 在工作路径上双击；或选择工作路径，在【路径】面板菜单中选择【存储路径】命令，打开【存储路径】对话框，输入路径名称，单击【确定】按钮。

另外，在【图层】面板中选择含有矢量蒙版的图层时，矢量蒙版中的路径也会临时显示在【路径】面板中。一旦切换到其他图层，上述矢量蒙版路径就会从【路径】面板中消失。所以，矢量蒙版路径也可视为一种临时路径。其存储方法与工作路径类似。

8.3.3　修改路径的名称

在【路径】面板上双击已存储的路径的名称，进入名称编辑状态，输入新的名称，按Enter 键，或在编辑框外单击即可。

若双击工作路径或矢量蒙版路径的名称，则弹出【存储路径】对话框，输入路径名称，单击【确定】按钮。该操作既实现了路径的重命名，又存储了临时路径。

8.3.4　复制路径

1. 在同一图像文件内部复制路径

在同一图像内部复制路径包括复制子路径和复制全路径两种情况。

复制子路径的操作是在图像窗口中进行的，操作方法如下。

步骤 1　选择"路径选择工具" 。

步骤 2　按住 Alt 键，在图像窗口拖移要复制的路径，如图 8-27 所示。另外，使用"路径选择工具" 选择子路径后，依次按 Ctrl+C 和 Ctrl+V 键，可在原位置复制子路径。

复制整个路径的操作是在【路径】面板上进行的，操作方法如下。

显示【路径】面板，将要复制的路径拖移到面板底部的"创建新路径"按钮 上，松开鼠标按键，即可复制出原路径的一个副本，如图 8-28 所示。

2. 在不同图像文件之间复制路径

在不同图像间复制路径的方法如下：在图像窗口显示路径（不要使用路径选择工具选择路径，也不要显示路径上的锚点），选择菜单命令【编辑】|【拷贝】（或按 Ctrl+C 键）。切换到目标图像，选择菜单命令【编辑】|【粘贴】（或按 Ctrl+V 键）。

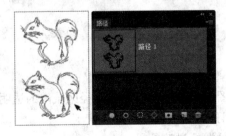

图 8-27　复制子路径

图 8-28　复制全路径

8.3.5　删除路径

要想删除子路径，可在选择子路径后，按 Del 键。

要想删除整个路径，可在【路径】面板上要删除的路径上右击，从弹出菜单中选择【删除路径】命令；或将要删除的路径直接拖移到"删除当前路径"按钮🗑上。

8.3.6　在图像中显示与隐藏路径

在【路径】面板底部的灰色空白区域单击，取消路径的选择，即可在图像窗口中隐藏路径（如图 8-29 所示）；在【路径】面板上选择要显示的路径，可在图像窗口中显示该路径（如图 8-30 所示）。

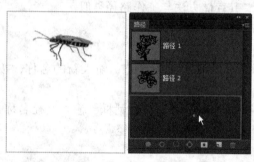  

图 8-29　隐藏路径　　　　　　　　　　图 8-30　显示路径

另外，通过勾选或取消勾选菜单命令【视图】|【显示】|【目标路径】，可以在图像窗口中显示或隐藏路径面板中当前选中的路径。

8.3.7　填充路径

在 Photoshop 中，可将指定的颜色、图案等内容填充到路径区域内，方法如下。

步骤 1　在【路径】面板上选择要填充的路径，或使用"路径选择工具"▶在图像窗口中选择要填充的子路径。

步骤 2　选择填充场所（不含矢量元素的图层、图层蒙版、快速蒙版、通道等）。

步骤 3　在【路径】面板上单击"用前景色填充路径"按钮●，可使用当前前景色填充所选路径或子路径。也可以从【路径】面板菜单中选择【填充路径】或【填充子路径】命令，弹出相应的对话框（如图 8-31 所示），根据需要设置好参数，单击【确定】按钮。

对话框中各参数的作用如下。

↺【使用】：选择填充内容。包括前景色、背景色、自定义颜色、图案等。

↺【模式】：选择填充的混合模式。

↺【不透明度】：指定填充的不透明度。

↺【保留透明区域】：勾选该项，在当前图层上禁止填充所选路径区域内的透明区域。

↺【羽化半径】：设置要填充区域的边缘羽化程度。

↺【消除锯齿】：在填充区域的边缘生成平滑的过渡效果。

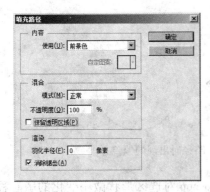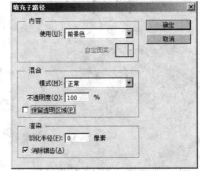

图 8-31　【填充路径】和【填充子路径】对话框

8.3.8　路径转化为选区

路径转化为选区的常用方法如下。

步骤 1　在【路径】面板上选择要转化为选区的路径，或使用"路径选择工具" ▶ 在图像窗口中选择要转化为选区的子路径。

步骤 2　单击【路径】面板底部的"将路径作为选区载入"按钮 ⃝ （载入的选区将取代图像中的原有选区），或从【路径】面板菜单中选择【建立选区】命令，打开【建立选区】对话框（如图 8-32 所示），根据需要设置参数，单击【确定】按钮。

图 8-32　【建立选区】对话框

对话框中各参数的作用如下。

◇【羽化半径】：指定选区的羽化值。

◇【消除锯齿】：在选区边缘生成平滑的过渡效果。

◇【操作】：指定由路径转化的选区和图像中原有选区的运算关系。

上述操作完成后，图像中有时会出现选区和路径同时显示的状况，会影响选区的正常编辑，此时应将路径隐藏起来。

8.3.9　选区转化为路径

任何选区都可以转化为路径。但是，边界弯曲平滑的选区转化为路径后无法保持原来的形状，如图 8-33 所示。

可以采用下列方法之一将选区转化为路径（假设选区已存在）。

① 在【路径】面板上单击"从选区生成工作路径"按钮 ⃝ 。

② 从【路径】面板菜单中选择【建立工作路径】命令，打开【建立工作路径】对话

框。输入容差值，单击【确定】按钮。

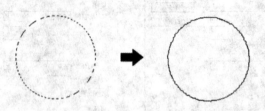

图 8-33　选区转化为路径时出现的偏差

【容差】：用于设置选区转化为路径时 Photoshop 对选区形状微小变化的敏感程度。取值范围为 0.5~10 像素。取值越高，转化后的路径上锚点越少，路径也越平滑。

值得注意的是，不论采用上述哪一种方法，选区转化为路径后都无法保留原有选区的羽化效果。

8.3.10　描边路径

在 Photoshop 中，可采用基本工具的当前设置，沿任意路径创建绘画描边效果。操作方法如下。

步骤 1　选择路径。在【路径】面板上选择要描边的路径，或使用"路径选择工具"在图像窗口中选择要描边的子路径。

步骤 2　选择并设置描边工具。在工具箱上选择描边工具，并对工具的颜色、画笔大小、画笔间距等参数进行必要的设置。

步骤 3　选择描边场所（不含矢量元素的图层、图层蒙版、快速蒙版、通道等）。

步骤 4　描边路径。在【路径】面板上单击"用画笔描边路径"按钮 ◎，可使用当前工具对路径或子路径进行描边。也可以从【路径】面板菜单中选择【描边路径】或【描边子路径】命令，弹出相应的对话框（如图 8-34 所示），在对话框的下拉列表中选择描边工具（默认为当前工具），单击【确定】按钮。

上述操作中，步骤 1、步骤 2 和步骤 3 的顺序可以打乱。

图 8-34　【描边路径】和【描边子路径】对话框

比如，可使用路径描边技术制作邮票锯齿边界效果。

步骤 1　打开素材图像"实例 08\邮票制作素材.psd"，确保"邮票边界"层处于图层蒙版编辑状态。选择"画笔工具"。设置画笔大小为 8 像素左右，硬度为 100%，不透明度为 100%，间距为 132% 左右。

步骤 2　选择"路径选择工具"，此时白色方形的矢量边界处于选择状态，同时【路径】面板上相应地产生一个临时路径，如图 8-35 所示。

步骤 3　将前景色设置为黑色。从【路径】面板菜单中选择【描边路径】命令，在弹出的对话框中选择描边工具为"画笔",单击【确定】按钮。结果如图 8-36 所示(已隐藏临时路径)。

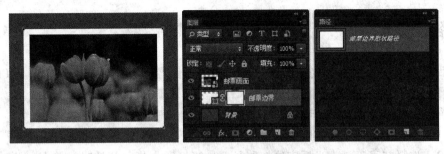

图 8-35 选择白色方形的矢量边界

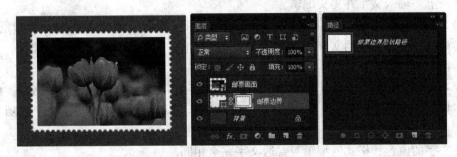

图 8-36 描边路径并隐藏路径

8.3.11 连接和闭合路径

连接和闭合路径在路径的实际应用中有着特殊的意义。其中连接路径操作可以将两个或多个子路径转变成一个子路径。

1. 连接子路径

连接子路径的方法如下。

步骤 1 显示路径,并将钢笔工具定位到一条开放子路径的端点锚点,光标变成 形状(如图 8-37 所示),单击。

图 8-37 连接子路径

步骤 2 将钢笔工具定位到另一条开放子路径的端点锚点,光标仍然呈 形状,单击。此时两条开放子路径连接起来,变成一条开放子路径。

步骤 3 按上述方法连接第三条子路径,第四条子路径……

2. 闭合子路径

闭合子路径的方法如下。

步骤 1 显示路径,并将钢笔工具定位到开放子路径的一个端点锚点上(光标变成 形状）单击。

步骤 2 将钢笔工具定位到开放子路径的另一个端点锚点上（光标变成 形状）单击。

8.4 路径文字

所谓路径文字，就是沿着路径曲线排列或在封闭路径内部排列的文字。这是 Photoshop 自 CS 8.0 以来新增加的功能。

沿路径创建文字的具体操作如下。

步骤 1 根据需要创建开放路径或封闭路径。

步骤 2 选择文字工具，光标定位在路径上，当显示 指示符的时候单击，此时插入点定位在路径上。输入文字并提交编辑。

步骤 3 选择路径选择工具 或直接选择工具 ，将光标置于路径文字上，当出现 指示符的时候单击并沿路径拖动文字，可改变文字在路径上的位置。若拖动时跨过路径，文字将翻转到路径的另一侧。

步骤 4 当选择路径文字所在图层的时候，【路径】面板上会显示对应的路径。使用路径选择工具改变该路径的位置，或使用直接选择工具等调整路径的形状，文字也随着一起变化。

路径文字的内容和格式的编辑与普通文字完全相同。

对于封闭的路径，文字还可以创建在路径区域内，操作如下。

步骤 1 创建封闭的路径。

步骤 2 选择文字工具，在封闭路径内单击，确定插入点，输入文字内容。

8.5 路径的使用综合例

8.5.1 使用路径选择边界光滑的对象

主要技术看点：创建与编辑路径，路径转化为选区，复制与粘贴图像，缩放图像等。

步骤 1 选择"钢笔工具"，在选项栏上将工具模式设置为"路径"，勾选【自动添加/删除】复选框，其他选项默认。

步骤 2 打开素材图像"实例 08\热气球 .jpg"，如图 8-38 所示。

步骤 3 沿逆时针方向在最大的热气球的边界上创建封闭的多边形路径，如图 8-39 所示。

在封闭路径的创建过程中，应特别注意每个锚点的定位。每两个相邻锚点之间的对象边缘应是一条直线段、C 形曲线（即单弧曲线）或者 S 形曲线（即双弧曲线）。若两个锚点间的边缘线条是比 S 形曲线更复杂的多弧曲线，或者是由直线段与曲线段连接而成的复合线段，就不能通过调整两端的锚点，使路径与该段对象边缘准确地吻合。锚点的确立是否适当，是能否准确选择对象的关键所在。另外，并不是说锚点越多越好。锚点过多的话，不但增加了路径调整的难度，而且也很难把对象选择得准确。

图 8-38 素材图像"热气球"

图 8-39 创建多边形路径

步骤 4 通过放大图像局部，观察每一个锚点是否在待选对象的边缘上，位置是否合适；若不合适，可使用直接选择工具调整其位置，如图 8-40 所示。

图 8-40 调整锚点的位置

步骤 5 放大图像观察时，如果发现某两个相邻锚点之间的对象边缘线实际上比预想的要复杂。此时可通过添加锚点工具（或钢笔工具）在路径的适当位置添加新锚点，再使用直接选择工具调整其位置，如图 8-41 所示。而对于路径上多余的锚点可使用删除锚点工具（或钢笔工具）进行删除。

图 8-41 在必要的位置增加锚点

步骤 6 热气球底部箱子和吊带的选择只需要用直线段路径即可，但图 8-41 中增加的锚点却包含方向线，致使对象的折线边界无法准确选择。此时可使用转换点工具在该锚点上单击，去除方向线。

步骤 7 使用转换点工具将热气球部分（底部箱子和吊带除外）的所有锚点转化为平滑点（即首先把各个锚点的方向线拖出来）。再使用该工具或直接选择工具通过改变各方向线的长度与方向使各段路径与对象边缘吻合，如图 8-42 所示（图中 A、B 两点暂不调整）。

在路径调整过程中，若通过锚点的对象边缘是平滑的，则调整该锚点的方向线时最好使用直接选择工具，原因就是它不会改变锚点的性质。若使用转换点工具进行调整，应尽量使该锚点两侧的方向线保持在同一方向上，而不宜偏离太多。

步骤 8　按住 Alt 键同时使用转换点工具拖移 B 点，将其上侧的方向线拖移出来。调整方向线的长度与方向使 B 点上侧的局部路径与热气球边缘吻合，如图 8-43 所示。

 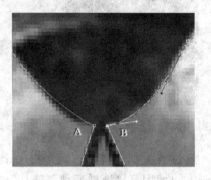

图 8-42　调整路径　　　　　　　　　图 8-43　调整 B 点处的路径

步骤 9　使用转换点工具向右拖移 A 点，将其两侧的方向线拖移出来。按住 Alt 键使用转换点工具单击 A 点，清除其下侧方向线。调整上侧方向线的长度与方向使 A 点上侧的局部路径与热气球边缘吻合，如图 8-44 所示。

步骤 10　选择"路径选择工具"，确保选中图中的路径。在选项栏的"路径操作"下拉菜单中选择"🔲合并形状"选项。

步骤 11　使用钢笔工具（设置与步骤 1 相同）。依次在吊带中间的空白三角形区域的三个顶点上单击，创建封闭的三角形路径，如图 8-45 所示。

步骤 12　选择"路径选择工具"，确保选中图中的三角形路径。在选项栏的"路径操作"下拉菜单中选择"🔲减去顶层形状"选项。

步骤 13　在【路径】面板上存储工作路径，采用默认名称"路径 1"，如图 8-46 所示。

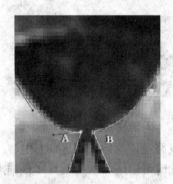  

图 8-44　调整 A 点左侧路径　　　　图 8-45　创建三角形路径　　　　图 8-46　【路径】面板

步骤 14　使用路径选择工具框选前面创建的两个子路径。单击【路径】面板底部的"将路径作为选区载入"按钮🔲，将路径转化为选区。按 Ctrl + C 键复制选区内图像。

步骤 15　打开素材图像"实例 08\蓝天 . jpg"。

步骤 16　按 Ctrl+V 键，将刚才复制的图像粘贴到"蓝天"图像中。适当缩小并移动热气球的位置，如图 8-47 所示。

步骤 17 再次按 Ctrl+V 键粘贴图像，缩小并调整第二只热气球的位置，如图 8-48 所示。

图 8-47 粘贴"热气球"　　　图 8-48 粘贴第二只"热气球"

步骤 18 对素材图像"实例 08\热气球.jpg"中的红色热气球做类似处理（路径选择→路径转选区→复制粘贴图像→缩放并调整热气球位置）。最终合成如图 8-49 所示的图像。

图 8-49 图像最终合成效果

步骤 19 保存图像。

8.5.2 使用路径制作老照片效果

主要技术看点：创建与编辑路径，复制路径，合并路径，路径转化为选区，变换路径，存储路径等。

步骤 1 新建一个 375 像素×480 像素，72 像素/英寸，RGB 颜色模式，白色背景的图像。

步骤 2 选择菜单命令【视图】|【显示】|【网格】将网格线显示出来。

步骤 3 使用钢笔工具沿顺时针方向创建由直线段连接而成的封闭路径（为了创建水平或竖直路径线段，可按住 Shift 键单击确定锚点），如图 8-50 所示（图像缩放比例为 400%）。

步骤 4   使用直接选择工具调整右上角其中两个锚点的位置，如图 8-51 所示。

步骤 5   使用转换点工具拖移②号锚点（如图 8-52 所示），将其两侧的方向线拖移出来（此时②号点为平滑锚点）；继续拖移两侧的方向点，使②号锚点转化为尖突点。

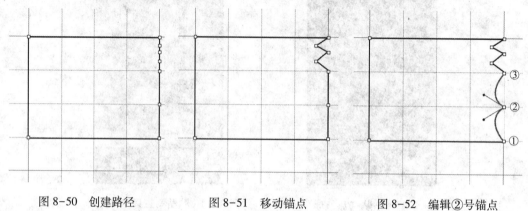

图 8-50　创建路径　　　　　图 8-51　移动锚点　　　　　图 8-52　编辑②号锚点

步骤 6   按住 Alt 键同时使用转换点工具拖移③号锚点，将其下侧的方向线拖移出来，如图 8-53 所示。

步骤 7   使用转换点工具拖移①号锚点，将其两侧的方向线拖移出来。按住 Alt 键使用转换点工具单击①号锚点，清除其下侧方向线，如图 8-54 所示。

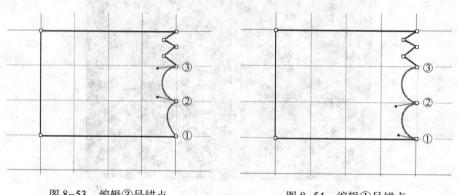

图 8-53　编辑③号锚点　　　　　　　图 8-54　编辑①号锚点

步骤 8   再次选择菜单命令【视图】|【显示】|【网格】隐藏网格线。

步骤 9   选择"路径选择工具"，确保选中图中路径。在选项栏的"路径操作"下拉菜单中选择"🔲合并形状"选项，并使用方向键向上移动路径至图像顶部。

步骤 10   按 Ctrl+Alt+T 键，显示自由变换和复制控制框。按向下方向键移动复制子路径至如图 8-55 所示的位置（顶边与原路径的底边重合）。按 Enter 键确认变换。

步骤 11   按 Shift+Ctrl+Alt+T 键多次，继续复制出多个子路径，如图 8-56 所示。

步骤 12   使用路径选择工具框选所有子路径，在选项栏的"路径操作"下拉菜单中选择"🔁合并形状组件"选项（将所有子路径合并成一个子路径）。使用路径选择工具在路径外的空白区域单击，取消锚点的选择状态（如图 8-57 所示），按 Ctrl+C 键复制路径。

步骤 13 打开素材图像"实例 08\老照片素材 . psd",如图 8-58 所示。

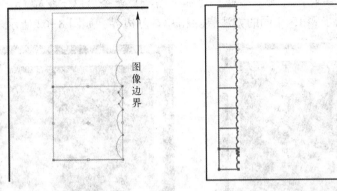

图 8-55 复制子路径   图 8-56 继续复制子路径

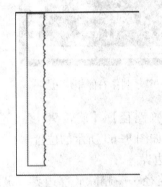

图 8-57 合并后的路径   图 8-58 老照片素材

步骤 14 按 Ctrl+V 键粘贴路径。使用路径选择工具单击选择路径,按方向键移动路径到如图 8-59 所示的位置。

步骤 15 按 Ctrl+Enter 键,将路径转换为选区;选择"照片"层,按 Delete 键删除选区内的像素;按 Ctrl+D 键取消选区;如图 8-60 所示。

图 8-59 粘贴并移动路径   图 8-60 制作左侧相片边界

步骤 16 显示路径。选择菜单命令【编辑】|【变换路径】|【水平翻转】。使用路径选择工具单击选择路径,按向右方向键移动路径到如图 8-61 所示的位置。

注意： 在步骤 16 中，若 "水平翻转" 命令无法执行，可先选择【编辑】|【自由变换路径】命令，再选择【编辑】|【变换路径】|【水平翻转】命令。以下步骤 18 与步骤 20 类似。

步骤 17　采用与步骤 15 相同的方法删除相片右侧边界，如图 8-62 所示。

图 8-61　水平翻转并移动路径　　　　图 8-62　制作右侧相片边界

步骤 18　显示路径。选择菜单命令【编辑】|【变换路径】|【旋转 90 度（逆时针）】。使用路径选择工具单击选择路径，按方向键移动路径到如图 8-63 所示的位置。

步骤 19　采用与步骤 15 相同的方法删除相片顶部边界。

步骤 20　类似地，垂直翻转当前路径，向下移动路径……删除底部边界。最终效果如图 8-64 所示。

图 8-63　旋转并移动路径　　　　　图 8-64　相片最终效果

步骤 21　在【路径】面板上双击工作路径的缩览图，打开【存储路径】对话框。输入路径名称 "相片边界"，单击【确定】按钮（存储工作路径以备后用）。

步骤 22　存储图像。

8.5.3　利用路径和非破坏性编辑手段设计制作邮票

主要技术看点：创建与编辑路径，复制路径，分布路径，组合路径，智能对象等。

步骤 1　新建一个 340 像素×255 像素，72 像素/英寸，RGB 颜色模式，白色背景的图像。

步骤 2　将素材图像"实例 08 \郁金香.jpg"的背景层复制过来，得到图层 1。将图层 1 转化为智能图层，命名为"邮票画面"，并成比例缩小到如图 8-65 所示的大小。

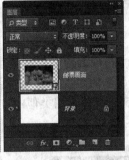

图 8-65　非破坏性编辑素材图像

步骤 3　在邮票画面周围创建如图 8-66 所示的矩形路径，在选项栏上将其"路径操作"方式设置为"合并形状"。如图 8-67 所示。

步骤 4　在图像窗口，使用"路径选择工具"在矩形路径外的空白处单击，取消其选择状态。然后在其左上角创建如图 8-68 所示的圆形路径，并将圆形路径的"路径操作"方式设置为"减去顶层形状"。

图 8-66　创建矩形路径

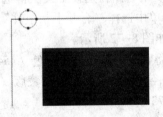

图 8-67　选择"路径操作"方式　　　图 8-68　创建圆形路径

步骤 5　按 Ctrl+C 键复制圆形路径，按 Ctrl+V 键 30 次（这样可以原位置粘贴圆形路径 30 个）。使用"路径选择工具"将其中一个圆形路径水平向右移至矩形路径的右上角（不要超过矩形路径的右边界）。使用"路径选择工具"框选所有的圆形路径（不要选中矩形路径），按宽度均匀分布，得到如图 8-69 所示的效果。如果分布后的圆形路径过于密集，可删除中间若干个，然后重新分布，直至间隔合适为止。相反，如果太过稀疏，可选择其中的圆形路径，在原位置复制出若干个，然后重新分布，直至间隔合适为止。

步骤 6　再次使用"路径选择工具"框选所有的圆形路径，按 Ctrl+C 键复制，按 Ctrl+V 键粘贴一次，并将粘贴出来的一行路径竖直向下移至矩形路径的下边界（仍旧一半在边界上，一半在边界下），如图 8-70 所示。

图 8-69　按宽度分布圆形路径

步骤 7　使用"路径选择工具"选择一个圆形路径，按 Ctrl+C 键复制，按 Ctrl+V 键粘贴一次，并将粘贴出来的圆形路径移动到矩形路径的左边界上（一半在边界左，一半在边界右）。参照步骤 5 与步骤 6 用类似的方法（按高度）进行左边圆形路径的分布，并复制移至右边界，如图 8-71 所示。

图 8-70　完成路径的水平分布　　　　　图 8-71　完成路径的垂直分布

步骤 8　使用"路径选择工具"框选所有的路径（包括矩形路径）。在选项栏的"路径操作"下拉菜单中选择"合并形状组件"选项（若弹出 Photoshop 信息提示框，单击【是】按钮），结果如图 8-72 所示。

步骤 9　将背景层填充为暗蓝色（#546e7b）。在背景层上面新建图层，填充白色，并基于上述合并路径为新图层添加矢量蒙版（也可以基于合并路径直接在背景层上面创建填充层），如图 8-73 所示。

图 8-72　路径运算结果　　　　　图 8-73　创建邮票的锯齿边界

步骤 10　在"邮票画面"层的上面分别创建"中国人民邮政"文本层和"80 分"文本层。

步骤 11　以 PSD 格式保存图像。

8.5.4　使用形状图层制作折扇效果

主要技术看点：创建与编辑形状层，创建与编辑路径，复制与变换图层，创建与编辑图层组，创建与编辑图案填充层，盖印图层，图层样式，文字变形等。

步骤 1　新建一个 840 像素×500 像素，72 像素/英寸，RGB 颜色模式，白色背景的图像。为背景层填充颜色#cfceb0。

步骤 2　选择菜单命令【视图】|【标尺】（或按 Ctrl+R 键），显示标尺。分别从水平和竖直标尺上拖移参考线放在如图 8-74 所示的位置。

图 8-74　设置参考线

注意：　选择【移动工具】，光标定位于参考线上（此时光标显示为 ↔ 或 ↕ 形状），拖移光标可以调整参考线的位置（竖直参考线尽量水平居中）。

步骤 3　用钢笔工具（在选项栏上设置工具模式为"形状"）沿图 8-75 标出的序号（①→②→③→①）创建由直线段连接的封闭形状（③号点比②号点稍低。另外，在创建竖直线段时，可同时按住 Shift 键）。设置形状的填充色为白色。

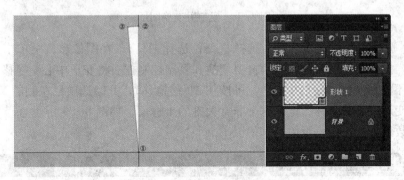

图 8-75　创建封闭的三角形形状

步骤 4　将形状 1 层更名为"白色扇面"。

步骤 5　确保在图像窗口显示形状轮廓线上的锚点（若未显示，可使用直接选择工具单击轮廓线以显示锚点）。使用钢笔工具在如图 8-76 所示的位置添加两个锚点（左侧锚点稍低）。使用转换点工具分别在添加的两个锚点上单击，清除锚点的方向线。

步骤 6　使用删除锚点工具删除三角形底部的锚点，如图 8-77 所示。

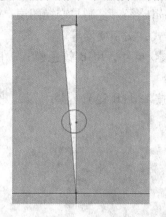 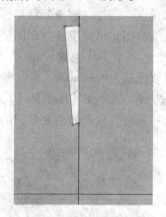

图 8-76　增加锚点　　　　　　　　　图 8-77　删除锚点

步骤 7　在【图层】面板上复制"白色扇面"层，将复制得到的形状层更名为"灰色扇面"。双击"灰色扇面"层的图层缩览图，利用拾色器将填充色更改为灰色# f0f1f4。

步骤 8　选择菜单命令【编辑】|【变换路径】|【水平翻转】。使用移动工具向右移动灰色扇面层到如图 8-78 所示的位置（与白色扇面邻接，不重叠，无间隙）。

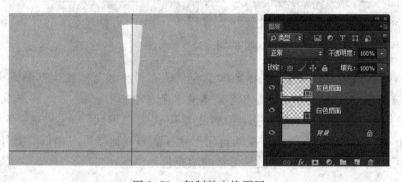

图 8-78　复制并变换图层

步骤 9　选择"灰色扇面"层。选择"路径选择工具"，在图像窗口中单击选择形状的矢量轮廓线。按 Ctrl+Alt+T 键，显示自由变换和复制控制框。将变形中心⬦拖移到参考线的交点上（若不能单独拖移变形中心⬦，可按住 Alt 键拖移）。此时选项栏左侧的 X、Y 文本框显示出当前变形中心的坐标，记下这个非常关键的坐标值，如图 8-79 所示（读者记录的数值与这里的数值可能不同，没关系）。

图 8-79　记录变形中心坐标

注意：在图像窗口中选择矢量轮廓线的目的，是使接下来复制出的对象与原对象位于同一图层内。

步骤 10　将光标定位于变换控制框的外部，沿逆时针方向拖移光标，旋转灰色扇面到如图 8-80 所示的位置（与白色扇面邻接，不重叠，无间隙）。观察选项栏，记录旋转角度这个非常关键的数值（读者记录的角度值与这里的数值可能不同，没关系），如图 8-81 所示。按 Enter 键确认。

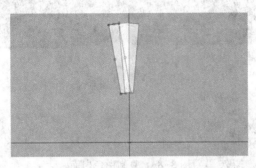

图 8-80　旋转复制灰色扇面

图 8-81　记录旋转角度

步骤 11　按 Shift+Ctrl+Alt+T 键 N（偶数）次，继续复制出 N 个灰色扇面，如图 8-82 所示。

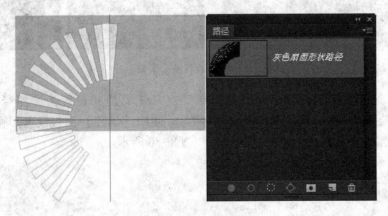

图 8-82　继续旋转复制灰色扇面

步骤 12　仿照步骤 9~步骤 11 的操作方法，复制白色扇面 N 个，如图 8-83 所示（注意操作时的变形中心坐标，旋转角度一定要和前面记录的相同）。

步骤 13　选择"路径选择工具"，框选"白色扇面"与"灰色扇面"层的所有形状轮廓。按 Ctrl+T 键，显示自由变换控制框。将变形中心◇拖移到参考线的交点上，再在选项栏上将变形中心坐标调整为前面记录的数值。将光标定位于自由变换控制框的外部，沿顺时针方向拖移光标，旋转灰色扇面层和白色扇面层到如图 8-84 所示的位置。按 Enter 键确认。

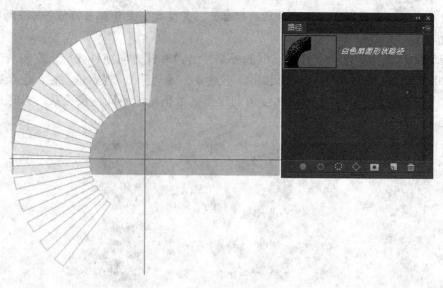

图 8-83 　复制白色扇面

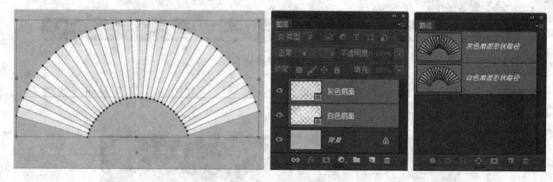

图 8-84 　旋转整个扇面

步骤 14 　选择形状工具组中的圆角矩形工具（工具模式设置为"路径"），创建如图 8-85 所示的路径（关于竖直参考线左右对称）。使用【属性】面板设置其宽度 8 像素左右，圆角 4 像素左右（圆角值<宽度值/2），如图 8-86 所示。

图 8-85 　创建矩形路径

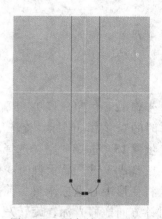

图 8-86 　圆角效果（局部）

步骤 15 选择背景层。使用"自由变换路径"命令,以参考线交点为变形中心,逆时针旋转路径到如图 8-87 所示的位置(由于变换对象比较狭窄,变形中心✧可能不容易单独移动。此时可按住 Alt 键拖移变形中心✧)。

图 8-87 旋转路径

步骤 16 打开素材图像"实例 08 \木纹 . jpg"。使用矩形选框工具(羽化值设为 0)在图像左上角创建如图 8-88 所示的选区。使用菜单命令【编辑】|【定义图案】将选区内图像定义为图案。

图 8-88 定义图案

步骤 17 切换到折扇图像。在背景层上面新建图层组,更名为"扇柄"。在"扇柄"图层组中新建图层 1,使用油漆桶工具在图层 1 上填充上面定义的木纹图案。

步骤 18 在【路径】面板上选择圆角矩形工作路径。切换到【图层】面板,为图层 1 添加基于当前路径的矢量蒙版,如图 8-89 所示。

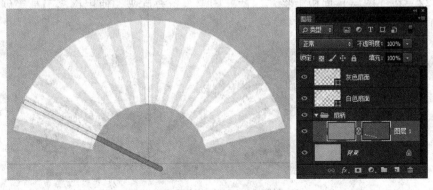

图 8-89 创建基于路径的矢量蒙版

步骤 19　为图层 1 添加"斜面和浮雕"样式。参数设置如图 8-90 所示。

步骤 20　选择图层 1（不要选中矢量蒙版），按 Ctrl+Alt+T 键，显示自由变换和复制控制框。将变形中心 ✧ 拖移到参考线的交点上。再在选项栏上将变形中心坐标调整为前面记录的数值，将旋转角度设置为前面记录的数值的绝对值。按 Enter 键确认，如图 8-91 所示。

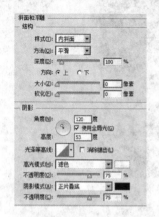

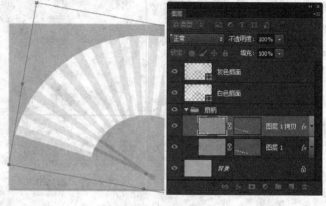

图 8-90　设置图层样式参数　　　　　　　　　　图 8-91　复制图层 1

步骤 21　按 Shift+Ctrl+Alt+T 键（N-2）次，得到如图 8-92 所示的效果。

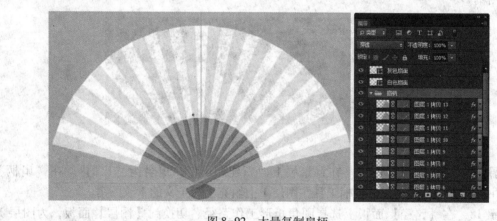

图 8-92　大量复制扇柄

步骤 22　在【图层】面板上将"扇柄"图层组折叠起来。使用钢笔工具等创建和编辑如图 8-93 所示的路径。

图 8-93　创建并编辑路径

步骤 23　在"灰色扇面"层的上面创建基于路径的图案填充层（所用图案为前面定义的木纹），并添加"斜面和浮雕"样式（参数设置可参考图 8-90），如图 8-94 所示。

图 8-94　创建并编辑"图案填充 1"层

步骤 24　复制"图案填充 1"层，得到"图案填充 1 拷贝"层，放置在背景层的上面。使用"自由变换"命令，以参考线交点为中心，将该层的扇柄逆时针旋转到如图 8-95 所示的位置。

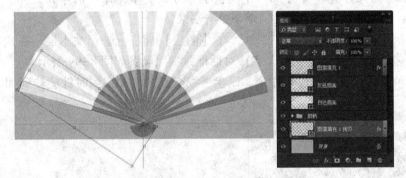

图 8-95　复制"图案填充 1"层

步骤 25　使用形状工具组中的椭圆工具，配合 Shift+Alt 键，以参考线的交点为中心，在所有图层的上面创建如图 8-96 所示的形状层（填充色为黑色）。并为该形状层添加"斜面和浮雕"样式，参数设置如图 8-97 所示。

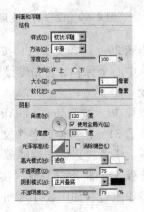

图 8-96　创建形状层　　　　　　　图 8-97　设置枕状浮雕参数

步骤 26　在所有图层的上面新建图层组，更名为"书法"。使用直排文字工具在"书法"图层组中创建文本层，字体"方正黄草简体"，字号 36，黑色，文字内容为"北国风光"，如图 8-98 所示。

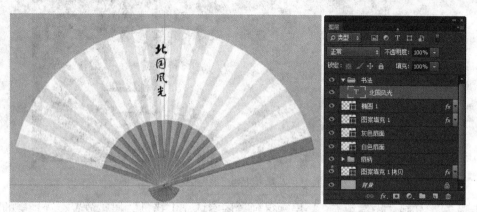

图 8-98　创建直排文本

注意：在素材文件夹"实例 08"中提供了"方正黄草简体"的字体文件。可在该文件上右击，从右键菜单中选择"安装"命令进行安装。

步骤 27　在工具箱上选择文字工具，在【图层】面板上选择文本层。在选项栏上单击"变形文字"按钮，打开【变形文字】对话框，参数设置如图 8-99 所示。

步骤 28　使用"自由变换"命令，以参考线交点，将文字顺时针旋转到如图 8-100 所示的位置。

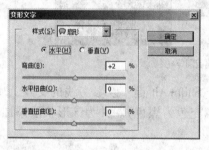

图 8-99　设置文字变形参数

图 8-100　旋转文字

步骤 29　选择文本层，按 Ctrl+Alt+T 键，显示自由变换和复制控制框。再在选项栏上将变形中心坐标和旋转角度设置为前面记录的数值。按 Enter 键确认。得到"北国风光 拷贝"层。

步骤 30　按 Shift+Ctrl+Alt+T 键 12 次，继续复制出 12 个文本层，如图 8-101 所示。

步骤 31　依次修改各个文本层的文字内容，得到如图 8-102 所示的效果（若文字排列效果不太满意，可适当调整部分文字的大小等属性）。将"书法"图层组折叠起来。

步骤 32　将素材图像"实例 08\签名 . gif"中的文字图像复制过来，经缩放、旋转、移动等操作放置在如图 8-103 所示的位置。

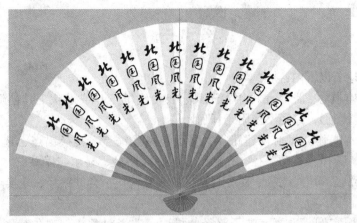

图 8-101　旋转复制文本层

图 8-102　修改文本层内容

图 8-103　复制签名文字图像

步骤 33　在【图层】面板上隐藏背景层，选择最上面的图层。按 Shift+Ctrl+Alt+E 键执行盖印操作，得到折扇的拼合图层。显示背景层，并为盖印层添加"投影"样式，如图 8-104 所示。

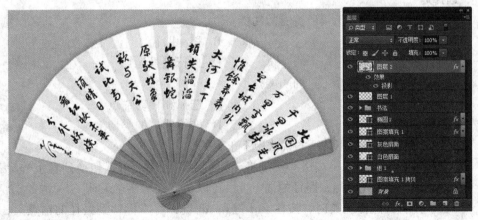

图 8-104　在盖印图层上添加"投影"样式

步骤 34　存储图像。

8.6　小结

本章主要讲述了以下内容。

（1）路径基本概念。路径是由钢笔工具、自由钢笔工具或形状工具创建的直线段或曲线段。路径是矢量图形，路径不依附于任何图层。

（2）路径基本操作。包括创建路径、显示与隐藏锚点、转换锚点、选择与移动锚点、添加与删除锚点、选择与移动路径、存储路径、删除路径、显示与隐藏路径、重命名路径、复制路径、描边路径、填充路径、路径与选区的相互转化、合并路径、变换路径、连接与闭合路径等。

（3）路径应用实例。主要反映了路径的描边、选择对象、创建矢量图形、路径分布、路径运算等实际应用。案例的设计由浅入深，讲解细致，对掌握路径工具具有非常重要的作用。

本章理论部分未提及或超出本章理论范围的知识点有下面三点。

（1）路径的大规模有规律复制：按 Ctrl+Alt+T 键显示自由变换和复制路径控制框→变换（移动、缩放、旋转等）路径，并按 Enter 确认→按 Shift+Ctrl+Alt+T 键大批复制（要求掌握）。

（2）图层的大规模有规律复制：按 Ctrl+Alt+T 键显示自由变换和复制控制框→变换（移动、缩放、旋转等）图像，并按 Enter 确认→按 Shift+Ctrl+Alt+T 键大批复制（要求掌握）。

（3）盖印图层：按 Shift+Ctrl+Alt+E 键，将所有可见图层合并到一个新建图层；按 Ctrl+Alt+E 键，将所有选中的图层合并到一个新建图层（要求掌握）。

8.7　习题

一、选择题

1. _____ 是路径选择工具所特有的功能。
   - A. 选择路径
   - B. 移动路径
   - C. 对齐和分布路径
   - D. 进行路径运算

2. _____ 不是直接选择工具的功能。
   - A. 显示和隐藏锚点
   - B. 选择和移动锚点
   - C. 调整方向线
   - D. 转换锚点的类型

3. 下列有关路径工具使用技巧的说法中不正确的是 _____。
   - A. 在使用钢笔工具时，按住 Ctrl 键将光标移到路径上，可以切换到直接选择工具；按住 Alt 键将光标移到路径的锚点上，可以切换到转换点工具
   - B. 在使用直接选择工具时，按住 Ctrl 键和 Alt 键，将光标移到路径的锚点上，可切换到转换点工具
   - C. 在使用路径选择工具时，按住 Shift 键可切换到直接选择工具
   - D. 在使用转换点工具时，将光标移到路径上，可切换到直接选择工具；当光标在锚

点上时，可按住 Ctrl 键切换到直接选择工具

4. 以下不能创建路径的工具是_____。

  A. 自由钢笔工具   B. 矩形工具

  C. 钢笔工具   D. 添加锚点工具

5. 按住_____键，使用钢笔工具可以绘制水平、垂直或倾斜 45°角的标准直线路径。

  A. Shift   B. Ctrl   C. Alt   D. Ctrl+Alt

6. 将路径转化为选区的快捷键是_____。

  A. Shift+Enter   B. Ctrl+Enter   C. Alt   D. Ctrl+Alt

7. 按住_____键的同时单击【路径】面板上的【用前景色填充路径】按钮可打开
【填充路径】对话框。

  A. Shift   B. Alt   C. Ctrl   D. Shift+Ctrl

8. 使用钢笔工具创建开放路径时，要想结束路径，可按住_____键在路径外单击。

  A. Shift   B. Alt   C. Ctrl   D. Enter

9. 以下不能用于路径创建的工具是_____。

  A. 钢笔工具   B. 矩形工具

  C. 直接选择工具   D. 自由钢笔工具

10. 以下不能在路径上添加或删除锚点的工具是_____。

  A. 钢笔工具   B. 直接选择工具

  C. 删除锚点工具   D. 添加锚点工具

二、填充题

1. 在 Photoshop 中，由钢笔工具和自由钢笔工具等创建的一个或多个直线段或曲线段称
为_____，它是_____（填位图或矢量图）。

2. 连接路径上各线段的点叫作_____。它分为两类：_____和_____（或称拐
点、尖突点）。

3. 在使用钢笔工具绘制路径时，要结束开放路径，可按住_____键在路径外单击。
要创建封闭的路径，只要将钢笔工具定位在第一个锚点上单击即可。

4. 要使用钢笔工具在已绘制的路径上添加或删除锚点，可以选择其选项栏上的_____
选项。

5. 在使用转换点工具时，将光标移到有双侧方向线的锚点上，按住_____键单击，
可去除锚点的单侧方向线。

三、操作题

1. 打开素材图像"练习\第8章\花瓶.jpg"（如图 8-105（a）所示）。利用路径工具选
择图中的花瓶，制作如图 8-105（b）所示的效果。

2. 借助路径和非破坏性编辑手段，仿照案例"8.5.3 设计制作矢量邮票"，使用"练习\
第8章"文件夹下的素材图像"画面01.jpg"和"画面02.jpg"设计制作如图 8-106 所示
的胶片效果。

（a） （b）

图 8-105　路径抠图

图 8-106　矢量胶片效果图

第 9 章 动作与动画

9.1 动作概述

　　动作是一系列操作的集合。利用动作可以将一些连续的操作记录下来；当需要再次执行相同的操作时，只需播放相应的动作即可。这样可以避免许多重复劳动，提高工作效率。

　　通常，为了便于动作的组织管理，同类的动作应放在同一个动作组中。动作的录制、编辑和播放都是在【动作】面板中进行的，如图 9-1 所示。

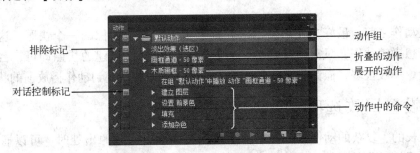

图 9-1 【动作】面板

　　【动作】面板有两种显示模式：列表模式（如图 9-1 所示）和按钮模式。通过勾选和取消勾选【动作】面板菜单中的【按钮模式】命令，可以在上述两种模式之间切换。按钮模式比较直观，单击动作按钮就可以播放对应的动作，但不能对动作进行编辑修改。本章基于列表模式介绍动作的基本操作和应用。

9.2 动作基本操作

9.2.1 新建动作组

　　在【动作】面板上单击"创建新组"按钮 ，或在【动作】面板菜单中选择【新建组】命令，弹出【新建组】对话框，输入动作组的名称，单击【确定】按钮。

9.2.2 新建和录制动作

　　在【动作】面板上单击"创建新动作"按钮 ，或在【动作】面板菜单中选择【新建动作】命令，打开【新建动作】对话框，如图 9-2 所示。

　　在对话框中输入新动作名称，选择动作所在的组，单击【记录】按钮。此时【动作】面板上的"开始记录"按钮 被激活而呈现红色，表示进入动作录制状态。此后执行的命令将依次记录在该动作中。直到单击【动作】面板上的"停止播放/记录"按钮■，或在【动作】面板菜单中选择【停止记录】命令为止。

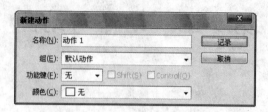

图 9-2 【新建动作】对话框

9.2.3 播放动作

打开目标图像，在【动作】面板上选择要播放的动作，单击"播放"按钮▶，即可播放选定的动作。若播放前选择的是动作中的单个命令，则单击▶按钮后，从所选的命令开始播放动作。

在播放动作之前，最好在【历史记录】面板上建立当前图像的一个快照。这样，动作播放后，若想撤销动作，只需在【历史记录】面板上选择所创建的快照即可；否则，动作中包含的命令一般很多，撤销起来非常麻烦，甚至图像无法恢复到动作播放前的状态。

9.2.4 设置回放选项

当一个长的、复杂的动作不能够正确播放，又找不出问题的出处时，可以通过【回放选项】命令设置动作的播放速度，找出问题的症结所在。操作如下。

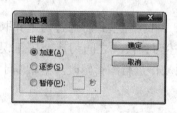

图 9-3 【回放选项】对话框

步骤 1 在【动作】面板上选择问题动作，在【动作】面板菜单中选择【回放选项】命令，打开【回放选项】对话框（如图 9-3 所示），对动作的播放速度进行设置。

⤷【加速】：以正常的速度进行播放，该选项为默认选项。

⤷【逐步】：逐条执行动作中的命令，播放速度较慢。

⤷【暂停】：设置动作中每个命令执行后的停顿时间。

步骤 2 参数设置完成后，单击【确定】按钮。

9.2.5 在动作中插入新命令

在动作中插入新命令的操作步骤如下（操作位置：【动作】面板）。

步骤 1 选择动作中的某个命令（新命令将添加在所选命令的下面）。

步骤 2 单击●按钮或在【动作】面板菜单中选择【开始记录】命令。

步骤 3 执行要添加的命令或操作。

步骤 4 单击"停止播放/记录"按钮■或在【动作】面板菜单中选择【停止记录】命令。

若插入命令前选择的是整个动作，则插入的命令或操作被记录在该动作的最后。

9.2.6 复制动作

在【动作】面板上，可以采用下列方法之一复制动作。

↺ 选择要复制的动作，在【动作】面板菜单中选择【复制】命令。

↺ 将要复制的动作拖移到"创建新动作"按钮 上。

9.2.7 删除动作

在【动作】面板上，可以采用下列方法之一删除动作。

↺ 选择要删除的动作，在【动作】面板菜单中选择【删除】命令，弹出警告框，单击【确定】按钮。

↺ 选择要删除的动作，单击"删除"按钮 ，弹出警告框，单击【确定】按钮。

↺ 将要删除的动作拖移到"删除"按钮 上。

也可以使用类似的方法删除动作组和动作中的单个命令。

9.2.8 在动作中插入菜单项目

在录制动作时，有些菜单命令（如【视图】、【窗口】菜单中的绝大多数命令）是无法记录的。但是，在动作录制完成后，可以使用【插入菜单项目】命令，将这些不能被记录的菜单命令插入到动作的相应位置，具体操作如下。

步骤1 选择动作中的某个命令（要插入的菜单命令将被记录在所选命令的下面）。

步骤2 在【动作】面板菜单中选择【插入菜单项目】命令，打开【插入菜单项目】对话框，如图9-4所示。

图9-4 【插入菜单项目】对话框

步骤3 选择要插入到动作中去的菜单命令。

步骤4 在对话框中单击【确定】按钮。

插入菜单项目时，所选择的菜单命令当时并不会被执行，命令的任何参数也不会被记录在动作中。只有当播放动作时，插入的命令才被执行。也就是说，如果插入的菜单命令包含对话框，插入菜单项目时对话框并不会打开。只有当播放动作时，对话框才弹出来，同时动作暂停播放，直到设置好对话框参数，并确认对话框时，才继续执行插入的命令和动作中后续的一些命令。

另外，也可以在动作录制过程中，使用"插入菜单项目"命令插入不能被记录的命令。

9.2.9 在动作中插入"停止"命令

在录制动作时，除了一些菜单命令不能记录之外，还有一些操作（如绘画与填充工具的使用等）同样无法记录。不过，在动作录制完成后，可以使用"插入停止"命令解决这个问题，操作步骤如下。

步骤 1　选择动作中的某个命令（"停止"命令将被记录在所选命令的下面）。

步骤 2　在【动作】面板菜单中选择【插入停止】命令，打开【记录停止】对话框（如图 9-5 所示）。在【信息】文本框内输入动作停止时的提示信息。

步骤 3　单击【确定】按钮，"停止"命令插入完毕。

播放动作，当执行到插入的"停止"命令时，将弹出【信息】对话框（如图 9-6 所示），单击【停止】按钮，可暂停动作的执行，按提示以手动方式执行不能被记录的操作；然后单击【动作】面板的▶按钮，继续执行动作的后续的命令。如果在上述步骤 2 的【记录停止】对话框中勾选了【允许继续】选项，则【信息】对话框中除了【停止】按钮外，还包含【继续】按钮，如图 9-6 所示。单击【继续】按钮，动作将继续执行。也就是说，动作在执行到插入的"停止"命令时，用户也可以不插入任何操作而继续执行动作。

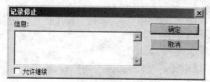

图 9-5　【记录停止】对话框

图 9-6　【信息】对话框

同样，也可以在动作录制过程中，使用"插入停止"命令在动作的相应位置插入"停止"命令。

9.2.10　设置对话控制

如果在动作中的某条命令上启用了对话控制，则动作播放到该命令时，动作将暂停执行，并打开对话框，供用户重新设置对话框参数；或者在图像中出现编辑区，供用户以不同的方式重新修改图像。如果不使用对话控制，则动作的每条命令只能以录制时设置的参数执行，无法进行修改。启用对话控制的操作步骤如下。

步骤 1　在【动作】面板上展开要设置对话控制的动作。

步骤 2　在允许设置对话控制的某条命令前单击"切换对话开/关"标记■，出现图标■，表示启用了对话控制（在不允许设置对话控制的动作命令前单击"切换对话开/关"标记■无反应）。

步骤 3　若在图标■上再次单击，可撤销对话控制，如图 9-7 所示。

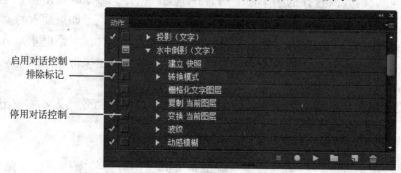

图 9-7　启用对话控制

9.2.11　更改动作名称

在【动作】面板上，双击动作的名称，进入名称编辑状态，输入新的名称，按 Enter 键或在【名称】编辑框外单击即可。使用同样的方式可以更改动作组的名称。

9.2.12　有选择地使用动作中的命令

如果不想执行动作中的某些命令，可以把这些命令排除在外。操作步骤如下。

步骤 1　在【动作】面板上展开要编辑的动作。

步骤 2　在要排除的命令左边的 ✔ 标记上单击，取消勾选。

步骤 3　若想重新启用动作中已经排除的命令，可在上述标记所在的位置单击。

步骤 4　要想排除或启用动作中的所有命令，只需在动作名称左边的标记位置单击。

9.2.13　保存动作组

Photoshop 允许用户创建自己的动作，并分类存储到各动作组中。一般情况下，只要不删除，这些自定义的动作和动作组将一直保留在【动作】面板上。然而，大量的动作为查看和选取动作带来了诸多不便，应该将不常使用的动作组保存到文件中，然后将这些动作组从【动作】面板上删除，以后需要时重新载入即可。保存动作组的方法如下。

步骤 1　在【动作】面板上单击选择要保存的动作组。

步骤 2　在【动作】面板菜单中选择【存储动作】命令，弹出【另存为】对话框，如图 9-8 所示。

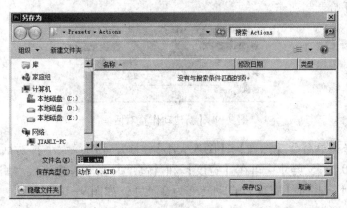

图 9-8　【存储】对话框

步骤 3　在对话框中选择文件的保存路径，输入文件名，单击【保存】按钮，即可将该动作组以 ATN 格式保存在指定的位置。

一般可将动作保存在 "... Adobe\Photoshop CC\Presets\Actions\" 文件夹下。这样，重新启动 Photoshop 之后，被保存的动作组会显示在【动作】面板菜单的底部，必要时即可选择载入。

9.2.14　载入动作

使用 "载入动作" 命令可以将用户保存的动作以及 Photoshop 的预置动作载入到动作面

板中，必要时进行播放。载入动作的操作方法如下。

步骤 1 在【动作】面板菜单中选择【载入动作】命令，弹出【载入】对话框。

步骤 2 在对话框中选择动作组文件，单击【载入】按钮。

步骤 3 对于位于"…Adobe\Photoshop CC\Presets\Actions\"下的动作组文件，直接选择【动作】面板菜单底部的对应命令即可载入。

9.3 动作应用案例——印前裁剪照片

很多时候，拿去照片冲印店的原始图片和需要打印的尺寸往往不成比例。打印前，照片冲印店要对照片进行统一裁剪，裁剪的结果有可能导致客户不满意。所以，最好使用 Photoshop 将照片裁剪好之后再送冲印店打印。以下将 8 寸照片（8×6 英寸）的裁剪过程录制成动作，以便批量处理更多的照片。

主要技术看点：录制动作，编辑动作，播放动作和存储动作等。

首先使用 Photoshop 打开一张用来录制动作的照片（为防止操作意外，最好在动作录制前先对这张照片做一下备份）。本例打开素材图像"实例 09\原始照片\IMG_6204.jpg"（该照片的比例为 3×2）。

1. 录制动作

步骤 1 显示【动作】面板，新建动作组 mySet。

步骤 2 在【动作】面板上单击"创建新动作"按钮 ，打开【新建动作】对话框。输入动作名称"裁剪 8 寸照片"，选择该动作所属的动作组 mySet（如图 9-9 所示），单击【记录】按钮，开始录制动作。

图 9-9 【新建动作】对话框

步骤 3 选择菜单命令【图像】|【图像大小】，打开【图像大小】对话框。首先将【分辨率】设置为 300 像素/英寸；再在【宽度】和【高度】参数左侧连接启用的前提下将【高度】设置为 6 英寸，此时【宽度】自动转变为 9 英寸，如图 9-10 所示。

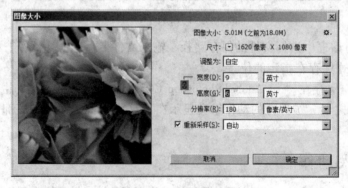

图 9-10 修改图像大小

步骤 4 单击【确定】按钮。观察【动作】面板，关于"图像大小"的操作已经记录。

步骤 5 选择矩形选框工具，选项栏参数设置如图 9-11 所示（在【宽度】与【高度】文本框内右击，可打开右键菜单选择单位）。

图 9-11 设置选项栏参数

步骤 6 在图像窗口中单击创建 8×6 英寸的选区。将选区调整到如图 9-12 所示的位置。

步骤 7 执行菜单命令【图像】|【裁剪】裁掉选区外的区域。按 Ctrl+D 键取消选区。

步骤 8 选择菜单命令【文件】|【存储为】，打开【另存为】对话框。在对话框中仅将存储位置设置为"实例 09\处理后的照片"（此类文件夹应事先在计算机硬盘上创建好），其他参数不变。单击【保存】按钮，打开【JPEG 选项】窗口，【品质】设置为"最佳（12）"。

步骤 9 单击【确定】按钮存储图像，并关闭图像窗口。

步骤 10 在【动作】面板上单击█按钮，停止动作的录制。在"裁剪 8 寸照片"动作中录制的所有命令如图 9-13 所示。

图 9-12 创建并调整选区

图 9-13 录制完成后的动作

2. 编辑动作

步骤 1 在【动作】面板上，选择"裁剪 8 寸照片"动作的第一个命令"图像大小"。

步骤 2 在【动作】面板菜单中选择【插入菜单项目】命令，打开【插入菜单项目】对话框。

步骤 3 选择菜单命令【视图】|【打印尺寸】。单击【确定】按钮，关闭【插入菜单项目】对话框。此时就在"图像大小"命令的后面插入了"选择 打印尺寸菜单项目"命令，如图 9-14 所示。

步骤 4 删除动作中有关创建和移动选区的命令"设置 选区"和"移动 选区"（在"裁剪"命令的上面）。

步骤 5 选择动作中的"选择 打印尺寸菜单项目"命令。

步骤 6 在【动作】面板菜单中选择【插入停止】命令，打开【记录停止】对话框。参数设置如图 9-15 所示。单击【确定】按钮，关闭对话框。这样就在"选择 打印尺寸 菜单项目"的下面插入了"停止"命令。

图 9-14　插入菜单项目

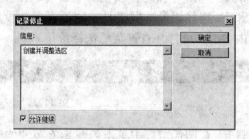

图 9-15　设置【记录停止】对话框

提示：由于不同图像的内容不同，构图也就不同。在动作中删除"设置 选区"和"移动 选区"命令，并插入停止命令，可以在动作回放时暂停动作的执行，根据图像的内容创建选区，确定要保留的内容。

至此，动作的编辑完成。修改后的"裁剪 8 寸照片"动作如图 9-16 所示。图中标出了所有改动的地方。

3. 播放动作

步骤 1　打开素材图像"实例 09\原始照片\IMG_4314.jpg"（该照片的比例为 3×2）。如图 9-17 所示。

步骤 2　在【动作】面板上，选择已修改过的动作"裁剪 8 寸照片"，单击"播放"按钮，开始播放动作。

图 9-16　修改后的动作

图 9-17　素材图像

步骤 3　当动作播放到"停止"命令时，弹出【信息】对话框，如图 9-18 所示。

步骤 4　单击【停止】按钮，关闭信息框。选择矩形选框工具，选项栏设置如图 9-11 所示。在图像中创建并调整选区，如图 9-19 所示。

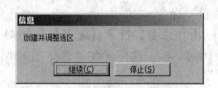

图 9-18　【信息】对话框

图 9-19　构图

步骤 5 单击"播放"按钮▶，继续播放动作，直到播放完毕（图像被裁剪并保存在"实例 09\处理后的照片"文件夹下）。

4. 保存动作

将动作组 mySet 保存在"…Adobe\Photoshop CC\Presets\Actions\"下，文件名为"mySet. atn"。

提示：上述动作只能裁剪横幅照片。对于直幅照片，可以旋转 90 度后再使用该动作进行处理。也可以在【动作】面板上复制"裁剪 8 寸照片"动作，得到副本动作。重新录制"图像大小"命令（先删除原来的，再录制新的），然后使用副本动作专门处理直幅照片。另外，通过重新录制"图像大小"命令，也可以裁剪 5 寸、6 寸、7 寸等其他尺寸的照片。

9.4 动画概述

动画是由一系列静态画面按照一定的顺序组成，这些静态的画面称为动画的帧。通常情况下，相邻的帧的差别不大，其内容的变化存在着一定的规律。当这些帧按顺序以一定的速度播放时，由于眼睛的视觉暂留作用的存在，形成了连贯的动画效果。

计算机动画按帧的产生方式分为逐帧动画与补间动画两种。

逐帧动画：动画的每个帧画面都由制作者手动完成，这些帧称为关键帧。

补间动画：制作者只完成动画过程中首尾两个关键帧画面的制作，中间的过渡帧画面由计算机通过插值方法计算生成。

在 Photoshop 中，图层位置、图层不透明度和图层样式等属性可用来创建补间动画，实现关键帧画面的过渡。目前，利用 Photoshop 能够输出 GIF 格式的动画。

9.5 动画应用案例

以下通过逐帧动画与补间动画的两个案例，来说明 Photoshop 动画制作的基本操作方法。

9.5.1 眨眼睛逐帧动画

步骤 1 打开"实例 09"文件夹下的素材图片"小猴子 01. jpg"与"小猴子 02. jpg"。将"小猴子 02. jpg"中的背景层复制到"小猴子 01. jpg"中。

步骤 2 选择菜单命令【窗口】|【时间轴】，显示【时间轴】面板。单击面板右下角的【创建帧动画】按钮，使面板切换到"帧"模式，如图 9-20 所示。

步骤 3 在【图层】面板上隐藏图层 1，仅显示背景层。这样使得【时间轴】面板上第 1 帧显示背景层睁眼睛的小猴子图片。

步骤 4 在【时间轴】面板上单击第 1 帧下面的时间按钮 0秒▾，从弹出菜单中选择【0.1 秒】选项。这样可将该帧的延迟时间设置为 0.1 秒。如图 9-21 所示。

步骤 5 单击【时间轴】面板底部的"复制所选帧"按钮，从第 1 帧复制出第 2 帧。在【图层】面板上隐藏背景层，显示图层 1。这样使得第 2 帧显示图层 1 闭眼睛的小猴子图片。如图 9-22 所示。

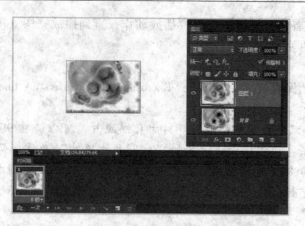

图 9-20　准备动画素材

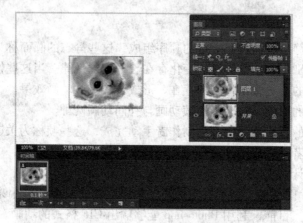

图 9-21　编辑动画首帧

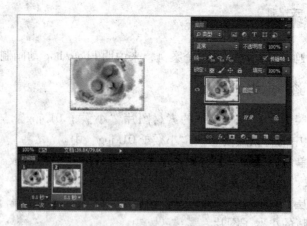

图 9-22　编辑动画第 2 帧

步骤 6　确保在【时间轴】面板上选择第 2 帧，仿照步骤 5 从第 2 帧复制出第 3 帧，并在【图层】面板上隐藏图层 1，显示背景层。

步骤 7　同样，从第 3 帧复制出第 4 帧，并在【图层】面板上隐藏背景层，显示图层 1。

步骤 8　继续从第 4 帧复制出第 5 帧，并在【图层】面板上隐藏图层 1，显示背景层。

仿照步骤 4 将第 5 帧的延迟时间设置为 2.0 秒。

　　步骤 9　如果【时间轴】面板左下角的"动画循环选项"按钮上显示的不是"永远"（如"一次"），可单击该按钮，从弹出列表中选择【永远】选项。这样可将动画设置为循环播放。如图 9-23 所示。

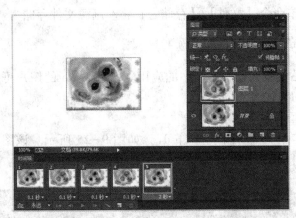

图 9-23　设置循环播放模式

　　步骤 10　单击【时间轴】面板上的播放按钮▶，预览动画效果。

　　步骤 11　单击【时间轴】面板上的停止按钮■，停止播放动画。选择菜单【文件】|【存储为 Web 所用格式】，打开【存储为 Web 所用格式】对话框，参数设置如图 9-24 所示。

图 9-24　设置文件格式及优化选项

步骤 12　单击【存储】按钮，弹出【将优化结果存储为】对话框，选择存储位置，输入动画文件名，设置保存类型为"仅限图像"。

步骤 13　单击【保存】按钮，若弹出【"Adobe 存储为 Web 所用格式"警告】提示框，单击【确定】按钮。至此 GIF 动画输出完毕。

步骤 14　使用菜单命令【文件】|【存储为】将动画源文件存储为"眨眼睛动画.psd"。

9.5.2　图片切换补间动画

以下实例讲解剪贴蒙版在动画制作中的应用。熟悉 Flash 的用户可以将本例与 Flash 的遮罩动画联系起来学习，二者大同小异。

1. 准备好参与动画的各个图层

步骤 1　打开"实例 09\动画素材.psd"，如图 9-25 所示。该图像由"画面 01"和"画面 02"两个图层组成。

图 9-25　素材图像

步骤 2　新建一个 500 像素×394 像素、72 像素/英寸（与"动画素材.psd"一致）、RGB 颜色模式、透明背景的图像。

步骤 3　在新建图像中填充任意颜色，并将图层水平向右移动到如图 9-26 所示的位置。

步骤 4　使用"铅笔工具"，采用不同的画笔大小，配合 Shift 键在图像左侧的透明区域绘制如图 9-27 所示的竖直线（从右向左，线条越来越细，间隔越来越大）。

图 9-26　水平向右移动图层　　　　　图 9-27　绘制竖直线

步骤 5　在【图层】面板菜单中选择【复制图层】命令，打开【复制图层】对话框，参数设置如图 9-28 所示（将图层复制到"动画素材.psd"中）。单击【确定】按钮。

图 9-28　【复制图层】对话框

步骤 6　切换到"动画素材 . psd"的窗口，将生成的新图层更名为"艺术蒙版"，置于"画面 01"和"画面 02"层之间，如图 9-29 所示。

步骤 7　将"艺术蒙版"层与"画面 01"层建立链接，并选择"画面 01"层。选择菜单命令【图层】|【对齐】|【右边】，这样使得"艺术蒙版"层与"画面 01"层右对齐。取消图层链接，并选择"画面 02"层。如图 9-30 所示。

步骤 8　按住 Alt 键，在"画面 02"层与"艺术蒙版"层的分隔线上单击，创建剪贴蒙版，如图 9-31 所示。

图 9-29　复制图层

图 9-30　对齐图层

图 9-31　创建剪贴蒙版

2. 制作动画

步骤 1　显示【时间轴】面板，并切换到"帧"模式。

步骤 2　在【时间轴】面板中，将首帧的延迟时间设置为 0 秒（可从时间按钮的弹出菜单中选择【无延迟】选项），如图 9-32 所示。

步骤 3　如果【时间轴】面板左下角的"动画循环选项"按钮上显示的不是"永远"，可单击该按钮，从弹出列表中选择【永远】选项，如图 9-33 所示。

图 9-32　设置首帧延迟时间

图 9-33　设置动画循环选项

步骤 4　在【时间轴】面板底部单击"复制所选帧"按钮　2 次，从当前帧复制出第 2 帧和第 3 帧。

步骤 5   在【时间轴】面板上选择第 2 帧。在【图层】面板上隐藏 "画面 02" 层，选择 "艺术蒙版" 层，使用移动工具将该层水平向右移动，直至全部像素移到图像窗口之外。重新显示 "画面 02" 层，如图 9-34 所示。

图 9-34   调整第 2 帧所对应的 "艺术蒙版" 层的位置

步骤 6   在【时间轴】面板上选择第 1 帧，单击面板上的 "过渡动画帧" 按钮■，设置过渡动画参数，如图 9-35 所示。单击【确定】按钮。结果在原来的第 1 帧和第 2 帧之间插入 20 个过渡帧。

图 9-35   设置过渡动画参数

步骤 7   在【时间轴】面板上选择第 22 帧，单击 "过渡动画帧" 按钮■，在【过渡】对话框中设置同样的动画参数。单击【确定】按钮。

步骤 8   将第 1 帧和第 22 帧的延迟时间都设置为 2 秒。

3. 输出动画

步骤 1   单击【时间轴】面板上的播放按钮▶，预览动画效果。

步骤 2   单击【时间轴】面板上的停止按钮■，停止播放动画。选择菜单【文件】|【存储为 Web 所用格式】，打开【存储为 Web 所用格式】对话框，参数设置如图 9-36 所示。

图 9-36 设置文件格式及优化选项

步骤 3 单击【存储】按钮，弹出【将优化结果存储为】对话框，选择存储位置，输入动画文件名，设置保存类型为"仅限图像"。

步骤 4 单击【保存】按钮，若弹出【"Adobe 存储为 Web 所用格式"警告】提示框，单击【确定】。至此 GIF 动画输出完毕。

步骤 5 使用菜单命令【文件】|【存储为】将动画源文件存储为"画面切换 . psd"。

如图 9-37 所示为动画中的两幅截图（可使用 Internet Explorer、ACDSee、Windows 图片与传真查看器等工具打开"实例 09\画面切换 . gif"观看动画效果）。

图 9-37 画面切换效果

9.6　小结

本章主要讲述了以下内容。

（1）动作的基本操作。主要包括动作的录制、编辑、播放、存储与载入等操作。

（2）动作的应用案例。将 8 寸照片的裁剪操作录制成动作，并对动作进行编辑修改、播放和存储，以帮助读者更好地掌握本章内容。

（3）动画。讲述了动画基本概念，关于逐帧动画与补间动画的两个案例。通过案例反映 Photoshop 动画的基本操作方法。

9.7　习题

一、选择题

1. 将动作组存储后所得到的文件的扩展名为＿＿＿＿＿＿＿。

　A. ATN　　　　　　　B. ATG　　　　　　　C. CAN　　　　　　　D. ACT

2. 以下＿＿＿＿＿＿操作一定能被直接录制到动作中。

　A. 选择工具箱中的某个工具　　　　　B. 改变画笔工具的不透明度

　C. 设置橡皮擦工具的笔刷大小　　　　D. 使用钢笔工具绘制路径

3.【动作】面板有两种显示模式。通过勾选和取消勾选【动作】面板菜单中的【＿＿＿＿＿＿】命令，可以在上述两种模式之间切换。

　A. 列表模式　　　B. 大纲模式　　　C. 按钮模式　　　D. 视图模式

4. 关于动作的以下说法肯定错误的是＿＿＿＿＿＿＿。

　A. 动作中有的命令可以启用对话控制，有的则不能

　B. 播放前不管选择动作中的哪条命令，则播放时都是播放整个动作

　C. 播放前最好建立图像的快照，这有利于在动作播放后撤销操作

　D. 可以终止正在播放的动作

5. 以下关于动作的描述错误的是＿＿＿＿＿＿＿。

　A. 所谓"动作"就是对单个或一批文件回放一系列命令

　B. 动作可以包含暂停，这样可以执行无法记录的任务（如使用绘画工具等）

　C. 所有的操作都可以记录在动作中

　D. 在播放动作的过程中，可为对话框重新设置参数

6. 在 Photoshop 中，不能用来创建补间动画，实现关键帧画面的过渡的图层属性是＿＿＿＿＿＿＿。

　A. 图层位置　　　　　　　　　　　　B. 图层混合模式

　C. 图层不透明度　　　　　　　　　　D. 图层样式

7. 目前，利用 Photoshop 能够输出的动画格式是＿＿＿＿＿＿＿。

　A. MPEG　　　　　　B. AVI　　　　　　C. SWF　　　　　　D. GIF

8. 在"9.5.2　图片切换补间动画"案例中，动画所依据的图层属性为＿＿＿＿＿＿＿。

　A. 图层位置　　　　　　　　　　　　B. 剪贴蒙版

C. 图层不透明度　　　　　　　　　　　　　D. 图层样式

9. 以下对图像格式的叙述错误的是_____。

　A. GIF 是基于索引颜色表的图像格式，可以支持上千种颜色

　B. JPEG 格式适用于诸如照片之类的具有丰富色彩的图像

　C. JPEG 和 GIF 都是压缩文件格式

　D. GIF 支持动画，JPEG 不支持

二、填空题

1. 在 Photoshop 中，可以将进行图像处理的一系列命令和操作记录下来，组成一个_____。

2. 如果在动作的某个命令上启用了_____，则动作播放时执行到该命令时，动作将暂停执行，同时打开对话框，用户可以重新设置对话框参数。

3. 对于动作录制时不能被记录的命令（如【视图】、【窗口】菜单中的绝大多数命令），可以在动作录制完毕后，在动作的相应位置使用插入【_____】命令解决问题。

4. 对于动作录制时不能被记录的操作（比如使用绘画工具等），可以在动作录制完毕后，在动作的相应位置插入【_____】命令。

三、操作题

1. 利用素材图像"练习\第 9 章\牡丹 1. jpg"录制一个制作邮票的动作。录制的动作如图 9-38 所示，邮票效果如图 9-39 所示。利用该动作将"练习\第 9 章\牡丹 2. jpg"制作成邮票。

图 9-38　制作邮票的动作　　　　　　　　图 9-39　邮票效果

制作邮票的步骤如下。

（1）利用"图像大小"命令将素材图像的像素大小设置为 300 像素×200 像素。

（2）将图像以 100% 的比例显示（该操作应使用"插入菜单项目"命令录入动作）。

（3）利用"画布大小"命令扩展图像，形成 10 像素宽度的白色边界。

（4）将背景色设置为黑色。

（5）选择橡皮擦工具，设置画笔大小 6 像素。

（6）设置画笔硬度 100%、间距 130%。

（7）使用橡皮擦工具配合 Shift 键擦除白色边界，形成锯齿效果（步骤（6）与（7）的操作无法录入动作，应在动作最后插入停止命令，手动完成）。

2. 制作文字逐帧动画"欢迎光临"。动画效果见"练习 \ 第 9 章 \ 欢迎光临 . gif"。要

求如下：

（1）图像大小 600 像素×200 像素，分辨率 72 像素/英寸；

（2）文字有投影效果（黑色、不透明度 50%、角度 120、距离 5、大小 5，其余默认）；

（3）除了最后 1 帧全部文字停顿较长时间 1 秒外，其余各帧都是 0.2 秒。

操作提示：

（1）"欢""迎""光""临"四个字中，每个字应单独占用一个图层；加白色背景层共 5 个图层；

（2）可使用图层的垂直对齐与水平分布操作将四个文本层排列好；

（3）根据题目要求，先为一个文本层添加投影样式，再将样式复制到其他文本层。

3. 利用素材图像"练习\第 9 章\雪梅 . psd"制作动画，效果见"练习\第 9 章\雪梅 . gif"。

要求如下：

（1）文字字体为方正黄草简体、大小 48 点。

（2）文字最初为黑色，右移过程中逐渐变成绿色（167b24），静止后又逐渐变成墨绿色。

（3）前后变化依次为：图像与黑色文字一起淡变出现→黑色文字右移并逐渐变成绿色→文字停止移动后由绿色逐渐变成墨绿色。每段补间动画添加的过渡帧数都是 10 帧。

（4）图像与黑色文字淡变出现后停留 1 秒，文字移位后绿色文字停留 1 秒，变成墨绿色文字后停留 2 秒，其余各帧停留时间都是 0.1 秒。

操作提示：

（1）文字与图像淡变出现利用的是图层不透明度变化；

（2）文字颜色的逐渐变化是通过为文字层添加颜色叠加样式，并修改图层样式的不透明度参数实现的。

附录 A　Photoshop 平面设计测试题

A.1　测试题（1）

一、选择题（每小题 1 分，共 10 个小题）

1. Photoshop 中图像的屏幕显示模式有 3 种，以下_____除外。
   - A. 标准屏幕模式
   - B. 带有工具箱的全屏模式
   - C. 带有菜单栏的全屏模式
   - D. 全屏模式

2. 在 Photoshop 中，以下方法除_____外都可用来裁剪图像。
   - A. 使用【图像】|【画布大小】命令
   - B. 使用裁剪工具
   - C. 首先创建矩形选区，然后执行【图像】|【裁剪】命令
   - D. 使用切片选择工具

3. 一个 200 像素×200 像素的图像被缩小到 100 像素×100 像素，其文件大小_____。
   - A. 大约是原来的四分之一
   - B. 大约是原来的一半
   - C. 大约是原来的三分之一
   - D. 文件大小不变

4. 向当前图层快速填充背景色的快捷键是_____。
   - A. Ctrl+Backspace
   - B. Alt+Backspace
   - C. Alt+Enter
   - D. Shift+Backspace

5. 下列对 Photoshop 基本工具描述不正确的是_____。
   - A. 减淡工具的作用是提高图像亮度，用于改善数字相片中曝光不足的区域
   - B. 加深工具的作用是降低图像亮度，用于降低数字相片中曝光过度的高光区域的亮度
   - C. 使用减淡工具和加深工具改善图像的目的，一般是为了增加暗调或高光区域的细节
   - D. 海绵工具用于改变图像的色彩饱和度，或多通道模式图像的对比度

6. 以下关于图像大小与画布大小的叙述，错误的是_____。
   - A. 使用【图像大小】命令放大图像不会增加图像细节
   - B. 使用【图像大小】命令减小图像不会减少图像细节
   - C. 使用【画布大小】命令增加画布尺寸就是在原图像周围增加空白区域
   - D. 使用【画布大小】命令减小画布尺寸就是在原图像周围裁切掉一部分

7. 通过【图层】面板不能对图层进行的操作是_____。
   - A. 修改图层不透明度
   - B. 锁定图层
   - C. 变换图层
   - D. 显示与隐藏图层

8. 关于"应用图像"和"运算"的区别，下列说法错误的是_____。

　　A. 应用图像可以使用图像的复合通道做运算，而运算只能使用图像的单一通道做运算

　　B. 应用图像的源文件只有一个，而运算有两个

　　C. 应用图像的结果会被添加到图像的图层上，运算的结果将存储到新文档、新通道或直接转换为当前图像的选区

　　D. 应用图像的源文件有两个，而运算只有一个

9. 按住_____键，使用直接选择工具或路径选择工具拖移选中的路径，可以复制出子路径。

　　A. Ctrl　　　　　　　B. Shift　　　　　　C. Alt　　　　　　　D. Tab

10. 以下对调整层的操作不能改变调色效果强弱或调色范围的是_____。

　　A. 改变图层不透明度　　　　　　B. 编辑图层蒙版或矢量蒙版

　　C. 添加剪贴蒙版　　　　　　　　D. 移动图层

二、填充题（每小题 2 分，共 5 个小题）

1. 在 Photoshop CC 中，默认设置下【历史记录】面板最多可记录_____步操作。

2. 扫描仪的分辨率有_____和输出分辨率两种，购买时主要考虑的是前者。

3. _____的实质是以创建的选区边界为中心，以所设置参数值为半径，在选区边界内外形成一个强度渐变的选择区域。

4. 在 Photoshop CC 中，形状层是由形状工具、钢笔工具或自由钢笔工具创建的一种特殊的图层，实质上是基于路径的_____层。

5. 打开图像时，Photoshop 根据图像的颜色模式和颜色分布等信息，自动创建_____通道。

三、操作题（共 3 个小题，分值见每小题）

1. 借助 Photoshop 的图层蒙版技术，利用素材图片"国色天香 . jpg"制作下图所示的效果。将操作结果源文件（不要合并图层）及效果文件分别以"操作题（一）. psd"与"操作题（一）. jpg"为文件名保存。（15 分）

　　要求：（1）像素大小与素材一致。

　　　　　（2）文字属性：华文琥珀、150 点、字符间距-50。

2. 使用素材图片"牡丹 . jpg"和"纹理 . jpg"制作卷轴效果，将操作结果源文件（不要合并图层）及效果文件分别以"操作题（二）. psd"与"操作题（二）. jpg"为文件名

保存。（30 分）

要求：（1）图片大小 1000 像素×490 像素、分辨率 72 像素/英寸，RGB 模式。

（2）12345678 为考生学号。姓名与学号务必为本人真实信息。

操作提示：（1）所用到的主要技术为图层样式、图案、选区、自由变换等。

（2）背景图案如图①（photoshop 自带），考生信息图案需自己定义，形式如图②所示。

3. 参考素材图片"标志.jpg"，使用路径等工具设计制作如下图所示的效果。将操作结果源文件（不要合并图层）及效果文件分别以"操作题（三）.psd"与"操作题（三）.jpg"为文件名保存。（35 分）

（1）图像大小 500 像素×500 像素，分辨率 72 像素/英寸。

（2）字体为华文中宋。姓名为本人真实信息。

（3）效果尽量与样张保持一致。

（4）所用路径请务必存储在【路径】面板上。

A.2　测试题（2）

一、选择题（每小题 1 分，共 10 个小题）

1. 对于显示比例不是 100% 的图像，通过以下_____操作，不能使图像以 100% 的实际像素方式显示。

     A. 双击缩放工具

     B. 在【导航器】面板设置图像显示比例

     C. 双击抓手工具

     D. 在 Photoshop 程序窗口左下角设置图像显示比例

2. 在【JPEG 选项】对话框中，对于【格式选项】栏各选项的阐述不正确的是_____。

     A.【基线（"标准"）】是大多数 Web 浏览器都识别的格式

     B.【基线已优化】可以获得优化的颜色和稍小的文件存储空间

     C.【连续】是在图像下载过程中显示一系列越来越详细的扫描效果

     D. 所有 Web 浏览器都支持"基线已优化"和"连续"的 JPEG 图像

3. 以下关于分辨率的描述不正确的是_____。

     A. 显示器分辨率是指显示器每单位长度上能够显示的像素点数

     B. 扫描分辨率是指扫描仪在源图像每单位长度上能够取到的样本点数

     C. 位分辨率是指计算机采用多少个二进制位表示像素点的颜色值

     D. 使用【图像】|【图像大小】命令成比例缩小图像，会导致图像分辨率的改变

4. 显示标尺的快捷键是_____。

     A. Ctrl+N   B. Ctrl+R

     C. Ctrl+D   D. Ctrl+O

5. 对于 RGB 图像来说，真彩色指的是_____。此时，自然界里肉眼能够分辨出的各种色光的颜色都可以在图像中表示出来。

     A. 位分辨率 ≥ 24   B. 位分辨率 = 24

     C. 位分辨率 ≥ 8   D. 位分辨率 = 8

6. 以下_____不是磁性套索工具的选项栏参数。

     A. 容差   B. 宽度

     C. 对比度   D. 频率

7. 以下关于【编辑】|【描边】命令和图层描边样式的描述不正确的是_____。

     A. 二者都可以对选区进行描边

     B. 在不存在选区的情况下，二者都可以对像素边界进行描边

     C. 前者只能描单色，后者不仅可以描单色，还可以描渐变色和图案

     D. 描边时，前者可以保护图层的透明区域，而后者不能

8. 在 Photoshop 中，下列_____组色彩模式的图像只有一个通道。

     A. 位图模式、灰度模式、RGB 模式、LAB 模式

     B. 位图模式、灰度模式、双色调模式、索引颜色模式

     C. 位图模式、灰度模式、双色调模式、LAB 模式

D. 灰度模式、双色调模式、索引颜色模式、LAB 模式

9. 下列关于路径的描述不正确的是_____。

　　A. 路径可以用橡皮擦工具进行描边

　　B. 可以使用单色、渐变色和图案填充路径

　　C. 路径面板上路径的名称可以随时修改

　　D. 路径可以随时转化为浮动的选区

10. 在编辑蒙版和 Alpha 通道时，经常要频繁改变画笔的大小。在西文半角输入法状态下，通过按键盘上的_____键可减小画笔大小。

　　A. [　　　　　　　　　　　　　　B.]

　　C. +　　　　　　　　　　　　　　D. -

二、填充题（每小题 2 分，共 5 个小题）

1. 在 Photoshop CC 中，默认设置下【历史记录】面板最多可记录 20 步操作。通过【_____】对话框可修改历史记录步数。

2. 当构成动画的各个帧画面按顺序以一定的速度播放时，由于眼睛的_____作用的存在，形成了连贯的动画效果。

3. 实际上，使用选择工具创建的选区就是一个临时性的_____。

4. 对于 CMYK 模式的图像来说，降低青色通道中灰度图像的亮度，等于在彩色图像中_____青色的混入量（填降低或提高）。

5. _____是一种临时路径，为了防止其中路径信息的丢失，必须将其存储。

三、操作题（共 3 个小题，分值见每小题）

1. 制作如下图所示的文字效果。将操作结果源文件及效果文件分别以"操作题（一）.psd"与"操作题（一）.GIF"为文件名保存。（20 分）

要求：（1）图片大小 600 像素×300 像素，72 像素/英寸，灰度模式。

　　　　（2）字体为 Impact，150 点。图中数字更换为考生本人的学号。

　　　　（3）效果尽量与样张保持一致。

2. 利用素材图片"瓶子.jpg"制作如下图所示的效果。将操作结果源文件及效果文件分别以"操作题（二）.psd"与"操作题（二）.jpg"为文件名保存。（30 分）

要求：（1）图像大小与素材"瓶子.jpg"一致。

　　　　（2）灰色文字（多次重复）字体为华文中宋，13 点。内容为考生本人的真实信息。

（3）所用技术有图层蒙版、路径文字、反相等。若瓶子边缘不平滑，应使用路径工具处理。

（4）效果尽量与样张保持一致。

3. 利用素材"经典繁方篆 . TTF""素材 01. jpg""素材 02. jpg""素材 03. jpg"设计制作如下图所示的效果。将操作结果源文件及效果文件分别以"操作题（三）. psd"与"操作题（三）. jpg"为文件名保存。（30 分）

要求：（1）图片大小为 480 像素×620 像素、分辨率 96 像素/英寸。

（2）印章内文字字体为经典繁方篆，内容为考生本人的姓名。效果尽量与样张保持一致。

A.3　测试题（3）

一、选择题（每小题 1 分，共 10 个小题）

1. 以下说法不正确的是_____。
   A. PSD 格式是能够存储图层、通道、蒙版、路径和颜色模式等多种图像信息，是一种非压缩的原始文件格式
   B. 如果图像分辨率高于显示器分辨率，图像的屏幕显示尺寸则将小于其打印尺寸
   C. 矢量图形与分辨率无关，缩放多少倍都不会影响画质
   D. 若两幅图像的分辨率不同，将其中一幅图像的图层复制到另一图像时，该图层图像的显示大小将会发生相应的变化

2. 在 Photoshop CC 中，使用【时间轴】面板上的【_____】按钮可创建补间动画。
   A. 复制所选帧　　　B. 创建视频时间轴　　C. 创建帧动画　　　D. 过渡动画帧

3. 在 Photoshop 中利用裁剪工具裁切没有背景层的图像时，裁切控制框超出图像范围的区域用_____颜色显示。
   A. 黑色　　　　　B. 白色　　　　　　C. 透明色　　　　D. 背景色

4. 按住_____键，可以边移动边复制选择的图像。
   A. Shift　　　　　B. Ctrl　　　　　　C. Alt　　　　　　D. Shift +Ctrl

5. _____指的是计算机采用多少个二进制位来表示像素点的颜色值。
   A. 图像分辨率　　B. 屏幕分辨率　　　C. 打印分辨率　　D. 位分辨率

6. 使用【编辑】|【填充】命令不能填充的内容是_____。
   A. 颜色　　　　　B. 图案　　　　　　C. 渐变　　　　　D. 历史记录

7. 以下关于【编辑】|【填充】命令和图层叠加样式的描述不正确的是_____。
   A. 二者都可以在图层上"填充"单色和图案
   B. 前者可以"填充"渐变色，后者不能
   C. 在"填充"图案时，后者可以修改图案的缩放比例，前者不能
   D. 二者都可以设置"填充内容"的不透明度

8. 图像是_____模式时，所有的滤镜都不可以使用。
   A. CMYK　　　　　B. 索引颜色　　　　C. 多通道　　　　D. 双色调

9. 一幅图像中包含两个专色通道，现需在组版软件中（如 Pagemaker）正确地将这两个专色通道输出为两个专色色版，则 Photoshop 中应将此文件存储为_____格式。
   A. DCS 1.0　　　B. DCS 2.0　　　　C. JPEG　　　　　D. PSD

10. 以下图像文件格式中，不能保存路径的是_____。
   A. PSD　　　　　B. TIFF　　　　　　C. JPEG　　　　　D. GIF

二、填充题（每小题 2 分，共 5 个小题）

1. 在 Photoshop CC 中，通过修改首选项参数，可使【历史记录】面板最多记录_____步操作。

2. Photoshop CC 的【时间轴】面板有两种显示模式："视频时间轴"模式和"_____"模式。

3. 在西文半角输入法状态下，通过按键盘上的_____键可使前景色与背景色交换。

4. 在颜色通道、Alpha 通道和专色通道中，不能由用户创建的通道是_____通道。

5. 在 Photoshop 中，连接路径上各线段的点称为_____。

三、操作题（共 3 个小题，分值见每小题）

1. 制作如下图所示的文字效果，将操作结果源文件及效果文件分别以"操作题（一）.psd"与"操作题（一）.jpg"为文件名保存。（20 分）

要求：（1）文字内容为考生本人学号（华文琥珀，100 点）。

　　　　（2）图像大小 600 像素×300 像素，分辨率 72 像素/英寸。

　　　　（3）效果尽量与样张一致。

2. 利用素材"放大镜素材.jpg"和"文字素材.txt"设计制作如下图所示的效果。将操作结果源文件及效果文件分别以"操作题（二）.psd"与"操作题（二）.jpg"为文件名保存。（25 分）

要求：（1）像素大小与素材一致。

　　　　（2）字体为华文中宋。大小与样张差不多即可。效果尽量与样张保持一致。

3. 打开素材图片 picture31.jpg 与 picture32.jpg，使用路径、蒙版、图层样式等工具设计制作如下图所示的效果。将操作结果源文件及效果文件分别以"操作题（三）.psd"与"操作题（三）.jpg"为文件名保存。（35 分）

要求：（1）像素大小、分辨率与 picture32. jpg 一致。

（2）效果尽量与样张保持一致。

（3）所用路径请务必存储在【路径】面板上。

附录 B 习题答案

第 1 章

一、选择题

1. D   2. A   3. A   4. C   5. A   6. C   7. A   8. B   9. C
10. A

二、填空题

1. 图像分辨率   2. 位分辨率   3. PSD   4. 网络安全色   5. Alt   6. CMYK

三、简答题

略。

四、操作题

略。

第 2 章

一、选择题

1. B   2. B   3. C   4. D   5. G   6. F   7. F   8. D   9. A
10. B   11. D   12. A   13. B   14. B

二、填空题

1. Ctrl+D   2. Ctrl+T   3. 径向，对称

4. 灰白交错的方格/灰白相间的方格   5. 画笔，铅笔

三、操作题

略。

第 3 章

一、选择题

1. D   2. A   3. C   4. C   5. D   6. D   7. A   8. B   9. D
10. B   11. A

二、填空题

1. 背景层   2. 图层组   3. 混合模式   4. 创建图层   5. 图层

三、操作题

略。

第 4 章

一、选择题

1. D   2. D   3. A   4. C   5. D   6. A   7. C   8. D   9. B
10. A   11. D

二、填空题

1. 有彩色，无彩色

2. 红，绿，蓝；红，黄，蓝

3. 色相，饱和度，亮度

4. 亮度，色相，饱和度，面积，冷暖

5. 灰度　　6. GIF，PNG；GIF，PNG　　7. 50%阈值

三、操作题

略。

第 5 章

一、选择题

1. A　　2. D　　3. C　　4. B　　5. C　　6. B　　7. B　　8. A　　9. B

10. A

二、填空题

1. 像素　　2. 栅格　　3. 位图，索引

4. 外挂滤镜/外置滤镜　　5. 智能图层/智能对象

三、操作题

略。

第 6 章

一、选择题

1. D　　2. A　　3. C　　4. B　　5. B　　6. C　　7. C　　8. D　　9. B

10. D

二、填空题

1. 快速蒙版，剪贴蒙版，图层蒙版　　2. 黑色，白色，半透明

3. 图层，蒙版　　　　　　　　　　4. 颜色

5. 纯色，渐变色，图案

三、操作题

略。

第 7 章

一、选择题

1. B　　2. C　　3. B　　4. D　　5. C　　6. B　　7. D　　8. C　　9. C

10. D

二、填空题

1. 颜色，Alpha，颜色，选区　　2. 红色、绿色、蓝色

3. 应用图像　　　　　　　　　　4. 计算

5. 存储选区

第 8 章

一、选择题

1. C　　2. D　　3. C　　4. D　　5. A　　6. B　　7. B　　8. C　　9. C

10. B

二、填空题

1. 路径，矢量图　　2. 锚点，平滑锚点，角点　　3. Ctrl

4. 自动添加／删除　　5. Alt／ALT／alt

三、操作题

略。

第9章

一、选择题

1. A　　2. C　　3. C　　4. B　　5. C　　6. B　　7. D　　8. A　　9. A

二、填空题

1. 动作　　2. 对话框控制　　3. 菜单项目　　4. 停止

三、操作题

略。

A. 1　测试题（1）

一、选择题

1. B　　2. D　　3. A　　4. A　　5. D　　6. B　　7. C　　8. D　　9. C

10. D

二、填空题

1. 20　　2. 光学分辨率　　3. 羽化　　4. 填充　　5. 颜色

三、操作题

略。

A. 2　测试题（2）

一、选择题

1. C　　2. D　　3. D　　4. B　　5. A　　6. A　　7. A　　8. B　　9. B

10. A

二、填空题

1. 首选项　　2. 视觉暂留／视觉滞留　　3. 蒙版　　4. 提高　　5. 工作路径

三、操作题

略。

A. 3　测试题（3）

一、选择题

1. B　　2. D　　3. C　　4. C　　5. D　　6. C　　7. B　　8. B　　9. B

10. D

二、填空题

1. 1000　　2. 帧动画　　3. X　　4. 颜色　　5. 锚点

三、操作题

略。